Tutorium Mathematik für Naturwissenschaften

SN Flashcards Microlearning

Schnelles und effizientes Lernen mit digitalen Karteikarten – für Arbeit oder Studium!

Diese Möglichkeiten bieten Ihnen die SN Flashcards:

- Jederzeit und überall auf Ihrem Smartphone, Tablet oder Computer **lernen**
- Den Inhalt des Buches lernen und Ihr Wissen **testen**
- Sich durch verschiedene, mit multimedialen Komponenten angereicherte Fragetypen **motivieren lassen** und zwischen drei Lernalgorithmen (Langzeitgedächtnis-, Kurzzeitgedächtnis- oder Prüfungs-Modus) wählen
- Ihre eigenen Fragen-Sets **erstellen**, um Ihre Lernerfahrung zu **personalisieren**

So greifen Sie auf Ihre SN Flashcards zu:

1. Gehen Sie auf die **1. Seite des 1. Kapitels** dieses Buches und folgen Sie den Anweisungen in der Box, um sich für einen SN Flashcards-Account anzumelden und auf die Flashcards-Inhalte für dieses Buch zuzugreifen.
2. Laden Sie die SN Flashcards Mobile App aus dem Apple App Store oder Google Play Store herunter, öffnen Sie die App und folgen Sie den Anweisungen in der App.
3. Wählen Sie in der mobilen App oder der Web-App die Lernkarten für dieses Buch aus und beginnen Sie zu lernen!

Sollten Sie Schwierigkeiten haben, auf die SN Flashcards zuzugreifen, schreiben Sie bitte eine E-Mail an **customerservice@springernature.com** und geben Sie in der Betreffzeile „**SN Flashcards**" und den Buchtitel an.

Hrvoje Krizic

Tutorium Mathematik für Naturwissenschaften

Tipps, Tricks und viele Beispiele

 Springer Spektrum

Hrvoje Krizic
Schaffhausen, Schweiz

ISBN 978-3-662-69220-2   ISBN 978-3-662-69221-9   (eBook)
https://doi.org/10.1007/978-3-662-69221-9

Die Deutsche Nationalbibliothek verzeichnet diese Publikation in der Deutschen Nationalbibliografie; detaillierte bibliografische Daten sind im Internet über https://portal.dnb.de abrufbar.

Planung/Lektorat: Andreas Rüdinger
Springer Spektrum ist ein Imprint der eingetragenen Gesellschaft Springer-Verlag GmbH, DE und ist ein Teil von Springer Nature.
Die Anschrift der Gesellschaft ist: Heidelberger Platz 3, 14197 Berlin, Germany

Wenn Sie dieses Produkt entsorgen, geben Sie das Papier bitte zum Recycling.

Für meinen Vater.

Vorwort

Für viele Studierende gestaltet sich der Einstieg in die Mathematik-Vorlesungen an der Universität als Herausforderung. Man sitzt in der letzten Reihe, starrt an die Tafel und spürt, wie die anfängliche Motivation von Vorlesung zu Vorlesung schwindet. Doch dann kommt die Prüfungsphase und plötzlich beginnt man, die Theorie zu verstehen – ein Erfolg! Doch beim Lösen alter Prüfungen und Aufgabenserien stößt man auf unerwartete Hindernisse. Warum ist das so? Schließlich wurde die Theorie doch verstanden!

Dieses Gefühl kennen viele Studierende sehr gut, insbesondere jene, die nicht Mathematik oder Physik als Hauptfach gewählt haben. In anderen Vorlesungen funktionieren die Aufgaben alter Prüfungen reibungslos, nur in der Mathematik ergeben sich Schwierigkeiten. Doch der Grund dafür ist nicht das Offensichtliche: Mathematik ist nicht zwangsläufig schwer! Sie ist einfach anders. Natürlich ist es wichtig, die Grundlagen der Theorie zu beherrschen. Aber um Mathematik zu meistern, gibt es nur eine Devise: üben, üben, üben. Nach meinen eigenen Erfahrungen als Physikstudent, der die Herausforderungen der Mathematik-vorlesungen durchlebte, entschied ich mich dazu, als Hilfsassistent für eine Mathematik-Vorlesung für Nicht-MathematikerInnen tätig zu werden. Ich hatte ein Ziel vor Augen: Ihnen zu zeigen, dass Mathematik richtig Spaß machen kann, wenn man sie mit ein paar cleveren Tricks und Methoden angeht. Und siehe da, meine Übungsstunden erwiesen sich als Erfolg: Anfangs waren es nur etwa 20 Studierende, die sich meine Tipps und Tricks anhörten. Aber am Ende des Semesters konnte ich ganze Vorlesungssäle füllen – über 100 Studentinnen und Studenten kamen zur Übungsstunde. Da wusste ich: Ich muss dieses Wissen auch anderen zugänglich machen. Und voilà: dieses Buch, das du gerade in den Händen hältst, ist das Ergebnis zahlreicher solcher unterhaltsamen Übungsstunden.

Beim Lesen dieses Buches wirst du dich fühlen, als wärst du in meiner Übungsstunde: Ich zeige dir Tipps und Tricks, wie du Integrale am einfachsten lösen kannst, alternative Methoden zum Gauß-Verfahren und viele vorgelöste Beispiele. Dieses Buch wird dir helfen, einen tieferen Einblick in mathematische

Konzepte zu gewinnen, sodass du immer mehr Erfolgsmomente beim Lösen von Aufgaben erlebst. Und wer weiß, vielleicht wirst du beim Lernen sogar ein wenig Spaß haben!

Zürich   Hrvoje Krizic
März 2024

Inhaltsverzeichnis

Funktionen und Folgen

1

„I learned very early the difference between knowing the name of something and knowing something."

Richard P. Feynman

© Der/die Autor(en), exklusiv lizenziert an Springer-Verlag GmbH, DE, ein Teil von Springer Nature 2024
H. Krizic, *Tutorium Mathematik für Naturwissenschaften*,
https://doi.org/10.1007/978-3-662-69221-9_1

1.1   Mengen

Unter einer *Menge* verstehen wir in der Mathematik eine Sammlung an Elementen, welche etwa Zahlen oder Funktionen sein können. Die am häufigsten benutzten Mengen sind die sogenannten *Zahlenmengen:*

$$\mathbb{N} := \{(0,)1, 2, 3, ...\}$$
$$\mathbb{Z} := \{..., -2, -1, 0, 1, 2, ...\}$$
$$\mathbb{Q} := \left\{ ..., -\frac{5}{2}, ..., -\frac{1}{6}, ..., 0, ..., \frac{1}{4}, ... \right\}$$
$$\mathbb{R} := \left\{ ..., -\sqrt{2}, ..., -\frac{1}{2}, ..., e, ..., \pi, ... \right\}$$

Später werden wir noch die komplexen Zahlen $\mathbb{C}$ einführen. Jede natürliche Zahl ist auch eine ganze Zahl und jede ganze Zahl ist eine rationale. Wir schreiben

$$\mathbb{N} \subset \mathbb{Z} \subset \mathbb{Q} \subset \mathbb{R},$$

wobei wir (für zwei Mengen A und B) $A \subset B$ schreiben, falls jedes Element aus A auch in B enthalten ist. A ist eine sogenannte *Teilmenge* von B. Ist ein Element x in einer Menge A enthalten, so schreiben wir $x \in A$. Mengen lassen sich auch durch Eigenschaften beschreiben. Wollen wir die Menge A als die Menge definieren, welche alle geraden Zahlen enthält, so schreiben wir

$$A = \{x \in \mathbb{Z} \mid x \text{ gerade}\}$$

oder aber auch

$$A = \{2k, k \in \mathbb{Z}\}.$$

Wir führen nun noch zwei weitere Begriffe ein:

1. Eine *Vereinigung* von zwei Mengen A und B bezeichnet die Menge, welche alle Elemente aus A und alle Elemente aus B enthält. Wir schreiben $A \cup B$. Beispielsweise ist $\{3, 4, 5\} \cup \{-2, -1, 0, 1\} = \{-2, -1, 0, 1, 3, 4, 5\}$.
2. Der *Durchschnitt* zweier Mengen ist die Menge, welche nur die Elemente enthält, die in beiden Mengen vorkommen. Wir schreiben $A \cap B$. Ein Beispiel ist $\{1, 3, 5, 7\} \cap \{1, 2, 3\} = \{1, 3\}$.

Die beiden Begriffe lassen sich mit sogenannten Venn-Diagrammen leicht visualisieren.

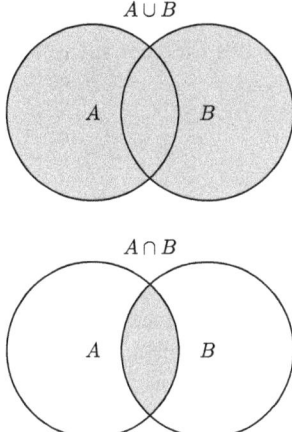

Die Menge ohne Elemente *(leere Menge)* bezeichnen wir mit ∅ oder {}. Im Anhang B sind noch weitere wichtige mathematische Symbole aufgelistet, welche wir im Verlauf dieses Buches antreffen werden.

Intervalle

Ein *Intervall* ist eine Teilmenge von $\mathbb{R}$. Wir unterscheiden unter anderem zwischen zwei Arten von Intervallen.

1. *Offenes Intervall:* Ein offenes Intervall (a, b) in $\mathbb{R}$ ist die Menge aller reellen Zahlen von a bis b ohne a und b selbst. Statt (a, b) benutzt man häufig die Schreibweise $]a, b[$.
2. *Abgeschlossenes Intervall:* Ein abgeschlossenes Intervall $[a, b]$ in $\mathbb{R}$ ist die Menge aller reeller Zahlen von a bis b, inklusive a und b.

1.2   Funktionen

Im Gymnasium werden Funktionen meist mit Graphen gleichgesetzt. Nun möchten wir aber den Begriff der Funktion und den Begriff des Graphen unterscheiden, indem wir zunächst definieren, was eine Funktion ist.

Eine *Funktion* f von einer Menge D *(Definitionsbereich)* nach einer Menge Z *(Zielbereich)* beschreibt eine Vorschrift, welche jedem Element aus D genau ein Element aus Z zuweist. Wir schreiben

$$f : D \to Z$$
$$x \mapsto f(x).$$

Man schreibt →, um zu definieren, von welcher Menge zu welcher abgebildet wird
und ↦, um zu definieren, welches Element auf welches Element abgebildet wird.
Beispielsweise ist

$$f : \mathbb{R} \to \mathbb{R}$$
$$x \mapsto x^2$$

eine Funktion mit Definitionsbereich und Zielbereich $\mathbb{R}$. Wir können also ein beliebiges Element aus $\mathbb{R}$ wählen und die Funktion auswerten. Wie wir aber sehen, erhalten
wir für $f(x)$ in unserem Beispiel nie einen negativen Wert, da das Quadrat immer
positiv ist. Wir „treffen" also nie negative Elemente aus dem Zielbereich $\mathbb{R}$. Die
Menge, welche explizit von der Funktion „getroffen" wird, nennen wir den *Wertebereich* (auch Bild genannt) $W := \{f(x) \mid x \in D\}$. In unserem Beispiel ist also
$W = \{x \in \mathbb{R} \mid x \geq 0\} =: \mathbb{R}_{\geq 0}$. Wir wollen uns diese Begriffe nun anhand eines Beispiels anschauen. Sei der Definitionsbereich D die Menge aller Studierender eines
Studiengangs. Wir haben also beispielsweise

$D = \{$Simon, Pierina, Jelena, Kilian, ...$\} = \{$Alle Studierende eines Studiengangs$\}$.

Die Funktion $f(x)$ ordnet jedem und jeder Studierenden ein Alter zu. Sie soll also
die folgende Eigenschaft haben:

f(Studierende*r) = Alter der*s Studierenden.

Als Zielbereich können wir beispielsweise alle natürlichen Zahlen wählen (ein Alter
kann offensichtlich nur ganzzahlig und nichtnegativ sein). Somit haben wir folgendes Bild (wir vereinfachen unser Beispiel, indem wir nur die Studierenden Simon,
Pierina, Jelena und Kilian betrachten):

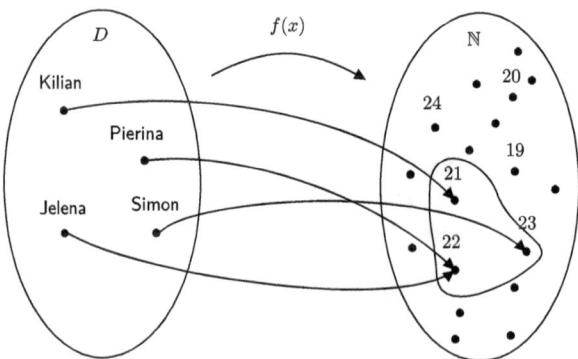

Wie wir sehen, sind sowohl Jelena als auch Pierina beide 22 Jahre alt, während Kilian
21 und Simon 23 Jahre alt ist. Der Wertebereich ist also nur $W = \{21, 22, 23\}$.
Machen wir ein weiteres Beispiel. Wir wählen eine Funktion $g(x)$ nun so, dass wir

jedem Alter eine Studierende oder einen Studierenden zuordnen. Wir kehren also
die Funktion $f(x)$ um.

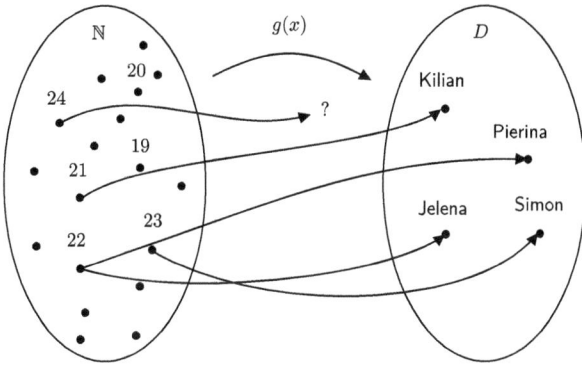

Wenn wir $g(24)$ „berechnen" möchten, stoßen wir auf ein Problem. Dieser Wert
hat im Zielbereich kein zugehöriges Element. Wir können keine Studierende und
keinen Studierenden mit Alter 24 finden. Funktionen müssen für alle Elemente im
Definitionsbereich definiert sein. Ein konkreteres Beispiel ist das Folgende:

Beispiel Ist

$$f : \mathbb{R} \to \mathbb{R}$$
$$x \mapsto \log(x)$$

eine Funktion?

Lösung *Nein. Eine Funktion muss jedem Wert des Definitionsbereichs einen Wert
zuordnen können. Wir haben aber negative Werte in $\mathbb{R}$, für welche der Logarithmus
nicht existiert. Eine mögliche Definitionsmenge in diesem Fall wäre $D = \{x \in \mathbb{R} \mid x > 0\}$.*

Um das Problem zu umgehen, können wir in unserem Beispiel mit den Studierenden auch den Definitionsbereich so wählen, dass wir nur den Wertebereich von $f(x)$
nehmen, also explizit nur $D = \{21, 22, 23\}$ wählen. Ein weiteres Problem ergibt sich
aber, wenn wir $g(22)$ „berechnen" möchten. Dieses Alter wird auf zwei Studierende
abgebildet, Pierina und Jelena. Wie sollen wir nun wissen, wer davon gemeint ist?
Das ist das Problem der Eindeutigkeit einer Funktion.

Eindeutigkeit

Wir haben eine Funktion so definiert, dass wir jedem Element x im Definitionsbereich D einen Wert $f(x)$ zuweisen können. Wichtig dabei ist, dass dieser Wert $f(x)$ eindeutig ist. Denn für einen Wert $x \in D$ kann die gleiche Funktion nicht zwei verschiedene Werte ergeben. So ist beispielsweise die Parallele zur y-Achse, welche $x = 2$ schneidet, keine Funktion. Denn $f(2)$ würde dann jeden Wert in $\mathbb{R}$ annehmen. Wir hätten also keine eindeutige Funktion. Auch ein Kreis ist keine Funktion (zumindest nicht für x und y kartesisch). Beispielsweise hat der Einheitskreis für $x = \frac{1}{2}$ genau zwei Werte $f(x)$. Denn $f(x)$ in kartesischen Koordinaten ist bei einem Kreis $f(x) = \pm\sqrt{r^2 - x^2}$ und wir erkennen, dass wir für alle $|x| < |r|$ jeweils eine positive und eine negative Lösung finden. Dieses Problem kann man umgehen, indem man Polarkoordinaten einführt. Wir werden in einem späteren Kapitel nochmals auf Polarkoordinaten zurückkommen. Anhand des Graphen einer Funktion können wir sehr schnell erkennen, ob diese eindeutig ist oder nicht.

1.2.1 Graph

Ein *Graph* einer Funktion ist die Darstellung der Menge

$$G_f = \{(x, f(x)) \mid x \in D\}$$

in einem kartesischen (also x,y-)Koordinatensystem. Ein Graph ist also nichts anderes als eine Menge von allen Punkten $(x, f(x))$. Wir zeichnen zu jedem Punkt x das zugehörige $f(x)$ in der y-Koordinate ein. Mit dem Graphen können wir viele Aussagen über Kurven machen. Eine Funktion ist genau dann eindeutig, wenn eine Parallele zur y-Achse nie mehr als einen Schnittpunkt mit dem Graphen der Funktion hat.

1.2.2 Umkehrabbildungen

Zurück zu unserem Beispiel. Wir haben gesehen, dass unsere Funktion $g(x)$ nicht möglich sein kann, da die Zielmenge von $f(x)$ (das Alter) Elemente enthielt, welche nicht getroffen wurden und somit $g(x)$ für einige Alter nicht definiert war. Die Eigenschaft, dass eine Funktion $f(x)$ den Wertebereich $W = Z$ (also Wertebereich = Zielmenge) hat, nennen wir *Surjektivität*. Das Problem war dann aber nicht gelöst, obwohl wir die Zielmenge auf die Jahre $\{21, 22, 23\}$ eingeschränkt haben. Unsere Funktion $g(x)$ hat immer noch keinen Sinn ergeben, solange zwei Studierende das gleiche Alter haben bzw. zwei x-Werte, $x_1 \neq x_2$, existieren, welche $f(x_1) = f(x_2)$ erfüllen. Falls solche $x_1 \neq x_2$ nicht existierten, so würden wir die Funktion *injektiv* nennen. Sei nun die Funktion $f(x)$ eine Funktion, welche jedem Studierenden seine Immatrikulationsnummer zuweist. Wir wählen den Zielbereich so, dass jede Immatrikulationsnummer von jeder und jedem Studierenden aus dem Definitionsbereich genau einmal vorkommt:

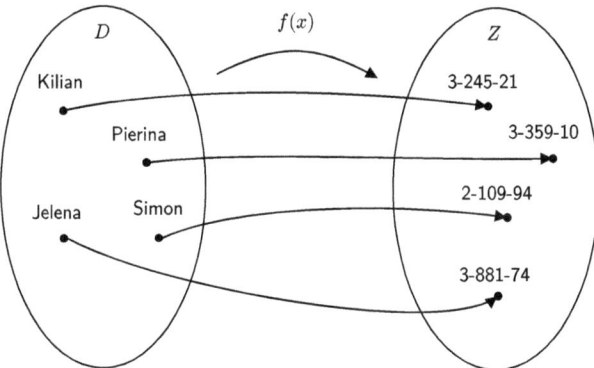

Der Wertebereich entspricht der Zielmenge ($f(x)$ ist surjektiv) und keine zwei Elemente zeigen auf das gleiche Element ($f(x)$ ist injektiv). Nun möchten wir wieder $g(x)$ finden, sodass wir jede Immatrikulationsnummer einer bzw. einem Studierenden zuweisen können.

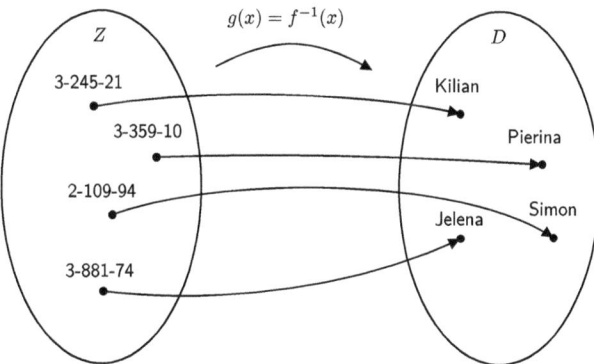

Wir sehen, dass dieses Mal diese Funktion auch wirklich existiert. Jedes Element aus dem Zielbereich kann eindeutig einem Element aus dem Definitionsbereich zugewiesen werden. Diese Funktion $g(x)$, welche die Funktion $f(x)$ „rückgängig" macht, nennen wir die sogenannte *inverse Funktion* (oder Umkehrabbildung) und wir nutzen statt $g(x)$ die Notation $f^{-1}(x)$.

Für ein konkreteres Beispiel sei die Funktion $f(x) = x^3$ gegeben. In diese Funktion können wir nun Zahlen einsetzen, um deren Wert hoch 3 zu erhalten. Wir suchen also eine Umkehrfunktion, die jedem x^3-„Zielwert" wieder seinen ursprünglichen Wert x zuweist. Diese Funktion ist gegeben durch $f^{-1} = \sqrt[3]{x}$.

Wir haben gesehen, dass nicht immer eine solche inverse Funktion existiert. Um die Erkenntnisse aus dem Beispiel mit den Studierenden zusammenzufassen, muss die Funktion dafür folgende zwei Eigenschaften erfüllen, damit die Funktion eine inverse Funktion besitzt:

1. Jeder Wert aus dem Zielbereich wird nur einmal von f getroffen. Es gibt also keine $x_1 \neq x_2$, sodass $f(x_1) = f(x_2)$ gilt (Injektivität).
2. Es gibt keine Werte aus dem Zielbereich, welche nicht getroffen werden (ansonsten hätte die Umkehrfunktion einen Definitionsbereich mit Werten, welche keinem Wert zugewiesen werden können) (Surjektivität).

Eine Funktion $f(x)$, welche beide Eigenschaften erfüllt, nennen wir *umkehrbar* oder *bijektiv* (bijektiv ist also jede Funktion, welche sowohl injektiv als auch surjektiv ist). Wenn wir eine Funktion $\mathbb{R} \to \mathbb{R}$ haben, können wir Bijektivität auch geometrisch zeigen. Damit eine reelle Funktion bijektiv ist, muss jede Parallele zur x-Achse die Funktion genau einmal schneiden. Ist der Zielbereich nicht exakt $\mathbb{R}$, sondern nur eine Teilmenge davon, so müssen wir dies nur für die Parallelen in diesem Bereich zeigen. Wie gehen wir nun also vor, wenn wir die Umkehrfunktion bestimmen wollen? Wir verwenden das folgende Rezept und bestimmen die Umkehrfunktion von $f : \mathbb{R} \to \mathbb{R}_{>0}, x \mapsto f(x) = e^x$.

Rezept (Bestimmung der Umkehrfunktion)

1. Überprüfe, ob f umkehrbar bzw. bijektiv ist. Wir kennen den Graphen von e^x und sehen, dass jede Parallele zur x-Achse die Funktion in $\mathbb{R}_{>0}$ exakt einmal schneidet:

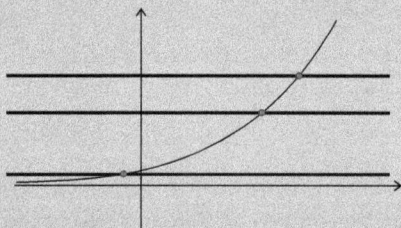

2. Setze $f(x) = y$. Löse nun nach x auf. In unserem Beispiel also $e^x = y$ und somit $x = \log(y)$.
3. Definiere nun $f^{-1}(y) = x$. Es gilt

$$f^{-1} : \mathbb{R}_{>0} \to \mathbb{R}, y \mapsto f^{-1}(y) = \log(y).$$

Beispiel Bestimme die Umkehrfunktion von $f : \mathbb{R}_{\geq 0} \to \mathbb{R}_{\geq 0}, x \mapsto f(x) = 2\sqrt{x}$ und gebe den Definitions- und Wertebereich der Umkehrfunktion an.

Lösung *Der Definitionsbereich der Umkehrfunktion ist genau der Wertebereich der Funktion selbst und vice versa. Es gilt also $f^{-1} : \mathbb{R}_{\geq 0} \to \mathbb{R}_{\geq 0}$. Nun zur Umkehrfunktion:*

$$y = 2\sqrt{x} \implies \sqrt{x} = \frac{y}{2} \implies x = \frac{y^2}{4}.$$

Somit ist die Umkehrfunktion eine Parabel:

$$f^{-1} : \mathbb{R}_{\geq 0} \to \mathbb{R}_{\geq 0}, y \mapsto f^{-1}(y) = \frac{y^2}{4}.$$

1.2.3 Kompositionen

Unter einer *Komposition* zweier Abbildungen versteht man das Verknüpfen zweier Funktionen. Es sind die Funktionen f und g gegeben durch $f : D_1 \to Z_1$ und $g : D_2 \to Z_2$, wobei $W_1 \subseteq Z_1$ und $W_2 \subseteq Z_2$ die Wertebereiche der Funktionen sind. Wir nehmen an, dass der Wertebereich der ersten Funktion f eine Teilmenge des Definitionsbereichs von g ist, also $W_1 \subseteq D_2$. Man kann nun die beiden Funktionen verknüpfen, indem man zuerst einem Element aus der Definitionsmenge D_1 einen Wert aus W_1 zuweist (also ganz normal die Funktion $f(x)$ anwendet) und danach aus $W_1 \subseteq D_2$ dem gleichen Element einen Wert aus W_2 zuweist ($g(f(x))$). Kompositionen sind in der Mathematik essenziell, wie wir noch in weiteren Kapiteln sehen werden. Wir schreiben für die Komposition aus f und g dann $g \circ f$ und meinen damit $g(f(x))$. Ein Beispiel einer Komposition ist

$$\log(x^2),$$

wobei wir $g(x) = \log(x)$ (die äußere Funktion) und $f(x) = x^2$ (die innere Funktion) setzen. Es gilt $(g \circ f)(x) = g(f(x)) = g(x^2) = \log(x^2)$.

Beispiel Sei $f(x) = x^2 + 1$ und $g(x) = x^2 - 2$. Was ist $g \circ f$?

Lösung *Wir erstellen die Komposition, indem wir $f(x)$ für jedes x in $g(x)$ einsetzen. Also ist*

$$g \circ f = g(f(x)) = g(x^2 + 1) = (x^2 + 1)^2 - 2 = x^4 + 2x^2 - 1.$$

Wichtig ist, dass die Funktion f einen Wertebereich hat, welcher eine Teilmenge vom Definitionsbereich D_2 von g bildet. Ansonsten kann die Funktion $g(x)$ nicht ausgewertet werden. Wir können die Komposition auch grafisch darstellen:

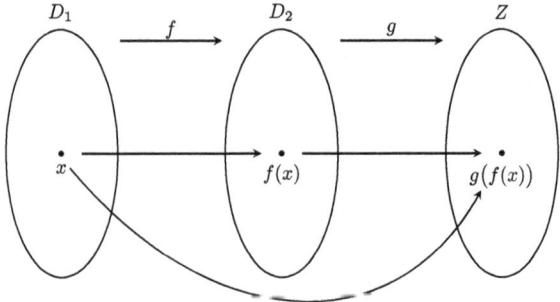

1.2.4 Symmetrien

Gewisse Funktionen können eine der folgenden zwei Symmetrien haben:

1. **Gerade Funktionen** sind Funktionen, welche die Bedingung $f(-x) = f(x)$ erfüllen. Ein Beispiel davon ist $\cos(x)$. Der Graph einer solchen Funktion ist spiegelsymmetrisch an der y-Achse.
2. **Ungerade Funktionen** sind Funktionen, welche die Bedingung $f(-x) = -f(x)$ erfüllen. Ein Beispiel davon ist $\sin(x)$. Der Graph einer solchen Funktion ist punktsymmetrisch zum Nullpunkt $(0, 0)$.[1]

Die Funktion $f(x) = e^x$ ist beispielsweise weder gerade noch ungerade.

Beispiel Ist die Funktion $f(x) = x^3$ ungerade oder gerade?

Lösung *Die Funktion ist ungerade. Denn*

$$f(-x) = (-x)^3 = (-1)^3 \cdot x^3 = -(x^3) = -f(x).$$

---

[1]Punktsymmetrie kann man leicht sehen, indem man die Funktion auf den Kopf stellt (oder das Blatt Papier um 180° dreht). Ist die Funktion immer noch dieselbe, so ist sie punktsymmetrisch.

1.2.5 Nullstellen

Nullstellen einer Funktion sind alle Werte x_0 in der Definitionsmenge, welche $f(x_0) = 0$ erfüllen. Um diese zu finden, müssen wir also unsere Funktion gleich null setzen und danach nach x_0 auflösen.

Beispiel Bestimme die Nullstellen von $f(x) = 2x + 4$.

Lösung *Wir schreiben*

$$2x_0 + 4 = 0$$

und lösen nach x_0 auf. Mit etwas Umformen erhalten wir

$$2x_0 = -4 \implies x_0 = -2.$$

Unsere einzige Nullstelle ist also $x_0 = -2$.

Beispiel Bestimme die reellen Nullstellen von $f(x) = x^4 - 16$.

Lösung *Wir schreiben*

$$x_0^4 - 16 = 0$$

und lösen nach x_0 auf. Wir erhalten

$$x_0^4 = 16 \implies x_0^2 = \pm 4.$$

Da x_0 reell sein sollte, ist x_0^2 immer positiv und somit nur $x_0^2 = +4$ möglich. Somit erhalten wir die beiden Nullstellen

$$x_1 = 2, \quad x_2 = -2.$$

Eine andere Möglichkeit wäre auch gewesen, die dritte binomische Formel anzuwenden. Dann hätten wir die Zerlegung

$$(x_0^2 - 4)(x_0^2 + 4) = 0$$

erhalten. Der rechte Term ist nie gleich 0, da x_0^2 positiv ist. Daher muss

$$x_0^2 - 4 = 0$$

gelten. Wieder wenden wir die dritte binomische Formel an und erhalten

$$(x_0 - 2)(x_0 + 2) = 0.$$

Damit der gesamte Term null ergibt, muss entweder $x_0 - 2 = 0$ oder $x_0 + 2 = 0$ gelten. Wir erhalten also genau die gleichen Lösungen wie mit der ersten Methode.

Beispiel Bestimme die Nullstellen der Funktion $f(x) = e^{x^2} - 8$.

Lösung *Die Nullstellen sind gegeben durch*

$$e^{x^2} - 8 = 0 \implies e^{x^2} = 8 \implies x^2 = \log(8) = 3\log(2) \implies x = \pm\sqrt{3\log(2)},$$

wobei wir ausgenutzt haben, dass $2^3 = 8$ gilt und dann $\log(a^b) = b\log(a)$ verwendet haben.

Nullstellen mit Polynomdivision bestimmen

Die Nullstellenberechnung ist aber nicht immer ganz so einfach. Vor allem nicht, wenn wir es mit Polynomen höheren Grades zu tun haben. Für solche Probleme brauchen wir die sogenannte Polynomdivision. Wir gehen nach folgendem Rezept vor und zeigen dies am Beispiel von $x^3 - 5x^2 - 8x + 12$:

Rezept (Nullstellen bestimmen von Polynom n-ten Grades)

1. Errate $n - 2$ Nullstellen (bei einem Polynom dritten Grades musst du demnach nur eine Nullstelle erraten). Setze dazu beispielsweise $x = 0, 1, -1, 2, -2$ ein.
   In unserem Beispiel setzen wir $x_1 = 1$ ein und sehen, dass dies eine Nullstelle ist.
2. Dividiere (im Sinne der Polynomdivision) das Polynom durch das Polynom, das du erhältst, wenn du $(x - x_1)(x - x_2)...$ berechnest ($x_1, x_2...$ sind die Nullstellen aus dem ersten Schritt).

In unserem Beispiel ist $x_1 = 1$ die bekannte Nullstelle, also teilen wir das Polynom durch $x - 1$:

$$
\begin{array}{l}
(\quad x^3 - 5x^2 \;- 8x + 12) \div (x - 1) = x^2 - 4x - 12 \\
\underline{-x^3 \;+ x^2} \\
\qquad\quad -4x^2 \;- 8x \\
\qquad\quad \underline{4x^2 \;- 4x} \\
\qquad\qquad\qquad -12x + 12 \\
\qquad\qquad\qquad \underline{12x - 12} \\
\qquad\qquad\qquad\qquad 0
\end{array}
$$

3. Bestimme mithilfe der Mitternachtsformel die Nullstellen des entstandenen Polynoms zweiten Grades. Diese und die erratenen Nullstellen aus dem ersten Schritt sind deine Nullstellen.

   Wir erhalten im Beispiel die Nullstellen $x_2 = -2$ und $x_3 = 6$ für das Polynom zweiten Grades. Mit der Nullstelle $x_1 = 1$ aus dem ersten Schritt haben wir also alle unsere Nullstellen gefunden:

$$x_1 = 1, \; x_2 = -2, \; x_3 = 6.$$

Beispiel Bestimme die Nullstellen von $x^3 - 3x^2 - 6x + 8$.

Lösung *Wir erraten die Nullstelle $x_1 = 1$ und erhalten die weiteren zwei Nullstellen, indem wir das Polynom durch $(x - 1)$ teilen:*

$$
\begin{array}{l}
(\quad x^3 - 3x^2 \;- 6x + 8) \div (x - 1) = x^2 - 2x - 8 \\
\underline{-x^3 \;+ x^2} \\
\qquad\quad -2x^2 \;- 6x \\
\qquad\quad \underline{2x^2 \;- 2x} \\
\qquad\qquad\qquad -8x + 8 \\
\qquad\qquad\qquad \underline{8x - 8} \\
\qquad\qquad\qquad\qquad 0
\end{array}
$$

Die Nullstellen von $x^2 - 2x - 8$ sind mit der Mitternachtsformel $x_2 = -2$ und $x_3 = 4$.

Beispiel Bestimme die Nullstellen von $x^3 + 8x^2 + 19x + 12$.

Lösung *Wir erraten die Nullstelle $x_1 = -1$ und erhalten die weiteren zwei Nullstellen, indem wir das Polynom durch $(x + 1)$ rechnen:*

$$
\begin{array}{l}
(\quad x^3 + 8x^2 + 19x + 12\,) \div (x+1) = x^2 + 7x + 12 \\
\underline{-\,x^3\ -\ x^2} \\
\qquad\quad 7x^2 + 19x \\
\qquad\ \underline{-\,7x^2\ -\ 7x} \\
\qquad\qquad\quad 12x + 12 \\
\qquad\qquad\ \underline{-\,12x - 12} \\
\qquad\qquad\qquad\qquad 0
\end{array}
$$

Die Nullstellen von $x^2 - 2x - 8$ sind gegeben durch $x_2 = -3$ und $x_3 = -4$.

Horner-Schema

Es gibt verschiedene Methoden, die Polynomdivision grafisch einfacher zu gestalten. Ein bekanntes Schema ist das sogenannte *Horner-Schema*. Wir möchten die Nullstellen der Funktion $f(x) = 3x^3 - 4x^2 - 8$ finden und erraten zunächst die Nullstelle $x_1 = 2$. Wir verwenden nun das Horner-Schema, um $f(x)$ durch $(x - 2)$ zu teilen. Dazu schreiben wir die Koeffizienten in eine Tabelle und setzen unter den ersten Koeffizienten eine 0 (der Koeffizient von x^1 ist hier einfach $= 0$):

$$
\begin{array}{cccc}
3 & -4 & 0 & -8 \\
0 \\
\hline
\end{array}
$$

Wir gehen nun von links nach rechts immer wie folgt vor:

1. Addiere vertikal die beiden Zahlen und schreibe sie in die dritte Zeile.
2. Multipliziere diese Zahl nun mit der erratenen Nullstelle und schreibe die Zahl in die zweite Zeile der nächsten Spalte.

Im ersten Schritt erhalten wir also zunächst

$$
\begin{array}{cccc}
3 & -4 & 0 & -8 \\
0 \\
\hline
3
\end{array}
$$

Nun multiplizieren wir die erhaltene Zahl mit 2 (unsere erratene Nullstelle) und schreiben sie in die zweite Zeile der zweiten Spalte:

$$
\begin{array}{rrrr}
3 & -4 & 0 & -8 \\
0 & 6 & & \\
\hline
3 & & &
\end{array}
$$

Addieren ergibt dann wieder

$$
\begin{array}{rrrr}
3 & -4 & 0 & -8 \\
0 & 6 & & \\
\hline
3 & 2 & &
\end{array}
$$

Das Resultat multiplizieren wir mit 2 und erhalten

$$
\begin{array}{rrrr}
3 & -4 & 0 & -8 \\
0 & 6 & 4 & \\
\hline
3 & 2 & &
\end{array}
$$

Diesen Prozess führen wir weiter fort, bis wir bei der letzten Spalte sind. Da $x = 2$ eine Nullstelle ist, muss nun in der letzten Spalte in der dritten Zeile eine 0 stehen (ansonsten ist entweder die erratene Zahl keine Nullstelle oder das Horner-Schema wurde falsch angewendet). Wir erhalten

$$
\begin{array}{rrrr}
3 & -4 & 0 & -8 \\
0 & 6 & 4 & 8 \\
\hline
3 & 2 & 4 & 0
\end{array}
$$

Die letzte Zeile ergibt die Koeffizienten des quadratischen Polynoms:

$$
(3x^3 - 4x^2 - 8) \div (x - 2) = 3x^2 + 2x + 4.
$$

Wieder können wir nun die restlichen zwei Nullstellen mit der Mitternachtsformel bestimmen.[2]

Beispiel Bestimme

$$
(x^3 - 4x^2 + 6x - 24) \div (x - 4)
$$

mit dem Horner-Schema.

---

[2]In diesem Beispiel erhalten wir $b^2 - 4ac < 0$ und somit existiert nur eine reelle Nullstelle ($x = 2$).

Lösung *Wir erhalten das Horner-Schema*

$$
\begin{array}{rrrr}
1 & -4 & 6 & -24 \\
0 & 4 & 0 & 24 \\
\hline
1 & 0 & 6 & 0
\end{array}
$$

Somit gilt

$$(x^3 - 4x^2 + 6x - 24) \div (x - 4) = x^2 + 6.$$

1.2.6   Fixpunkte

Fixpunkte einer Funktion sind Punkte, welche $f(x_0) = x_0$ erfüllen. Veranschaulichen lässt sich dies als Schnittpunkte des Graphen von $f(x)$ und $g(x) = x$.

Beispiel Bestimme die Fixpunkte von $f(x) = x^2$.

Lösung *Wir suchen also Lösungen der Gleichung $f(x_0) = x_0$ bzw. $x_0^2 = x_0$. Wir rechnen*

$$x_0^2 = x_0$$
$$x_0^2 - x_0 = 0$$
$$x_0(x_0 - 1) = 0 \implies x_0 = 0 \ oder \ x_0 = 1.$$

Somit sind die Fixpunkte von $f(x) = x^2$ gegeben durch $x = 0$ und $x = 1$.

Beisspiel Finde alle Fixpunkte der Funktion $f(x) = x \sin(x)$.

Lösung *Die Fixpunkte sind gegeben durch die Gleichung $x \sin(x) = x$. Eine Lösung ist $x = 0$. Teilen durch x ergibt dann alle weiteren Lösungen: $\sin(x) = 1$. Es gilt $\sin(x) = 1$ für $x = \frac{\pi}{2} + 2\pi n$ ($n \in \mathbb{Z}$).*

1.2.7   Periodizität

Wir möchten uns nun eine Funktion anschauen, welche schon aus dem Gymnasium bekannt sein sollte: die Sinus-Funktion. Der Graph der Sinusfunktion sieht wie folgt aus:

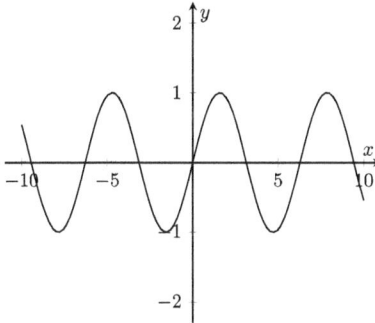

Speziell an dieser Funktion ist, dass sie sich immer wiederholt. Man nennt Funktionen solcher Art periodisch. Die Funktion $\sin(x)$ ist auf dem Intervall $[0, 2\pi]$ genau gleich wie auf dem Intervall $[2\pi, 4\pi]$. Hat also $x \in D$ den Wert $f(x)$, so wird $x + 2\pi$ wieder den gleichen Wert erhalten. Es gilt also $f(x) = f(x + 2\pi)$. Die Periode T gibt an, wann sich die Funktion wiederholt. Es gilt

$$f(x) = f(x + T).$$

Im Fall von $\sin(x)$ ist $T = 2\pi$. Wie bestimmen wir die Periode? Diese Frage ist im Allgemeinen nicht ganz so einfach zu beantworten. Daher greifen wir auf bekannte Perioden zurück:

$$\sin(x) \implies T = 2\pi$$
$$\cos(x) \implies T = 2\pi$$
$$\tan(x) \implies T = \pi$$

Sei zum Beispiel $f(x) = \tan(2x)$. Dann kann uns folgender Satz behilflich sein:

Satz Sei die Periode T von $f(x)$ gegeben. Dann ist die Periode der Funktion $a \cdot f(bx + c)$ genau $\frac{T}{b}$.

Beispiel Bestimme die Periode von $\tan(2x)$.

Lösung $\tan(2x)$ *ist von der Form* $a \cdot f(bx + c)$ *mit* $a = 1, b = 2, c = 0$ *und* $f(x) = \tan(x)$. *Die Periode von* $\tan(x)$ *ist* π *und somit ist die Periode von* $\tan(2x)$ *genau* $T = \frac{\pi}{b} = \frac{\pi}{2}$.

Beispiel Bestimme die Periode von $3 \cdot \sin(\frac{x}{2})$.

Lösung $3 \cdot \sin(\frac{x}{2})$ *ist von der Form* $a \cdot f(bx + c)$ *mit* $a = 3, b = \frac{1}{2}, c = 0$ *und* $f(x) = \sin(x)$. *Die Periode von* $\sin(x)$ *ist* 2π *und somit ist die Periode von* $3 \cdot \sin(\frac{x}{2})$ *genau* $T = \frac{2\pi}{b} = 4\pi$.

Wir möchten nun noch einen intuitiven Beweis zum Satz liefern.

Beweis Schaut man sich den Graphen von $a \cdot f(x)$ an, sieht man leicht, dass a keinen Beitrag zur Periode leistet. Gleiches gilt bei $f(x + c)$ und $f(x)$. Der Parameter c ist eine Verschiebung der Funktion entlang der x-Achse. Das hat also auch nichts mit der Periodenlänge zu tun. Wir wollen nun einen kurzen Beweis geben, warum $g(x) = f(bx)$ die Periode $T_g = \frac{T_f}{b}$ hat. Dabei bezeichnet T_g die Periode von $g(x)$ und T_f die bekannte Periode von $f(x)$. Es gilt also $f(x) = f(x + T_f)$. Die Punkte x und $x + T_f$ nehmen den gleichen Wert der Funktion an. Der Wert $2x$ muss daher aber auch nach T_f wieder denselben Wert annehmen, denn jeder x-Wert hat nach T_f erneut den gleichen Wert in $f(x)$. Es gilt also automatisch auch $f(2x) = f(2x+T_f)$. Dies kann verallgemeinert werden auf bx und wir erhalten:

$$f(bx) = f(bx + T_f).$$

Nun untersuchen wir $g(x)$. Um die Periode zu erhalten, schreiben wir wieder die Gleichung

$$g(x) = g(x + T_g)$$

hin. Es gilt also

$$f(bx) = g(x) = g(x + T_g) = f(b(x + T_g)) = f(bx + bT_g).$$

Es gilt aber auch $f(bx) = f(bx + T_f)$. Wir erhalten also $bT_g = T_f$ und somit

$$T_g = \frac{T_f}{b}.$$

1.3 Folgen

Eine Folge in der Mathematik ist eine geordnete Liste von Zahlen (oder auch beispielsweise von Vektoren), auch Glieder genannt:

$$a_1, a_2, a_3, ..., a_n, ...$$

Wir können eine Folge als eine Abbildung $a_n : \mathbb{N} \to \mathbb{R}$ definieren, welche jedem $n \in \mathbb{N}$ eine Zahl $a_n \in \mathbb{R}$ zuordnet. Wir nennen a_n das n-te Folgenglied. Ein Beispiel dafür ist die Folge

$$a_n = \frac{n}{n+1}.$$

Ausgeschrieben ist diese

$$a_1 = \frac{1}{2}, \ a_2 = \frac{2}{3}, \ a_3 = \frac{3}{4}, ...$$

Wenn wir a_n als einen Term mit n definieren, so ist a_n *explizit* definiert. Eine weitere Art, Folgen zu definieren, ist es, diese *rekursiv* zu definieren. Dazu beschreiben wir a_n durch die Werte vorheriger Glieder und setzen einen (oder mehrere) Anfangswerte. Beispielsweise ist

$$a_n = a_{n-1} + 2$$

mit Anfangswert $a_1 = 1$ die Folge aller ungerader Zahlen (man beachte, dass wir für rekursiv definierte Folgen jeweils einen Anfangswert benötigen!). Ausgeschrieben also

$$a_1 = 1$$
$$a_2 = a_1 + 2 = 3$$
$$a_3 = a_2 + 2 = 5$$
$$\vdots$$

Hätten wir den Anfangswert $a_1 = 0$ genommen, hätten wir alle geraden Zahlen erhalten. Eine der bekanntesten rekursiv definierten Folgen ist die Fibonacci-Folge. Diese ist durch $a_1 = 1$, $a_2 = 1$ (Anfangswerte[3]) und die Vorschrift

$$a_n = a_{n-1} + a_{n-2}$$

definiert. Wir können die Folge konstruieren und erhalten

$$a_1 = 1, \ a_2 = 1, \ a_3 = 2, \ a_4 = 3, \ a_5 = 5, \ a_6 = 8, ...$$

---

[3]Falls die Vorschrift das Glied a_n durch k Glieder davor beschrieben wird, benötigen wir auch k Anfangswerte. Bei Fibonacci wird a_n durch die letzten zwei Folgenglieder beschrieben und wir benötigen zwei Anfangswerte.

1.3.1   Fixpunkte einer Folge

Ein Fixpunkt einer Folge ist gegeben durch $\tilde{a} = a_{n+1} = a_n$. Der Wert der Folge ändert sich also nicht mehr an einem Fixpunkt. Wenn der Anfangswert einer Folge a_0 ein Fixpunkt ist, so ist die Folge konstant. Tatsächlich konvergieren Folgen gegen Fixpunkte (lokal).

1.3.2   Konvergenz und Divergenz

Wir schauen uns nochmals das Beispiel

$$a_n = \frac{n}{n+1}$$

an. Für $n = 1$ gilt $a_1 = \frac{1}{2} = 0,5$. Für $n = 10$ gilt $a_{10} = \frac{10}{11} \approx 0,9091$. Wählen wir $n = 1000$, so erhalten wir $a_{1000} \approx 0,9990$. Wie wir sehen können, nähert sich der Wert von a_n für große n dem Wert 1 an. Diese Art von Verhalten nennen wir Konvergenz. Nicht jede Folge konvergiert (also nähert sich einem Wert an). Beispielsweise wird die Fibonacci-Folge immer größer und größer. Wir können zeigen, ob eine Folge konvergiert, indem wir die Definition der Konvergenz zeigen:

Definition Sei a_n eine Folge. Die Folge a_n konvergiert gegen eine reelle Zahl a, falls die Differenz von $|a_n - a|$ ab einem bestimmten $n \geq N_0$ kleiner wird als ein beliebiges $\varepsilon > 0$. Wir nennen a den Grenzwert der Folge und schreiben

$$\lim_{n \to \infty} a_n = a.$$

1.3.3   Beweis von Konvergenz*

Sei also wieder unser Beispiel $a_n = \frac{n}{n+1}$ gegeben. Wollen wir beweisen, dass diese Folge konvergiert, so müssen wir zeigen, dass ab einem gewissen N_0 (welches von ε abhängen darf) folgende Ungleichung gilt:

$$\left| \frac{n}{n+1} - 1 \right| < \varepsilon.$$

Wir können das Ganze auflösen und erhalten

$$\left| \frac{n}{n+1} - 1 \right| < \varepsilon$$

$$\implies \left| \frac{n - (n+1)}{n+1} \right| < \varepsilon$$

$$\implies \left| \frac{-1}{n+1} \right| < \varepsilon$$

$$\implies \frac{1}{n+1} < \varepsilon$$

$$\implies n+1 > \frac{1}{\varepsilon}$$

$$\implies n > \frac{1}{\varepsilon} - 1.$$

Wir können also $N_0 \geq \frac{1}{\varepsilon} - 1$ so wählen, dass es die nächste natürliche Zahl ist. Ein N_0 existiert für jedes $\varepsilon > 0$ und somit konvergiert die Folge gegen 1. Wir wollen in einem Rezept dieses Vorgehen am Beispiel von $a_n = \frac{1}{n}$ und $a = 0$ zusammenfassen. Aufgaben dieser Art können schnell sehr aufwendig werden. Außerdem ist eine Voraussetzung des Beweises, dass man bereits den Grenzwert kennen muss.

Rezept (Beweis, dass Folge a_n gegen a konvergiert)

1. Schreibe $|a_n - a| < \varepsilon$ hin. Vereinfache die linke Seite so weit wie möglich. In unserem Beispiel also

$$\left| \frac{1}{n} - 0 \right| < \varepsilon$$

$$\frac{1}{n} < \varepsilon.$$

2. Löse nun die Gleichung nach n auf und achte darauf, dass du ein Resultat der Form $n > f(\varepsilon)$ erhältst, wobei die rechte Seite nur noch von ε und nicht mehr von n abhängt.

$$\frac{1}{n} < \varepsilon \implies n > \frac{1}{\varepsilon}.$$

3. Definiere nun N_0 als die nächstgrößere natürliche Zahl von $\frac{1}{\varepsilon}$ (am besten, indem man $N_0 = \lceil f(\varepsilon) \rceil$ schreibt). In unserem Fall definieren wir also

$$N_0 = \left\lceil \frac{1}{\varepsilon} \right\rceil,$$

wobei $\lceil x \rceil$ die Aufrundungsfunktion ist (rundet zur nächstgrößeren natürlichen Zahl).

Ist eine Folge nicht konvergent, so divergiert sie.

Beispiel Zeige, dass $a_n = \frac{n^2}{n^2-1}$ gegen $a = 1$ konvergiert.

Lösung *Wir gehen nach dem Rezept vor.*

1. *Wir müssen zeigen, dass*

$$\left| \frac{n^2}{n^2 - 1} - 1 \right| < \varepsilon$$

   ab einem $n \geq N_0$ gilt. Wir vereinfachen die linke Seite und erhalten

$$\left| \frac{n^2}{n^2 - 1} - 1 \right| = \frac{1}{n^2 - 1}.$$

2. *Im nächsten Schritt formen wir nach n um:*

$$\frac{1}{n^2 - 1} < \varepsilon \implies n^2 - 1 > \frac{1}{\varepsilon} \implies n > \sqrt{\frac{1}{\varepsilon} + 1}.$$

3. *Wir definieren $N_0 = \left\lceil \sqrt{\frac{1}{\varepsilon} + 1} \right\rceil$ und haben somit bewiesen, dass a_n gegen 1 konvergiert.*

Wir werden im nächsten Abschnitt über Grenzwerte von Funktionen, und später mit de l'Hôpital, Methoden kennenlernen, welche uns das Bestimmen von Grenzwerten vereinfachen. In diesen Fällen muss dann dieser Beweis auch nicht mehr durchgeführt werden. Einige Rechenregeln für Grenzwerte von Folgen können wir aber jetzt schon aufstellen.

1.3.4 Rechenregeln für Grenzwerte

Seien a_n und b_n zwei konvergente Folgen, welche gegen a bzw. b konvergieren. Dann gelten die folgenden Rechenregeln:

1. $\lim_{n \to \infty}(a_n + b_n) = a + b$.
2. $\lim_{n \to \infty}(a_n \cdot b_n) = a \cdot b$.
3. Falls $b_n, b \neq 0$, so gilt $\lim_{n \to \infty} \frac{a_n}{b_n} = \frac{a}{b}$.

Beispiel Gegen welchen Grenzwert konvergiert $a_n = 1 + \frac{1}{n}$?

Lösung *Die Folge $a_n' = 1$ konvergiert gegen 1 (konstante Folge). Die Folge $b_n = \frac{1}{n}$ konvergiert gegen 0. Somit konvergiert die Summe der beiden Folgen gegen $1 + 0 = 1$.*

Beispiel Gegen welchen Grenzwert konvergiert $a_n = (1 + \frac{1}{n})^{2022}$?

Lösung *Wir haben im letzten Beispiel gesehen, dass $a_n' = 1 + \frac{1}{n}$ gegen 1 konvergiert. Somit konvergiert a_n nach der zweiten Regel gegen 1^{2022}, also ebenfalls gegen 1.*

1.4   Grenzwerte von Funktionen

Nicht nur für Folgen, auch für Funktionen lassen sich Grenzwerte definieren. Ohne die komplette Definition der Konvergenz anzugeben, sagen wir, $f(x)$ besitzt an der Stelle a den Grenzwert L und schreiben

$$\lim_{x \to a} f(x) = L,$$

falls $f(x)$ in $x = a$ gegen L konvergiert. Wir haben beim Thema Folgen gesehen, dass wir a_n auch als Abbildung betrachten können $n \mapsto a_n$. Somit können wir alle Regeln der Grenzwerte für Folgen auch auf Funktionen übertragen. Ein Grenzwert einer Funktion existiert nicht immer, wie wir es in einem Beispiel sehen werden. Um zu überprüfen, ob ein Grenzwert auch wirklich existiert, benötigen wir folgende zwei Begriffe[4]:

1. Der linksseitige Grenzwert ist der Grenzwert, den wir erhalten, wenn wir die Funktion von $x < a$ annähern. Wir schreiben

$$\lim_{x \nearrow a} f(x).$$

---

[4]Statt $\lim\limits_{x \nearrow x_0} f(x)$ und $\lim\limits_{x \searrow x_0} f(x)$ schreiben wir auch häufig

$$\lim_{\substack{x \to x_0 \\ x < x_0}} f(x) \quad \text{bzw.} \quad \lim_{\substack{x \to x_0 \\ x > x_0}} f(x)$$

.

2. Der rechtsseitige Grenzwert ist der Grenzwert, den wir erhalten, wenn wir die
   Funktion von $x > a$ annähern. Wir schreiben

$$\lim_{x \searrow a} f(x).$$

Wir sagen, ein Grenzwert existiert, wenn der linksseitige und rechtsseitige Grenzwert
übereinstimmen, also

$$\lim_{x \to a} f(x) = L \text{ existiert} \iff \lim_{x \nearrow a} f(x) = \lim_{x \searrow a} f(x) = \lim_{x \to a} f(x) = L.$$

Als Beispiel betrachten wir die Funktion $f(x) = \frac{1}{x-2}$. Wir wollen $\lim_{x \to 2} f(x)$
bestimmen. Der Funktionsgraph ist wie folgt gegeben:

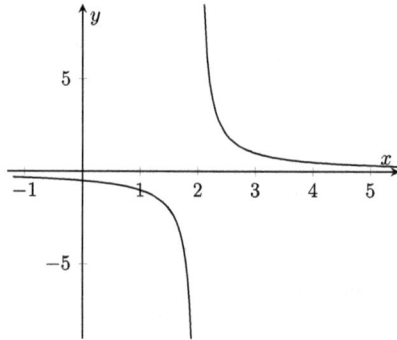

Wir sehen, dass der Grenzwert an der Stelle $a = 2$ entweder ∞ oder $-\infty$ ist. Es
kommt nämlich darauf an, ob wir den Grenzwert von links oder von rechts erreichen.
Es gilt

$$\lim_{x \nearrow a} f(x) = -\infty, \text{ aber}$$

$$\lim_{x \searrow a} f(x) = \infty.$$

Der Grenzwert an sich existiert also nicht (da die beiden Grenzwerte nicht übereinstimmen). Der linksseitige (bzw. rechtsseitige) Grenzwert existiert aber.

1.4.1 Grenzwert bestimmen

Wir lernen nun einige erste Fälle kennen, in denen wir den Grenzwert von Funktionen schon bestimmen können.

Polynom durch Polynom
Ist ein Bruch mit einem Polynom im Zähler und im Nenner gegeben, so gilt die
folgende Aussage:

Satz Ist der Grad des Polynoms im Zähler kleiner als der im Nenner, so gilt

$$\lim_{x\to\infty} f(x) = 0.$$

Ein Beispiel dafür wäre $f(x) = \frac{3x^3+x+2}{x^5+3x^2-2x}$. Im Zähler haben wir den Grad (größte Potenz) 3, während wir im Nenner den Grad 5 haben. In diesem Fall gilt also[5] $\lim_{x\to\infty} f(x) = 0$. Haben wir ein Polynom mit größerem Grad im Zähler, so ist $\lim_{x\to\infty} f(x) = \infty$. Was geschieht nun, wenn wir im Zähler und Nenner den gleichen Grad haben? Dann können wir folgenden Trick benutzen:

Trick Ist der Grad des Polynoms im Zähler gleich wie im Nenner (Grad d), so können wir den Zähler und den Nenner durch x^d teilen und den Grenzwert ablesen.

Beispiel Sei

$$f(x) = \frac{3x^5 + x^2 + x}{2x^5 - 5x}.$$

Berechne $\lim_{x\to\infty} f(x)$.

Lösung *Wir benutzen den Trick und rechnen beide Seiten durch x^5, weil der Grad beider Polynome $d = 5$ ist:*

$$\frac{3x^5 + x^2 + x}{2x^5 - 5x} = \frac{3 + \frac{x^2}{x^5} + \frac{x}{x^5}}{2 - \frac{5x}{x^5}}.$$

Jeder Bruch im Zähler und Nenner hat den Grenzwert 0, da das Polynom im Zähler einen kleineren Grad hat als im Nenner. Somit gilt

$$\lim_{x\to\infty} f(x) = \lim_{x\to\infty} \frac{3 + \frac{x^2}{x^5} + \frac{x}{x^5}}{2 - \frac{5x}{x^5}} = \frac{3}{2}.$$

---

[5]Für große Werte von x wird x^5 sehr viel schneller groß als x^3 beispielsweise. Somit dominiert der x^5-Term und der Bruch konvergiert zu 0 für große x.

Wichtige Grenzwerte

Einige wichtige Grenzwerte, welche vor allem in Kombination mit den Rechenregeln nützlich sein könnten, sind ohne Beweis:

$$\lim_{x \to \infty} \sqrt[x]{x} = 1$$

$$\lim_{x \to \infty} \left(1 + \frac{a}{x}\right)^x = e^a$$

$$\lim_{x \to 0} \frac{\sin(x)}{x} = 1$$

$$\lim_{x \to 0} \frac{1 - \cos(x)}{x} = 0$$

$$\lim_{x \to \infty} q^x = \begin{cases} 0, & |q| < 1 \\ 1, & q = 1 \\ \infty, & q > 1 \\ \text{existiert nicht}, & q \leq -1 \end{cases}.$$

Wie schon erwähnt, werden wir im nächsten Kapitel noch eine wichtige Methode kennenlernen, wie wir Grenzwerte mithilfe von Ableitungen berechnen können. Dazu brauchen wir dann die Regel von de L'Hôpital.

1.5   Stetigkeit und Monotonie

1.5.1   Stetigkeit

Den Begriff „Stetigkeit" kennen viele schon aus dem Gymnasium. Man stellt den Begriff häufig gleich mit „keine Löcher" oder „keine Sprünge" im Graphen. In der Mathematik definieren wir Stetigkeit folgendermaßen:

Definition Sei $f : D \to \mathbb{R}$ eine Funktion und $x_0 \in D$. Wir nennen f stetig in x_0, falls $\lim_{x \to x_0} f(x)$ existiert und gleich $f(x_0)$ ist.

Mit den linksseitigen und rechtsseitigen Grenzwerten lässt sich die Existenz des Grenzwerts auch mit der Eigenschaft

$$\lim_{x \nearrow x_0} f(x) = \lim_{x \searrow x_0} f(x)$$

beweisen. Existiert also der linksseitige und rechtsseitige Grenzwert und sind beide gleich, so existiert auch der Grenzwert und die Funktion ist somit stetig.

Rechenregeln

Seien f und g stetig. Dann sind die folgenden Zusammensetzungen stetig:

1. $f + g$
2. $f - g$
3. fg
4. $\frac{f}{g}$, falls $g \neq 0$ für alle x
5. $g \circ f$

Beispiel Zeige, dass $f(x) = \sin(\cos(\arctan(x^2 - 2)))$ stetig ist.

Lösung *Die Funktion ist eine Komposition von verschiedenen stetigen trigonometrischen Funktionen und einem Polynom. $f(x)$ ist demnach auch stetig nach der Regel 5.*

Ein häufiger Fehler ist es, alle trigonometrischen Funktionen als stetig anzunehmen. $\tan(x)$ ist aber nicht stetig. Obwohl man $\tan(x)$ als Bruch zweier stetiger Funktionen schreiben kann, gilt $\cos(x) = 0$ für $x = \frac{\pi}{2} + k\pi$ ($k \in \mathbb{Z}$). Damit kann die Regel von vorhin nicht angewendet werden, da sie nur für Funktionen $g \neq 0$ gilt.

Stetigkeit von zusammengesetzten Funktionen
Wie wir gesehen haben, ist es wegen der Eigenschaft der Kompositionen von Funktionen hauptsächlich sinnvoll, die Stetigkeit von sogenannten zusammengesetzten Funktionen zu überprüfen. Eine zusammengesetzte Funktion ist von der Form

$$f(x) = \begin{cases} f_1(x) & x < x_0 \\ f_2(x) & x \geq x_0 \end{cases},$$

also beispielsweise

$$f(x) = \begin{cases} 3 - e^{x^2} & x < 0 \\ \frac{\sin(x)}{ax} & x \geq 0 \end{cases}.$$

Ob diese Funktion stetig ist, hängt vom Parameter a ab. Wie geht man hier vor, um a so zu bestimmen, dass die Funktion stetig wird? Da die einzelnen Funktionen Kompositionen von stetigen Funktionen sind, ist die Funktion für alle $x > x_0$ und $x < x_0$ stetig. Das heißt, wir müssen nur prüfen, dass sie an den „Berührungspunkten" gleich sind (ansonsten gäbe es einen Sprung). In diesem Beispiel ist der Berührungspunkt $x_0 = 0$ (da, wo sich die beiden Teilfunktionen treffen). Dann berechnet man die beiden Grenzwerte

$$\lim_{x \to \text{Berührungspunkt}} f_1(x)$$

$$\lim_{x \to \text{Berührungspunkt}} f_2(x),$$

wobei $f_1(x)$ und $f_2(x)$ die beiden Teilfunktionen sind, welche sich am Berührungspunkt treffen (diese zwei Grenzwerte sind genau der linksseitige und rechtsseitige Grenzwert der gesamten Funktion $f(x)$). Die Funktion ist also bis zum Berührungspunkt $f_1(x)$ und anschließend $f_2(x)$. Die beiden berühren sich in unserem Beispiel im Punkt $x = 0$. Um a zu bestimmen, müssen wir die beiden Grenzwerte gleichsetzen, damit die Funktion stetig ist. In unserem Beispiel müssen wir also die folgenden Grenzwerte berechnen und gleichsetzen:

$$\lim_{x \to 0} 3 - e^{x^2} = 2$$

$$\lim_{x \to 0} \frac{\sin(x)}{ax} = \frac{1}{a} \cdot \lim_{x \to 0} \frac{\sin(x)}{x} = \frac{1}{a},$$

wobei wir im zweiten Grenzwert den bekannten Grenzwert $\lim_{x \to 0} \frac{\sin(x)}{x} = 1$ verwendet haben. Wir setzen sie gleich und erhalten somit

$$a = \frac{1}{2}.$$

Zusammengefasst müssen wir also bei zusammengesetzten Funktionen nach folgendem Rezept vorgehen:

Rezept (Finde einen Parameter, sodass die zusammengesetzte Funktion $f(x)$ stetig ist)

1. Bestimme den Berührungspunkt von den zwei gegebenen Teilfunktionen $f_1(x)$ und $f_2(x)$ (bei mehreren Teilfunktionen betrachtet man jeweils die benachbarten Teilfunktionen).
2. Berechne die Grenzwerte:

$$\lim_{x \to \text{Berührungspunkt}} f_1(x),$$

$$\lim_{x \to \text{Berührungspunkt}} f_2(x).$$

3. Setze die beiden Grenzwerte gleich und löse nach der unbekannten Variable auf.

Beispiel Ist die folgende Funktion überall stetig?

$$f(x) = \begin{cases} e^x, & x < 0 \\ x + 1, & x \in [0, 1] \\ 3x, & x > 1 \end{cases}$$

Lösung *Da alle drei Funktionen stetig sind, müssen wir nur die Berührungspunkte* $x_1 = 0$ *und* $x_2 = 1$ *überprüfen. Bei* $x_1 = 0$ *erhalten wir*

$$\lim_{x \to 0} e^x = e^0 = 1 = 0 + 1 = \lim_{x \to 0} (x + 1).$$

Somit ist die Funktion stetig in $x_1 = 0$. *Für* $x_2 = 1$ *gilt*

$$\lim_{x \to 1} (x + 1) = 1 + 1 = 2 \neq 3 = \lim_{x \to 1} 3x.$$

$f(x)$ ist also überall stetig, außer in $x = 1$.

1.5.2 Monotonie

Seien $x_1 \in D$ und $x_2 \in D$, wobei $x_1 < x_2$. Wir definieren folgende Begriffe für eine Funktion $f(x)$:

1. Wir nennen $f(x)$ *streng monoton steigend*, falls $f(x_1) < f(x_2)$.
2. Wir nennen $f(x)$ *monoton steigend*, falls $f(x_1) \leq f(x_2)$.
3. Wir nennen $f(x)$ *monoton fallend*, falls $f(x_1) \geq f(x_2)$.
4. Wir nennen $f(x)$ *streng monoton fallend*, falls $f(x_1) > f(x_2)$.

Dies lässt sich auch auf Folgen übertragen. Gilt beispielsweise $a_n \leq a_{n+1}$ ab einem gewissen $n = N_0$, so nennen wir die Folge monoton steigend (oder monoton wachsend). Damit wir hier nicht zu viel Zeit damit verbringen, Monotonie mit dieser Definition zu beweisen, wollen wir im nächsten Kapitel Ableitungen kennenlernen. Mit Ableitungen werden wir einen deutlich einfacheren Weg kennenlernen, wie man Monotonie zeigen kann. Trotzdem benötigen wir Monotonie schon jetzt, da wir uns im nächsten Abschnitt mit Reihen befassen werden.

1.6   Reihen

Nachdem wir uns einige Zeit mit Folgen beschäftigt haben, möchten wir nun das Konzept der Reihen einführen. Eine Reihe ist die Summe aller einzelnen Glieder einer Folge. Da die Folge unendlich viele davon hat, ist eine Reihe immer von der Form

$$\sum_{k=0}^{\infty} a_k.$$

Dabei ist dieses „∞" im Sinne von

$$\lim_{n \to \infty} s_n := \lim_{n \to \infty} \sum_{k=0}^{n} a_k$$

zu verstehen. Wir nennen die Addition der ersten $n + 1$ Glieder der Folge eine sogenannte „Partialsumme" (s_n). Sei beispielsweise die konstante Folge $a_k = 1$ gegeben. Dann ist die Partialsumme mit $n = 2$:

$$\sum_{k=0}^{2} a_k = \sum_{k=0}^{2} 1 = 1 + 1 + 1 = 3$$

und die Reihe

$$\sum_{k=0}^{\infty} a_k = \sum_{k=0}^{\infty} 1 \to \infty.$$

Wir wollen nun zwei Begriffe einführen:

1. *Divergent:* Eine Reihe divergiert, falls der Grenzwert $\lim_{n \to \infty} s_n$ nicht existiert oder $\pm\infty$ ist.
2. *Konvergent:* Eine Reihe konvergiert, falls der Grenzwert $\lim_{n \to \infty} s_n$ existiert und nicht $\pm\infty$ ist bzw. falls die Reihe nicht divergiert.

Die Reihe mit den Folgenglieder $a_k = 1$ divergiert also, da das Resultat ∞ ist. Wie bestimmen wir nun, ob eine Reihe divergiert oder konvergiert? Dazu müssen wir uns zunächst mit einigen bekannten Reihen vertraut machen:

1. Die *geometrische Reihe*

$$\sum_{k=0}^{\infty} q^k$$

konvergiert für $q \in (-1, 1)$ und divergiert für alle anderen q.

2. Die *harmonische Reihe*

$$\sum_{k=1}^{\infty} \frac{1}{k}$$

divergiert.

3. Die *verallgemeinerte harmonische Reihe*

$$\sum_{k=1}^{\infty} \frac{1}{k^{\alpha}}$$

konvergiert für $\alpha > 1$. Für $\alpha = 1$ erhalten wir die harmonische Reihe von vorhin.

4. Die *alternierende harmonische Reihe*

$$\sum_{k=1}^{\infty} \frac{(-1)^k}{k}$$

konvergiert.

Nun können wir loslegen und mit den folgenden Konvergenzkriterien bestimmen, ob eine Reihe konvergiert oder divergiert.

1.6.1 Konvergenzkriterien

Nullfolgenkriterium

Das Nullfolgenkriterium ist ein intuitives Kriterium, denn es besagt:

$$\lim_{k \to \infty} a_k \neq 0 \implies \text{Reihe divergiert.}$$

Falls also die Folge keine Nullfolge ist, also für $k \to \infty$ nicht null wird, so divergiert die Reihe. Das ergibt auch Sinn, denn wir wollen ja, dass die Terme immer kleiner und kleiner werden und irgendwann einmal sehr nah an die Null kommen, ansonsten wird immer eine große Zahl dazuaddiert und die Reihe divergiert.

Leibniz-Kriterium

Eine alternierende Folge hat die Form

$$a_k = (-1)^k b_k.$$

Eine alternierende Reihe ist dann die Reihe einer solchen Folge. Ein Beispiel wäre

$$\sum_{k=0}^{\infty} \frac{(-1)^k}{2k+1}.$$

Für alternierende Reihen gibt es ein wichtiges Konvergenzkriterium: das Leibniz-Kriterium. Dieses lautet wie folgt:

Satz Die Reihe

$$\sum_{k=0}^{\infty} (-1)^k b_k$$

konvergiert, falls

1. b_k monoton fallend ist, also für alle k gilt $b_k \geq b_{k+1}$, und
2. b_k eine Nullfolge ist, also $\lim_{k \to \infty} b_k = 0$.

In unserem Beispiel haben wir $b_k = \frac{1}{2k+1}$. Dies ist offensichtlich eine Nullfolge. Nun überprüfen wir noch, ob sie monoton fallend ist oder nicht:

$$b_{k+1} = \frac{1}{2(k+1)+1} = \frac{1}{2k+3} < \frac{1}{2k+1} = b_k.$$

Somit ist b_k monoton fallend und die Reihe konvergiert.

Quotientenkriterium

Ein weiteres Kriterium, um zu ermitteln, ob die Reihe konvergiert oder divergiert, ist das Quotientenkriterium. Man berechne dazu

$$c := \lim_{k \to \infty} \left| \frac{a_{k+1}}{a_k} \right|.$$

Es gilt dann

$$\sum_{k=0}^{\infty} a_k \begin{cases} \text{konvergiert} & c < 1 \\ \text{divergiert} & c > 1 \ . \\ \text{weiter untersuchen} & c = 1 \end{cases}$$

Sei beispielsweise die folgende Reihe gegeben

$$\sum_{k=0}^{\infty} \frac{1}{k!}.$$

Wir verwenden das Quotientenkriterium und berechnen

$$\frac{a_{k+1}}{a_k} = \frac{\frac{1}{(k+1)!}}{\frac{1}{k!}} = \frac{k!}{(k+1)!} = \frac{1}{k+1}, \tag{1.1}$$

wobei wir verwendet haben, dass $(k+1)! = (k+1)k(k-1)(k-2)... = (k+1) \cdot k!$ ist. Nun berechnen wir den Grenzwert davon:

$$\lim_{k \to \infty} \left| \frac{1}{k+1} \right| = 0 < 1$$

und somit konvergiert die Reihe.

Vergleichskriterium

Eine weitere Möglichkeit zu entscheiden, ob die Reihe konvergiert oder nicht, ist es, die Reihe von oben oder unten abzuschätzen. Ist a_n eine nichtnegative Folge und ab einem gewissen $n = n_0 \in \mathbb{N}$ größer (respektive kleiner) als eine andere nichtnegative Folge c_n, so gilt

$$a_n \leq c_n \text{ und } \sum_{k=0}^{\infty} c_n \text{ konvergent} \implies \sum_{k=0}^{\infty} a_n \text{ konvergent,}$$

$$a_n \geq c_n \text{ und } \sum_{k=0}^{\infty} c_n \text{ divergent} \implies \sum_{k=0}^{\infty} a_n \text{ divergent.}$$

Dieses Kriterium nennen wir das Vergleichskriterium. In der Literatur spricht man häufig auch vom Majorantenkriterium bzw. Minorantenkriterium. Wenn eine Reihe c_n konvergent ist und eine andere Reihe a_n Folgenglieder hat, welche alle kleiner sind als die Folgenglieder der konvergierenden Reihe, so muss auch diese Reihe konvergieren (weil wir immer weniger addieren als bei c_n). Wichtige Abschätzungen für dieses Verfahren sind

$$\frac{1}{\text{Polynom vom Grad } \alpha} \gtrless \frac{1}{k^\alpha},$$

$$\sin(\alpha) \leq 1,$$

$$\cos(\alpha) \leq 1.$$

Ein Beispiel ist

$$\sum_{k=1}^{\infty} \frac{\sin(2k)}{k^2}.$$

Wir können $\sin(2k)$ abschätzen und erhalten

$$\sum_{k=1}^{\infty} \frac{\sin(2k)}{k^2} < \sum_{k=1}^{\infty} \frac{1}{k^2}.$$

Letzteres ist die verallgemeinerte harmonische Reihe mit $\alpha = 2$ und somit konvergiert nach dem Vergleichskriterium auch unsere Reihe.

Zusammenfassung
Wir können nun alle Kriterien in einem Schema zusammenfassen:

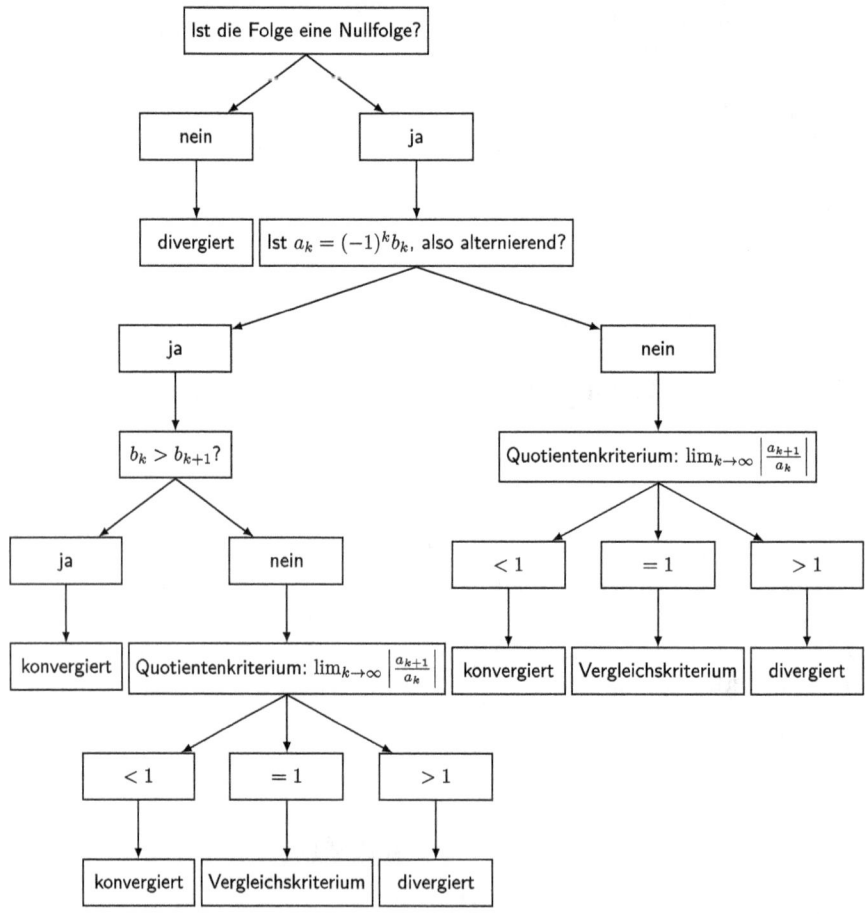

1.6.2 Potenzreihen

Eine Potenzreihe $P(x)$ ist eine Reihe der Form

$$P(x) = \sum_{n=0}^{\infty} c_n (x - x_0)^n,$$

wobei x_0 der Entwicklungspunkt ist und c_n eine Folge. Eine Potenzreihe ist also eigentlich eine Funktion von x und hängt somit nicht nur von der Folge c_n ab. Je nachdem, was wir für x einsetzen, konvergiert oder divergiert die Reihe. Ein Beispiel ist

$$\sum_{n=1}^{\infty} \frac{x^n}{n}.$$

Setzen wir hier $x = 1$ ein, erhalten wir die harmonische Reihe

$$\sum_{n=1}^{\infty} \frac{1}{n},$$

welche divergiert. Setzen wir hier $x = -1$ ein, so erhalten wir die alternierende harmonische Reihe

$$\sum_{n=1}^{\infty} \frac{(-1)^n}{n},$$

welche konvergiert. Am Entwicklungspunkt konvergiert die Reihe immer, da wir dann $(x - x_0)^n = 0^n = 0$ haben. Wenn wir wissen wollen, für welche x die Potenzreihe konvergiert, so müssen wir das Intervall $[x_0 - r, x_0 + r]$ um den Entwicklungspunkt bestimmen. Dieses Intervall nennt sich der Konvergenzbereich und r ist dabei der Konvergenzradius. Für genug schöne Folgen[6] c_n gilt

$$r = \lim_{n \to \infty} \left| \frac{c_n}{c_{n+1}} \right|.$$

Dies ist nicht zu verwechseln mit dem Quotientenkriterium! Dort sind Zähler und Nenner genau vertauscht. Wir fassen das Konvergenzkriterium der Potenzreihe in einem Rezept zusammen:

---

[6]Die Formel gilt für Folgen, welche ab einem gewissen $n = N \in \mathbb{N}$ von 0 verschieden sind und der Grenzwert existiert oder ∞ ist. Da diese Bedingung in der Praxis selten nicht gegeben ist, verzichten wir auf die Überprüfung der Bedingung im Beispiel.

Rezept (Bestimmung des Konvergenzbereichs von Potenzreihen)

1. Bestimme den Konvergenzradius mit der Formel

$$r = \lim_{n \to \infty} \left| \frac{c_n}{c_{n+1}} \right| .$$

2. Überprüfe nun, mit direktem Einsetzen, ob die Potenzreihe mit $x = x_0 + r$ und $x = x_0 - r$ konvergiert oder divergiert (meistens erhält man eine bekannte Reihe).
3. Der Konvergenzbereich ist nun

$$(x_0 - r, x_0 + r),$$

wobei eine runde Klammer zu einer eckigen wird, wenn im zweiten Schritt die Reihe beim Punkt $x_0 \pm r$ konvergiert.

Beispiel Bestimme den Konvergenzbereich der Reihe

$$\sum_{n=0}^{\infty} \frac{(x-1)^n}{2^n}$$

Lösung *Wir gehen nach unserem Rezept vor:*

1. *Der Konvergenzradius ist*

$$r = \lim_{n \to \infty} \left| \frac{c_n}{c_{n+1}} \right| = \lim_{n \to \infty} \frac{\frac{1}{2^n}}{\frac{1}{2^{n+1}}} = \lim_{n \to \infty} \frac{2^{n+1}}{2^n} = 2.$$

2. *Der Entwicklungspunkt ist* $x_0 = 1$. *Die Randpunkte sind somit* $x_0 \pm r = 3, -1$. *Eingesetzt ergibt dies*

$$x = 3: \quad \sum_{n=0}^{\infty} \frac{(3-1)^n}{2^n} = \sum_{n=0}^{\infty} 1$$

und

$$x = -1: \quad \sum_{n=0}^{\infty} \frac{(-1-1)^n}{2^n} = \sum_{n=0}^{\infty} \frac{(-1)^n \cdot 2^n}{2^n} = \sum_{n=0}^{\infty} (-1)^n.$$

Beide divergieren, denn beide Folgen sind keine Nullfolgen.

3. *Der Konvergenzbereich ist also*

$$x \in (-1, 3).$$

Differentialrechnung

*„There's no better guarantee of failure than convincing yourself
that success is impossible, and therefore never even trying."*

Max Tegmark

2.1 Ableitungen und Differenzierbarkeit

Sei eine reelle Funktion $f(x)$ gegeben. Wir wissen, dass die Steigung einer linearen
Funktion $f(x) = mx + c$ gegeben ist durch $m = \frac{\Delta y}{\Delta x}$. In diesem folgenden Beispiel
gilt beispielsweise $m = \frac{2}{1} = 2$:

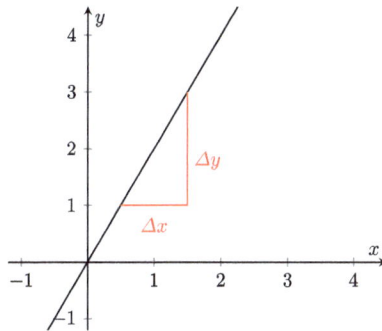

Nun wollen wir eine allgemeine Funktion $f(x)$ betrachten. Auch in dieser Funktion
kann die Steigung an einem bestimmten Ort angegeben werden. Die Steigung an
einem Punkt ist definiert als die Steigung der Tangente an diesem Punkt. Die folgende
Funktion hat in x_1 eine positive Steigung, in x_2 eine negative und in x_3 wieder eine
positive:

H. Krizic, *Tutorium Mathematik für Naturwissenschaften*,
https://doi.org/10.1007/978-3-662-69221-9_2

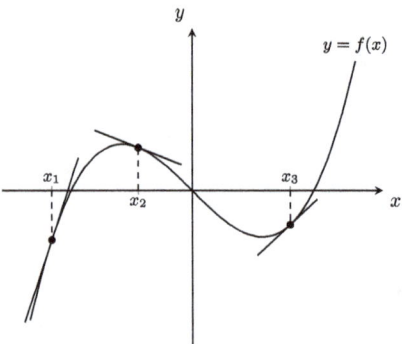

Wie kann man nun die Steigung an einem Punkt x_0 berechnen? Dazu folgende Überlegung: Die Steigung an einem Punkt ist ungefähr gegeben durch

$$m = \frac{\Delta y}{\Delta x} \approx \frac{f(x) - f(x_0)}{x - x_0},$$

wobei $f(x)$ sehr nahe an $f(x_0)$ ist bzw. x sehr nahe an x_0. Wir können uns nämlich ein kleines Stück unserer Funktion beim Punkt x_0 anschauen. Wenn wir dieses Stück vergrößern, so nähern wir uns einer Gerade an.

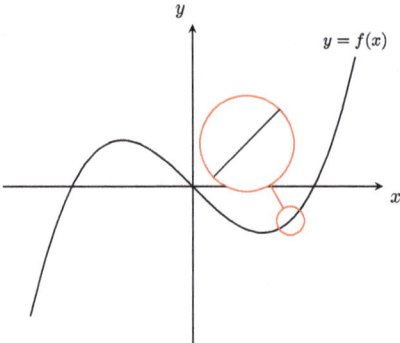

Die Steigung dieser Gerade ist durch den folgenden Grenzwert gegeben, den wir auch den Differentialquotienten nennen:

$$\lim_{x \to x_0} \frac{f(x) - f(x_0)}{x - x_0} = \frac{df}{dx} =: f'(x).$$

$f'(x)$ ist die sogenannte Ableitung von $f(x)$. Wenn der Grenzwert existiert, so ist f an der Stelle x_0 differenzierbar. Die Tangente am Punkt x_0 hat die Gleichung

$$y_t(x) = f(x_0) + f'(x_0) \cdot (x - x_0).$$

Beispiel Berechne die Ableitung von $f(x) = x^2$ an der Stelle $x = x_0$ mit dem Differentialquotienten.

Lösung *Wir rechnen*

$$\lim_{x \to x_0} \frac{f(x) - f(x_0)}{x - x_0} = \lim_{x \to x_0} \frac{x^2 - x_0^2}{x - x_0}$$

$$= \lim_{x \to x_0} \frac{(x - x_0)(x + x_0)}{x - x_0}$$

$$= \lim_{x \to x_0} x + x_0$$

$$= 2x_0.$$

Beispiel Ist $f(x) = |x|$ differenzierbar in $x_0 = 0$?

Lösung *Wir möchten also zeigen, ob der Grenzwert*

$$\lim_{x \to 0} \frac{|x| - 0}{x - 0} = \lim_{x \to 0} \frac{|x|}{x}$$

existiert. Dazu können wir den linksseitigen und rechtsseitigen Grenzwert berechnen:

$$\lim_{x \nearrow 0} \frac{-x}{x} = -1,$$

$$\lim_{x \searrow 0} \frac{x}{x} = 1.$$

Die Grenzwerte stimmen nicht überein. Somit existiert der Differentialquotient nicht und $f(x)$ ist in 0 nicht differenzierbar. Wir können das Ganze auch am Graph von $f(x) = |x|$ sehen:

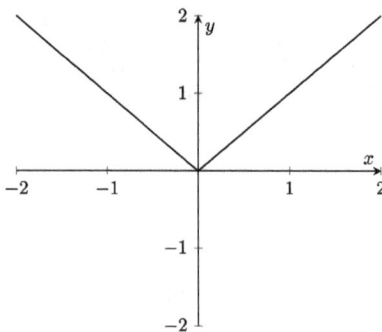

Bei $x_0 = 0$ lässt sich keine eindeutige Tangente anlegen, da es sich um eine Ecke handelt. Die Funktion ist aber trotzdem bei $x_0 = 0$ stetig.

Im letzten Beispiel haben wir gesehen, dass es stetige Funktionen gibt, welche aber nicht überall differenzierbar sind. Ein wichtiger Satz der Analysis ist aber die Umkehrung dieses Satzes:

Satz Jede differenzierbare Funktion ist auch stetig.

2.2   Ableitungsregeln

Damit man nicht immer mit dem Differentialquotienten arbeiten muss, können wir einige Tricks zur Berechnung der Ableitung verwenden. Zunächst müssen wir aber ein paar Standardableitungen kennenlernen:

$$f(x) = x^n \implies f'(x) = n \cdot x^{n-1}$$
$$f(x) = e^x \implies f'(x) = e^x$$
$$f(x) = \log(x) \implies f'(x) = \frac{1}{x}$$
$$f(x) = a^x \implies f'(x) = a^x \cdot \log(a)$$
$$f(x) = \sin(x) \implies f'(x) = \cos(x)$$
$$f(x) = \cos(x) \implies f'(x) = -\sin(x)$$
$$f(x) = \tan(x) \implies f'(x) = \frac{1}{\cos^2(x)}$$

2.2.1 Linearität

Die Linearität der Ableitung besagt, dass die Ableitung der Summe zweier Funktionen auch die Summe der Ableitungen dieser zwei Funktionen ist, also

$$(f(x) + g(x))' = f'(x) + g'(x).$$

Ebenfalls können wir konstante Faktoren vor die Ableitung nehmen:

$$(\lambda f(x))' = \lambda f'(x).$$

Beispiel Bestimme die Ableitung von

$$f(x) = 3\sin(x) + \cos(x).$$

Lösung *Wegen der Linearität können wir die zwei Summanden einzeln ableiten:*

$$(3\sin(x))' = 3\cos(x),$$
$$(\cos(x))' = -\sin(x).$$

Wir erhalten somit

$$f'(x) = 3\cos(x) - \sin(x).$$

2.2.2 Produktregel

Haben wir eine Funktion, welche als Produkt zweier Funktionen geschrieben werden kann, so gilt die folgende Regel:

$$(f(x) \cdot g(x))' = f'(x) \cdot g(x) + f(x) \cdot g'(x).$$

Wir leiten also zunächst $f(x)$ ab und multiplizieren mit $g(x)$ und dann addieren wir das Produkt von $f(x)$ und der Ableitung von $g(x)$.

Beispiel Bestimme die Ableitung von

$$f(x) = \sin(x)\cos(x).$$

Lösung *Es gilt nach der Produktregel (mit $g(x) = \sin(x)$ und $h(x) = \cos(x)$)*

$$(g(x) \cdot h(x))' = g'(x) \cdot h(x) + g(x) \cdot h'(x) = \cos^2(x) - \sin^2(x) = \cos(2x),$$

wobei wir im letzten Schritt das Additionstheorem $\cos(a + b) = \cos(a)\cos(b) - \sin(a)\sin(b)$ verwendet haben (siehe dazu Anhang A).

Beispiel Bestimme die Ableitung von

$$f(x) = x^2 e^x.$$

Lösung *Es gilt nach der Produktregel (mit $g(x) = x^2$ und $h(x) = e^x$)*

$$(g(x) \cdot h(x))' = g'(x) \cdot h(x) + g(x) \cdot h'(x) = 2xe^x + x^2 e^x = xe^x(2 + x).$$

2.2.3 Kettenregel

Haben wir eine Komposition von Funktionen, so gilt die Kettenregel

$$(g \circ f)'(x) = g'(f(x)) \cdot f'(x).$$

Wir möchten die Regel am folgenden Beispiel demonstrieren:

Beispiel Bestimme die Ableitung von

$$\sin(x^2 + 1).$$

Lösung *Wir haben hier die Funktion $x^2 + 1$ verschachtelt in der Funktion $\sin(x)$. Damit haben wir also $g(x) = \sin(x)$ und $f(x) = x^2 + 1$. Es gilt nach der Kettenregel*

$$g(f(x))' = g'(f(x)) \cdot f'(x) = \cos(x^2 + 1) \cdot 2x,$$

wobei wir im ersten Term $g(x) = \sin(x)$ abgeleitet und dann statt x einfach $f(x) = x^2 + 1$ eingesetzt haben.

Beispiel Berechne die Ableitung von

$$e^{x^2}.$$

Lösung *Die Funktion $f(x) = x^2$ ist verschachtelt in der Funktion $g(x) = e^x$. Es gilt also mit der Kettenregel*

$$g(f(x))' = g'(f(x)) \cdot f'(x) = e^{x^2} \cdot 2x.$$

Beispiel Berechne die Ableitung von

$$\tan(e^x)\sin(x).$$

Lösung *Wir verwenden zunächst die Produktregel, da wir eine Multiplikation von zwei Funktionen haben:*

$$(\tan(e^x)\sin(x))' = (\tan(e^x))'\sin(x) + \tan(e^x)\cos(x).$$

Um $(\tan(e^x))'$ zu berechnen, benötigen wir die Kettenregel:

$$(\tan(e^x))' = \frac{e^x}{\cos^2(e^x)}.$$

Alles zusammen ergibt das

$$(\tan(e^x)\sin(x))' = \frac{e^x\sin(x)}{\cos^2(e^x)} + \tan(e^x)\cos(x).$$

2.2.4 Quotientenregel

Wenn wir eine Funktion haben, welche sich als Bruch zweier Funktionen schreiben lässt, so können wir die Produktregel und Kettenregel anwenden, um eine neue Regel dafür zu erhalten. Es gilt

$$\left(\frac{f(x)}{g(x)}\right)' = f'(x) \cdot \frac{1}{g(x)} + f(x) \cdot \left(\frac{1}{g(x)}\right)'.$$

Mit der Kettenregel haben wir

$$\left(\frac{1}{g(x)}\right)' = -\frac{1}{(g(x))^2} g'(x)$$

und somit zusammengefasst

$$\left(\frac{f(x)}{g(x)}\right)' = \frac{f'(x) \cdot g - f(x) \cdot g'(x)}{(g(x))^2}.$$

Beispiel Berechne die Ableitung von

$$\frac{e^x}{\sin(x)}.$$

Lösung *Mit der Quotientenregel gilt*

$$\left(\frac{e^x}{\sin(x)}\right)' = \frac{e^x(\sin(x) - \cos(x))}{\sin^2(x)}.$$

2.2.5 Umkehrfunktion

Für Umkehrfunktionen $f^{-1}(x)$ einer differenzierbaren, umkehrbaren Funktion $f(x)$ können wir die Ableitung leicht berechnen. Es gilt dann

$$(f^{-1}(x))' = \frac{1}{f'(f^{-1}(x))}.$$

Der Nenner darf dabei natürlich nicht 0 sein.

Beispiel Beweise, dass $\log'(x) = \frac{1}{x}$.

Lösung $\log(x)$ *ist die Umkehrfunktion von* e^x. *Sei also* $f(x) = e^x$, *dann gilt*

$$(f^{-1}(x))' = \log'(x) = \frac{1}{f'(f^{-1}(x))} = \frac{1}{e^{\log(x)}} = \frac{1}{x},$$

da $f'(x) = e^x$.

2.2.6 Funktion in Potenz

Für Funktionen der Form $f(x)^{g(x)}$ wenden wir folgenden Trick an:

$$f(x)^{g(x)} = e^{g(x)\log(f(x))}.$$

Ein Beispiel einer solchen Funktion ist

$$h(x) = x^{\sin(x)}.$$

Wie können wir $h'(x)$ bestimmen? Mit unserem Trick erhalten wir

$$h(x) = e^{\sin(x)\log(x)}.$$

Nun leiten wir die Funktion mit der Kettenregel ab:

$$h'(x) = e^{\sin(x)\log(x)} \cdot (\sin(x)\log(x))'$$
$$= e^{\sin(x)\log(x)} \cdot \left(\cos(x)\log(x) + \sin(x)\frac{1}{x}\right),$$

wobei wir im zweiten Schritt die Produktregel verwendet haben. Wir bemerken, dass der erste Term genau wieder $x^{\sin(x)}$ ist und somit

$$h'(x) = x^{\sin(x)} \cdot \left(\cos(x)\log(x) + \frac{\sin(x)}{x}\right).$$

Beispiel Bestimme die Ableitung der Funktion $f(x) = x^{x^2}$ (dabei ist $x^{x^2} = x^{(x^2)}$ gemeint).

Lösung *Es gilt*

$$f(x) = x^{x^2} = e^{x^2 \log(x)}.$$

Somit gilt mit der Kettenregel

$$\begin{aligned}
f'(x) &= e^{x^2 \log(x)} \cdot (x^2 \log(x))' \\
&= e^{x^2 \log(x)} \cdot \left(2x \log(x) + x^2 \frac{1}{x}\right) \\
&= e^{x^2 \log(x)} \cdot x(2 \log(x) + 1) \\
&= x^{x^2} \cdot x(2 \log(x) + 1) \\
&= x^{x^2+1} \cdot (2 \log(x) + 1).
\end{aligned}$$

2.3 Monotonie

Wir haben im letzten Kapitel definiert, was beispielsweise streng monoton fallend oder monoton steigend bedeutet. Wir können nun mithilfe von Ableitungen einfacher bestimmen, ob eine differenzierbare Funktion $f(x) : I \rightarrow \mathbb{R}$ (wobei I ein Intervall ist) eine Monotonie-Eigenschaft erfüllt. Dabei gelten die folgenden Eigenschaften:

1. $f(x)$ ist *streng monoton steigend,* falls $f'(x) > 0$.
2. $f(x)$ ist *monoton steigend,* falls $f'(x) \geq 0$.
3. $f(x)$ ist *monoton fallend,* falls $f'(x) \leq 0$.
4. $f(x)$ ist *streng monoton fallend,* falls $f'(x) < 0$.

Beispiel Zeige, dass die Funktion $f(x) = x^3$ monoton steigend, aber nicht streng monoton steigend ist.

Lösung *Wir bestimmen die Ableitung*

$$f'(x) = 3x^2.$$

Es gilt $x^2 \geq 0$ und somit ist die Funktion monoton steigend. Sie ist aber nicht streng monoton steigend, da $f'(0) = 3 \cdot 0^2 = 0$.

Beispiel Beweise, dass $\log(x)$ streng monoton steigend ist, mit Definitionsbereich $\mathbb{R}_{>0}$.

Lösung *Wir bestimmen die Ableitung*

$$\log'(x) = \frac{1}{x}.$$

Für $x > 0$ gilt $\frac{1}{x} > 0$. Somit ist $\log(x)$ im Definitionsbereich streng monoton steigend.

2.4   Zweite Ableitung und Krümmung

Die zweite Ableitung von $f(x)$ ist definiert als die Ableitung der Ableitung von $f(x)$, also

$$f''(x) := (f'(x))'.$$

Für was benötigen wir die zweite Ableitung? Eine weitere Eigenschaft einer Funktion (genauer gesagt eines Graphen) ist die Krümmung. Wir unterscheiden dabei folgende zwei Fälle:

1. Falls $f''(x) \geq 0$ gilt, so ist der Graph *linksgekrümmt* (oder auch konvex). Ein Beispiel dafür ist $f(x) = e^x$.
2. Falls $f''(x) \leq 0$ gilt, so ist der Graph *rechtsgekrümmt* (oder auch konkav). Ein Beispiel hierfür ist $f(x) = \log(x)$.

Beispiel Beweise, dass $\log(x)$ rechtsgekrümmt ist.

Lösung *Wir bestimmen die zweite Ableitung*

$$\log''(x) = -\frac{1}{x^2}.$$

Da x^2 für alle x positiv ist und wir ein Minuszeichen vor dem Bruch haben, ist die zweite Ableitung immer negativ. Somit ist die Funktion rechtsgekrümmt.

2.5   Die Regel von de l'Hôpital

Wir können mithilfe von Ableitungen Grenzwerte bestimmter Funktionen einfach bestimmen. Dabei muss die Funktion ein Bruch $\frac{f(x)}{g(x)}$ der Form $\lim_{x \to x_0} \frac{f(x)}{g(x)} = \text{„} \frac{0}{0}\text{“}$ oder „$\pm \frac{\infty}{\infty}$“ sein. In diesen Fällen besagt die Regel von de l'Hôpital:

$$\lim_{x \to x_0} \frac{f(x)}{g(x)} = \lim_{x \to x_0} \frac{f'(x)}{g'(x)}.$$

Wir gehen also nach folgendem Rezept vor:

Rezept (Regel von de l'Hôpital)

1. Berechne $\lim_{x \to x_0} f(x)$ und $\lim_{x \to x_0} g(x)$. Sind beide 0 oder beide $\pm\infty$, so kannst du mit der Regel weiterfahren. Manchmal muss die Funktion zunächst umgestellt werden (dazu später mehr).
2. Berechne $f'(x)$ und $g'(x)$.
3. Berechne nun $\lim_{x \to x_0} \frac{f'(x)}{g'(x)}$. Erhältst du wieder „$\frac{0}{0}$“ oder „$\pm\frac{\infty}{\infty}$“, so beginne wieder beim ersten Schritt oder versuche, eine andere Methode anzuwenden.

Wir schauen uns ein paar Beispiele an:

Beispiel Berechne

$$\lim_{x \to 0} \frac{e^x - 1}{x}.$$

Lösung *Es gilt*

$$\lim_{x \to 0} e^x - 1 = 0 \quad und \quad \lim_{x \to 0} x = 0.$$

Wir können also die Regel verwenden und erhalten

$$\lim_{x \to 0} \frac{e^x - 1}{x} = \lim_{x \to 0} \frac{e^x}{1} = 1.$$

Beispiel Berechne

$$\lim_{x \to 0} x \log(x).$$

Lösung *Wir haben nun den Fall* $0 \cdot (-\infty)$*. Wir können aber* x *zu* $\frac{1}{\frac{1}{x}}$ *umschreiben und erhalten dadurch*

$$\frac{\log(x)}{\frac{1}{x}},$$

was dem Fall „$\frac{-\infty}{\infty}$" *entspricht. Wir leiten beide Seiten ab und erhalten*

$$\lim_{x \to 0} \frac{\log(x)}{\frac{1}{x}} = \lim_{x \to 0} \frac{\frac{1}{x}}{\frac{-1}{x^2}} = \lim_{x \to 0} (-x) = 0.$$

Wir verallgemeinern diesen Trick:

Trick Während wir de l'Hôpital primär bei Grenzwerten der Form $\frac{f(x)}{g(x)} \to \frac{0}{0}$ oder $\frac{\infty}{\infty}$ anwenden, können wir die Regel auch in folgenden Formen anwenden:

Form	ausführliche Form	Transformation zu $\frac{0}{0}$ oder $\frac{\infty}{\infty}$
$\frac{0}{0}$	$\lim_{x\to x_0} f(x) = 0$, $\lim_{x\to x_0} g(x) = 0$	-
$\frac{\infty}{\infty}$	$\lim_{x\to x_0} f(x) = \infty$, $\lim_{x\to x_0} g(x) = \infty$	-
$0 \cdot \infty$	$\lim_{x\to x_0} f(x) = 0$, $\lim_{x\to x_0} g(x) = \infty$	$\lim_{x\to x_0} f(x)g(x) = \lim_{x\to x_0} \frac{f(x)}{1/g(x)}$
0^0	$\lim_{x\to x_0} f(x) = 0$, $\lim_{x\to x_0} g(x) = 0$	$\lim_{x\to x_0} f(x)^{g(x)} = \exp\left(\lim_{x\to x_0} \frac{\log(f(x))}{1/g(x)}\right)$
1^∞	$\lim_{x\to x_0} f(x) = 1$, $\lim_{x\to x_0} g(x) = \infty$	$\lim_{x\to x_0} f(x)^{g(x)} = \exp\left(\lim_{x\to x_0} \frac{\log(f(x))}{1/g(x)}\right)$
∞^0	$\lim_{x\to x_0} f(x) = \infty$, $\lim_{x\to x_0} g(x) = 0$	$\lim_{x\to x_0} f(x)^{g(x)} = \exp\left(\lim_{x\to x_0} \frac{\log(f(x))}{1/g(x)}\right)$
$\infty - \infty$	$\lim_{x\to x_0} f(x) = \infty$, $\lim_{x\to x_0} g(x) = \infty$	$\lim_{x\to x_0} f(x) - g(x) = \lim_{x\to x_0} \frac{1/g(x) - 1/f(x)}{1/(f(x)g(x))}$

Damit die Gleichungen besser lesbar sind, führen wir hier die Notation $\exp(x) = e^x$ ein.

2.6   Extrema

Sei nun das folgende Problem gegeben: Wir sind MathematikerInnen bei einer Baufirma und zuständig, einen Garten für ein Haus zu planen. Der Gartenzaun ist schon bestellt und insgesamt n Meter lang. Wir wollen nun die Gartenfläche (rechteckig) maximieren. Wie machen wir das? Sei x eine Seite des Rechtecks. Dann muss die andere Seite des Rechtecks genau $(\frac{n}{2} - x)$ sein. Somit ist die Fläche als Funktion von x gegeben durch $f(x) = x \cdot (\frac{n}{2} - x) = -x^2 + \frac{nx}{2}$. Sei $n = 12$, dann sieht diese Funktion wie folgt aus:

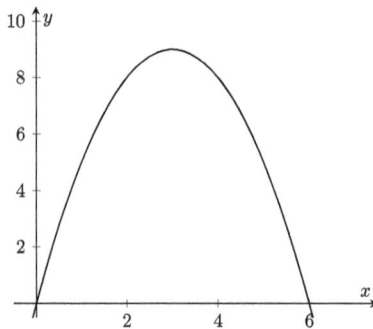

Wie wir sehen, hat diese Funktion ein Maximum, welches wir bestimmen wollen. Wie machen wir das? Wir gehen nach folgendem Rezept vor:

Rezept (Extrema für eindimensionale Funktionen bestimmen)

1. Berechne die Ableitung von $f(x) \implies f'(x)$. In unserem Beispiel gilt für $f(x) = -x^2 + \frac{nx}{2} \implies f'(x) = -2x + \frac{n}{2}$.
2. Löse die Gleichung $f'(x) = 0$. Du erhältst $x_1, x_2, \dots$ Für unser Beispiel erhalten wir

$$-2x + \frac{n}{2} = 0 \implies x_0 = \frac{n}{4}.$$

3. Bestimme $f''(x_1), f''(x_2), \dots$ und klassifiziere die verschiedenen Extrema nach folgenden Bedingungen:

   a. $f''(x) > 0$: Es handelt sich um ein (lokales) Minimum.
   b. $f''(x) < 0$: Es handelt sich um ein (lokales) Maximum.
   c. $f''(x) = 0$: Es handelt sich um einen Sattelpunkt.

Wir bestimmen die zweite Ableitung: $f''(x) = -2$. Somit handelt es sich bei $x_0 = \frac{n}{4}$ um ein Maximum.

Wir erreichen also die größte Fläche, wenn wir die eine Seite $\frac{n}{4}$ Meter lang wählen, und die andere Seite somit $\frac{n}{2} - \frac{n}{4} = \frac{n}{4}$, also auch $\frac{n}{4}$ Meter lang. Der Garten hat die maximale Fläche, wenn wir alle Seiten gleich wählen. Während Minima und Maxima intuitiv klar sein sollten, möchten wir noch grafisch zeigen, wie ein Sattelpunkt aussieht:

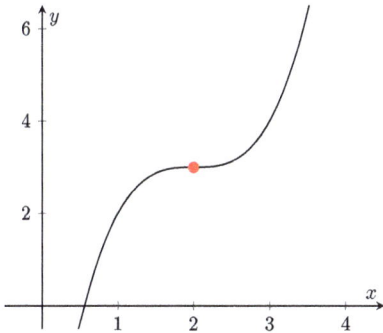

Hier ist der Sattelpunkt an der Stelle $(2, 3)$. Ist unser Punkt kein Sattelpunkt, sondern ein Extrema, so unterscheiden wir zwischen zwei Arten.

Lokales Maximum/Minimum

Ein lokales Maximum oder Minimum ist der größte (bzw. kleinste) Wert, der eine Funktion in einer kleinen Umgebung annimmt. Beispielsweise hat die Funktion $f(x) = x^3 + x^2$ ein lokales Minimum in $(0, 0)$. Denn beispielsweise ist $f(-5) = -100$, was deutlich kleiner ist als $f(0) = 0$. Jedoch, wie wir schnell am Graphen der Funktion erkennen können, ist die Funktion in $(0, 0)$ minimal in seiner Umgebung:

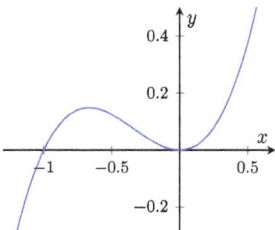

Globales Maximum/Minimum
Falls ein Punkt nicht nur in seiner Umgebung ein Maximum (bzw. Minimum) ist,
sondern der Punkt (x_0, y_0) die Eigenschaft $f(x_0, y_0) \geq f(x, y) \; \forall (x, y) \in \mathbb{R}^2$
erfüllt (bzw. mit $\leq$ für ein Minimum), so nennen wir den Punkt ein „globales Maxi-
mum/Minimum". Im eindimensionalen Fall von $f(x) = x^3 - x^2$ existiert kein
globales Maximum oder Minimum, da für $x \to -\infty$ auch $f(x) \to -\infty$ gilt und
umgekehrt für $x \to \infty$ gilt $f(x) \to \infty$. Jedoch hat beispielsweise $f(x) = x^2$ ein
globales Minimum in $(0, 0)$, wie wir leicht sehen können:

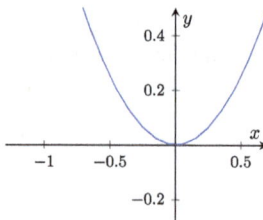

Nun zurück zur Bestimmung von Extremstellen und Sattelpunkten:

Beispiel Bestimme und klassifiziere die Extremstellen von $f(x) = e^{x^2}$.

Lösung *Wir gehen nach dem Rezept vor:*

1. *Wir erhalten $f'(x) = e^{x^2} 2x$ mit der Kettenregel.*
2. *$f'(x) = e^{x^2} 2x = 0 \implies x_0 = 0$. Da e^{x^2} nie 0 ist, haben wir keine weiteren
   Lösungen.*
3. *Es gilt $f''(x) = 2e^{x^2}(x+1)$ und somit $f''(0) = 2$, also handelt es sich bei $x_0 = 0$
   um ein (globales) Minimum.*

Beispiel Bestimme und klassifiziere die Extremstelle von $f(x) = \sin(x^2)$ im
Intervall $x \in [1, 2]$.

Lösung

1. *Es gilt $f'(x) = \cos(x^2) 2x$.*
2. *Wir setzen $f'(x) = 0$ und erhalten $\cos(x^2) 2x = 0$. Da $x_0 = 0$ nicht im Intervall
   liegt, suchen wir Lösungen für $\cos(x^2) = 0$. Dies ist erfüllt, wenn $x^2 = \frac{\pi}{2} + k\pi$
   mit $k \in \mathbb{Z}$. Für $k = 0$ erhalten wir die Lösung $x_1 = \sqrt{\frac{\pi}{2}}$, welche auch in unserem*

Intervall liegt (da $\frac{\pi}{2}$ größer als 1 und kleiner als 2 ist und somit die Wurzel davon ebenfalls im Intervall liegt).

3. *Wir bestimmen die zweite Ableitung:* $f''(x) = 2\cos(x^2) - 4x^2\sin(x^2)$. *Setzen wir* $x_1 = \sqrt{\frac{\pi}{2}}$ *ein, erhalten wir* $f''(x_1) = -2\pi$ *und somit handelt es sich um ein (lokales) Maximum in* $x_1 = \sqrt{\frac{\pi}{2}}$.

2.7 Taylor-Polynome

Häufig benötigt man in der Mathematik (aber auch vor allem in der Physik) nur eine Funktion in der Nähe eines Werts x_0. Wir wollen nun eine komplizierte Funktion $f(x)$ so vereinfacht modellieren, dass sie um den Wert x_0 eine gute Annäherung von $f(x)$ liefert. Die „einfachsten" Funktionen sind Polynome. Um die komplizierte Funktion zu vereinfachen, können wir die sogenannten Taylor-Polynome verwenden. Das Taylor-Polynom vom Grad n an der Stelle x_0 ist gegeben durch

$$T_n(x) = f(x_0) + \frac{f'(x_0)}{1}(x - x_0) + \frac{f''(x_0)}{2 \cdot 1}(x - x_0)^2 + \ldots + \frac{f^{(n)}(x_0)}{n!}(x - x_0)^n$$
$$= \sum_{k=0}^{n} \frac{f^{(k)}(x_0)}{k!}(x - x_0)^k.$$

Dabei meint man mit $k!$ die Fakultät, also $k! = 1 \cdot 2 \cdot 3 \cdot \ldots \cdot (k-1) \cdot k$ und $0! = 1$. Mit $f^{(k)}(x_0)$ meinen wir die k-te Ableitung an der Stelle x_0.

Beispiel Berechne das Taylor-Polynom zweiten Grades von $f(x) = e^x$ an der Stelle $x_0 = 0$.

Lösung *Es gilt*

$$T_2(x) = f(0) + \frac{f'(0)}{1}x + \frac{f''(0)}{2 \cdot 1}x^2 = e^0 + \frac{e^0}{1}x + \frac{e^0}{2 \cdot 1}x^2 = 1 + x + \frac{x^2}{2}.$$

Wir können nun einen Wert x_1 in der Nähe von $x_0 = 0$ wählen und erhalten dann $T_2(x_1) \approx e^{x_1}$. Ein Beispiel wäre $x_1 = 0,1$. Wir erhalten

$$e^{0,1} \approx 1,1052 \quad T_2(0,1) = 1,1050.$$

Beispiel Bestimme den ungefähren Wert von $\sin(3,3)$.

Lösung *Der Wert 3,3 befindet sich in der Nähe von π. Wir können also die Taylor-Reihe um π von $\sin(x)$ berechnen. Dazu wählen wir den Grad 2 und erhalten*

$$T_2(x) = -(x - \pi)$$

und somit $T_2(3,3) = -(3,3 - \pi) \approx -0,1584$. Im Vergleich: $\sin(3,3) \approx -0,1577$. Ein höherer Grad der Taylor-Reihe würde ein noch genaueres Resultat ergeben.

Integrale

3

*„As far as the laws of mathematics refer to reality, they are not
certain, and as far as they are certain, they do not refer to
reality."*

Albert Einstein

3.1 Einführung

Sei eine Kurve in einem x-y-Koordinatensystem gegeben. Wir wollen nun die Fläche
berechnen, die diese Kurve mit der x-Achse bildet. Eine Formel einer solchen Fläche
ist uns nicht bekannt. Ein Beispiel einer Fläche, die wir aber einfach ausrechnen können, wäre ein Rechteck. Wir zerlegen also die Fläche in ganz viele kleine Rechtecke.
Diese Rechtecke zusammenaddiert bilden dann eine Approximation unserer Fläche.

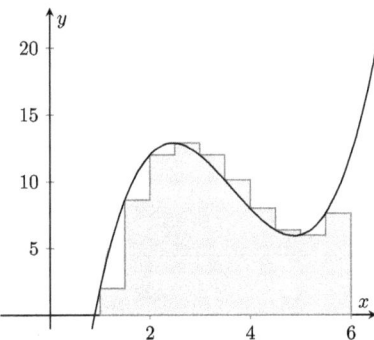

Eine Rechtecksfläche ist gegeben durch $f(x)\Delta x$, wobei $f(x)$ die Höhe des Rechtecks ist und Δx die Basis (oder Breite) bildet. In unserem Fall wählen wir die Breite

H. Krizic, *Tutorium Mathematik für Naturwissenschaften*,
https://doi.org/10.1007/978-3-662-69221-9_3

der Rechtecke immer gleich. Wir können nun die Rechtecke aufsummieren und erhalten

$$A \approx \sum_{i=1}^{n} f(x_i) \Delta x_i,$$

wobei n die Anzahl Rechtecke beschreibt und x_i die Punkte sind, bei denen die Rechtecke jeweils beginnen. Wir betrachten also die Fläche im Intervall $x_1 =: a$ bis $x_n =: b$. Wir schreiben „$\approx$", da wir nur eine Approximation unserer Fläche erhalten haben. Wollen wir die exakte Fläche erhalten, müssen wir die Rechtecke immer verkleinern, genauer gesagt „unendlich" mal verkleinern (in der Mathematik reden wir häufig vom „infinitesimalen" Linienelement). Dabei geht $\Delta x_i \to 0$ für $n \to \infty$ (n ist die Anzahl Rechtecke). Diese Summe definieren wir als Integral

$$A = \lim_{\substack{\Delta x \to 0 \\ n \to \infty}} \left(\sum_{i=1}^{n} f(x_i) \Delta x_i \right) =: \int_a^b f(x) \mathrm{d}x.$$

Das $\mathrm{d}x$ ist genau unser infinitesimales Linienelement $\Delta x \to 0$. Es bestimmt somit, nach welcher Variable integriert werden muss.

Ein Integral gibt uns an, wie groß die Fläche zwischen der Funktion $f(x)$ und der x-Achse ist. Die Grenzen sind durch a und b gegeben. Das Integral

$$\int_2^5 f(x) \mathrm{d}x,$$

mit der Funktion aus dem ersten Beispiel, ergibt die Fläche:

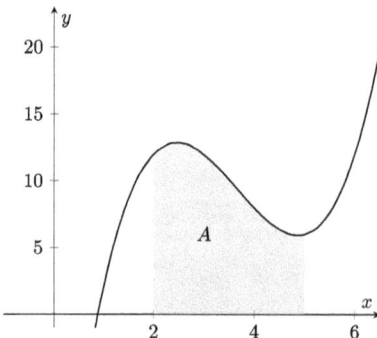

Integrale können also Aussagen über eine Fläche unter einer Kurve machen. Es sei jedoch zu beachten, dass die Flächenberechnung mit Integralen nicht immer unserer intuitiven Flächenberechnung entspricht. Denn:

Satz Flächen über der x-Achse werden addiert, während Flächen, die unter der x-Achse liegen, subtrahiert werden.

Sei als Beispiel die Funktion $f(x) = \sin(x)$ und die folgende Fläche gegeben:

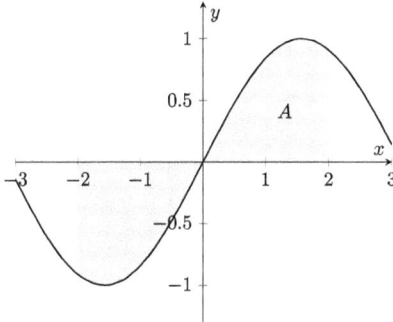

Die Sinusfunktion ist ungerade. Es gilt also

$$\sin(-x) = -\sin(x).$$

Aus diesem Grund ist die Fläche links von der y-Achse genau gleich groß wie die Fläche rechts von der y-Achse. Wir erhalten mit dem Satz über negative Flächen direkt

$$\int_{-2}^{2} \sin(x)\mathrm{d}x = 0,$$

da wir ja die Fläche links (weil sie unter der x-Achse liegt) subtrahieren, während wir die Fläche rechts dazuaddieren. Wollen wir die „richtige" Fläche (also unserer Intuition entsprechend), so müssen wir das Integral in zwei Integrale aufteilen und die linke Seite mit einem Minus versehen. Dies ergibt dann

$$A = -\int_{-2}^{0} \sin(x)\mathrm{d}x + \int_{0}^{2} \sin(x)\mathrm{d}x.$$

Einfacher lässt sich die Fläche berechnen, indem wir die rechte Seite zweimal nehmen, da die beiden Flächen (links und rechts) genau gleich sind. Es gilt also auch

$$A = 2 \cdot \int_{0}^{2} \sin(x)\mathrm{d}x.$$

Wie wir nun dieses und viele andere Integrale berechnen, lernen wir in diesem Kapitel. Einen Satz können wir aber schon jetzt vorwegnehmen:

Satz

1. Ist die Funktion ungerade, also punktsymmetrisch oder $f(-x) = -f(x)$, so gilt (siehe Beispiel $\sin(x)$)

$$\int_{-a}^{a} f(x)\mathrm{d}x = 0.$$

2. Ist die Funktion gerade, also symmetrisch an der y-Achse oder $f(-x) = f(x)$, so gilt

$$\int_{-a}^{a} f(x)\mathrm{d}x = 2 \cdot \int_{0}^{a} f(x)\mathrm{d}x.$$

3.2 Stammfunktionen

Eine Stammfunktion $F(x)$ einer Funktion $f(x)$ ist definiert durch

$$F(x) = \int f(x)\mathrm{d}x.$$

Wie wir sehen, haben wir beim Integral keine Grenzen mehr. Wir betrachten also das allgemeine Integral (das sogenannte „unbestimmte Integral"). Wie bestimmen wir aber ein sogenanntes „bestimmtes Integral" (also mit den Grenzen a und b), wenn die Stammfunktion bekannt ist? Hierfür müssen wir die Grenzen in unsere Stammfunktion einsetzen und die Resultate voneinander subtrahieren:

$$\int_{a}^{b} f(x)\mathrm{d}x = F(b) - F(a).$$

Beim Berechnen eines bestimmten Integrals ist es von Vorteil, immer zuerst die Stammfunktion zu bestimmen, bevor man die Grenzen erst ganz am Schluss einsetzt. Im Gymnasium lernt man nicht selten, dass die Bestimmung der Stammfunktion das „Aufleiten" der Funktion ist, wobei das „Aufleiten" das Gegenteil des Ableitens sein soll. Diese Aussage folgt aus dem Fundamentalsatz der Analysis (hier in etwas vereinfachter Form):

Satz Eine Stammfunktion $F(x) = \int f(x)\mathrm{d}x$ erfüllt die Gleichung

$$F'(x) = f(x).$$

Wie wir sehen, ist die Ableitung der Stammfunktion genau durch die Funktion $f(x)$ gegeben. Wir können also beispielsweise die Lösung des folgenden Integrals schon etwas erahnen:

Beispiel Berechne

$$\int 3x^2 \mathrm{d}x.$$

Lösung *Wir wissen, dass die Ableitung der Funktion x^n durch $n \cdot x^{n-1}$ gegeben ist. Da wir hier genau die Form $n \cdot x^{n-1}$ mit $n = 3$ haben, ist eine Stammfunktion durch $F(x) = x^3$ gegeben. Es gilt nämlich $F'(x) = 3x^2 = f(x)$. Es gibt außerdem noch weitere Stammfunktionen, denn wenn wir zu $F(x)$ eine Konstante C dazuaddieren und diese Funktion dann ableiten, erhalten wir wieder $f(x)$. Somit ist die allgemeine Stammfunktion durch*

$$F(x) = x^3 + C$$

gegeben.

3.3 Standardintegrale

Um die Stammfunktionen zu finden, müssen wir zunächst ein paar Standardintegrale kennenlernen. Aus diesen können wir dann mit den Methoden in den nächsten Abschnitten zusammengesetzte Integrale berechnen. Folgende Integrale verwenden wir ohne Beweis:

$$\int x^n \mathrm{d}x = \frac{1}{n+1} x^{n+1} + C \qquad \text{für } n \neq -1$$

$$\int \frac{1}{x} \mathrm{d}x = \log|x| + C \qquad \text{für } x \neq 0$$

$$\int e^x \mathrm{d}x = e^x + C \qquad \text{für } x \in \mathbb{R}$$

$$\int \log x \, \mathrm{d}x = x \log x - x + C \qquad \text{für } x \neq 0$$

$$\int \sin x \, \mathrm{d}x = -\cos x + C \qquad \text{für } x \in \mathbb{R}$$

$$\int \cos x \, \mathrm{d}x = \sin x + C \qquad \text{für } x \in \mathbb{R}$$

$$\int \frac{1}{\cos^2 x} \mathrm{d}x = \tan x + C \qquad \text{für } x \neq k\pi + \frac{\pi}{2}, k \in \mathbb{Z}$$

$$\int \tan x \, \mathrm{d}x = -\log|\cos x| + C \qquad \text{für } x \neq k\pi + \frac{\pi}{2}, k \in \mathbb{Z}$$

$$\int \frac{1}{\sqrt{1-x^2}} \mathrm{d}x = \arcsin x + C \qquad \text{für } x \in (-1, 1)$$

$$\int \frac{-1}{\sqrt{1-x^2}} \mathrm{d}x = \arccos x + C \qquad \text{für } x \in (-1, 1)$$

$$\int \frac{1}{1+x^2} \mathrm{d}x = \arctan x + C \qquad \text{für } x \in \mathbb{R}$$

$$\int \frac{1}{1-x^2} \mathrm{d}x = \frac{1}{2} \log\left|\frac{x+1}{x-1}\right| + C \qquad \text{für } x \neq \pm 1$$

3.4   Linearität des Integrals

3.4.1   Addition und Subtraktion

Eine erste Methode, zwei Integrale zusammenzusetzen, ist es, diese zu addieren oder zu subtrahieren. Es gelten folgende Regeln:

$$\int f(x) + g(x)\mathrm{d}x = \int f(x)\mathrm{d}x + \int g(x)\mathrm{d}x,$$

$$\int f(x) - g(x)\mathrm{d}x = \int f(x)\mathrm{d}x - \int g(x)\mathrm{d}x.$$

Beispiel Berechne

$$\int \sin x + x\mathrm{d}x.$$

Lösung *Im Integral haben wir die Summe zweier Funktionen. Wir können es also auseinanderziehen und erhalten die zwei Integrale*

$$\int \sin x + x\mathrm{d}x = \int \sin x\mathrm{d}x + \int x\mathrm{d}x.$$

Wir wenden die Regeln vom letzten Abschnitt an und erhalten

$$\int \sin x + x\mathrm{d}x = -\cos x + \frac{1}{2}x^2 + C.$$

3.4.2   Multiplikation mit Skalar

Wir können auch ein Integral mit einem Skalar multiplizieren. Es gilt folgende Regel:

$$\int \lambda f(x)\mathrm{d}x = \lambda \cdot \int f(x)\mathrm{d}x.$$

Dabei ist $\lambda \in \mathbb{R}$. Beachte hierbei, dass λ ein Skalar ist. Es ist unabhängig von x und einfach eine Zahl.

Beispiel Berechne

$$\int 2e^x + 73\cos x\,\mathrm{d}x.$$

Lösung *Im Integral haben wir die Summe zweier Funktionen. Wir können es also auseinanderziehen und erhalten die zwei Integrale*

$$\int 2e^x + 73\cos x\,\mathrm{d}x = \int 2e^x\,\mathrm{d}x + \int 73\cos x\,\mathrm{d}x.$$

Weiter können wir die Skalare herausziehen und erhalten somit

$$\int 2e^x + 73\cos x\,\mathrm{d}x = 2\cdot\int e^x\,\mathrm{d}x + 73\int \cos x\,\mathrm{d}x.$$

Wir wenden die Regeln vom letzten Abschnitt an und erhalten

$$\int 2e^x + 73\cos x\,\mathrm{d}x = 2e^x + 73\sin x + C.$$

3.5   Partielle Integration

Mit der partiellen Integration möchten wir ein Verfahren lernen, wie wir Integrale der Art

$$\int f(x)\cdot g(x)\,\mathrm{d}x$$

berechnen können. Die Formel der partiellen Integration lautet wie folgt:

$$\int u'(x)\cdot v(x)\,\mathrm{d}x = u(x)\cdot v(x) - \int u(x)\cdot v'(x)\,\mathrm{d}x.$$

Da die partielle Integration häufig zu vielen Rechenfehlern führt, möchten wir an dieser Stelle die DI-Methode einführen. Diese ist sehr praktisch und man kann sie für alle Fälle der partiellen Integration verwenden.

3.5.1 DI-Methode

Bei der partiellen Integration benötigen wir eine Funktion, welche leicht zu integrieren ist, und eine Funktion, welche wir leicht ableiten können. Welche der Funktionen wir wofür wählen sollten, ist durch keine Regel bestimmt. Hilfreich kann jedoch folgende Faustregel sein, welche in fast allen Fällen funktioniert:

Kürzel	Funktionentyp	Beispiele
L	Logarithmisch	$\log x, \log_{10} x$
A	Algebraisch	$x^n, x^5 + x + 1$
T	Trigonometrisch	$\sin x, \cos x$
E	Exponentiell	$e^x, e^{-x}, 8^x$

Je weiter oben die Funktion in dieser Tabelle ist, desto eher sollte man sie **ableiten.** Wir merken uns also **LATE** zur Bestimmung, welche Funktion abgeleitet und welche integriert wird.

Wie funktioniert nun die DI-Methode? Wir zeichnen uns in allen Fällen die folgende Tabelle auf:

D	I
+	
−	
+	
−	
+	

Nun schreibt man in die Spalte von „D" in die erste Zeile die Funktion hin, welche wir ableiten und in die Spalte „I" die Funktion, die wir integrieren möchten. Für das Integral

$$\int x^2 \cos x \, \mathrm{d}x$$

sieht die Tabelle wie folgt aus:

D	I
+ x^2	$\cos x$
−	
+	
−	
+	

Nun wird Zeile für Zeile die Funktion bei D abgeleitet und bei I jeweils integriert. Wir erhalten in unserem Beispiel

D	I
$+$ x^2	$\cos x$
$-$ $2x$	$\sin x$
$+$ 2	$-\cos x$
$-$ 0	$-\sin x$
$+$ $\vdots$	$\vdots$

Das ist die Ausgangslage für jedes Integral, welches wir mit partieller Integration lösen möchten. Wir schauen uns nun verschiedene Fälle der DI-Methode an.

1. Fall: Ableitung ist in einer Zeile 0

Wenn eine Zeile auf der D-Seite 0 ist, so können wir dort aufhören (schreiben aber noch die Zeile mit der 0 hin). Dies ist der Fall im Beispiel von weiter oben. Wir finden auf der vierten Zeile eine 0 in der Ableitung. Ist das erreicht, kann die Lösung abgelesen werden. Wir gehen dafür nach folgendem Rezept vor:

Rezept (DI-Methode, 1. Fall)

1. Wir packen die Vorzeichen auf unsere Ableitungen:

D	I
$+$ x^2	$\cos x$
$-$ $2x$	$\sin x$
$+$ 2	$-\cos x$
$-$ 0	$-\sin x$

$\longrightarrow$

D	I
x^2	$\cos x$
$-2x$	$\sin x$
2	$-\cos x$
0	$-\sin x$

2. Nun nehmen wir die erste Zeile von D und multiplizieren diese mit der zweiten Zeile von I. Dann addieren wir dazu die zweite Zeile von D mal die dritte Zeile von I. Dies führen wir weiter, bis wir die 0-Zeile erreicht haben (also die Zeile, in der bei der D-Spalte eine 0 steht).

D	I
x^2	$\cos x$
$-2x$	$\sin x$
2	$-\cos x$
0	$-\sin x$

Wir erhalten in unserem Beispiel also

$$\int x^2 \cos x\,\mathrm{d}x = x^2 \sin x + (-2x)(-\cos(x))$$

$$+ 2 \cdot (-\sin x) = (x^2 - 2)\sin x + 2x \cos x + C.$$

Beispiel Berechne

$$\int x^3 e^x dx.$$

Lösung *Aus **LATE** wissen wir, dass wir x^3 ableiten und e^x integrieren müssen. Wir verwenden die DI-Methode und erhalten folgende Tabelle:*

	D	I
+	x^3	e^x
−	$3x^2$	e^x
+	$6x$	e^x
−	6	e^x
+	0	e^x

Die Lösung ist dann (Diagonalen jeweils multiplizieren und dazuaddieren)

$$\int x^3 e^x dx = x^3 e^x - 3x^2 e^x + 6x e^x - 6e^x + C = e^x(x^3 - 3x^2 + 6x - 6) + C.$$

Beispiel Bestimme

$$\int x^2 \sin(2x) dx.$$

Lösung *Aus der Faustregel **LATE** wissen wir, dass wir x^2 ableiten und $\sin(2x)$ integrieren müssen. Wir verwenden die DI-Methode und erhalten folgende Tabelle:*

	D	I
+	x^2	$\sin(2x)$
−	$2x$	$-\frac{1}{2}\cos(2x)$
+	2	$-\frac{1}{4}\sin(2x)$
−	0	$\frac{1}{8}\cos(2x)$

Die Lösung ist dann (Diagonalen jeweils multiplizieren und dazuaddieren):

$$\int x^2 \sin(2x)\mathrm{d}x = -x^2 \cdot \frac{1}{2}\cos(2x) + 2x \cdot \frac{1}{4}\sin(2x) + 2 \cdot \frac{1}{8}\cos(2x) + C$$

$$= -\frac{x^2}{2}\cos(2x) + \frac{x}{2}\sin(2x) + \frac{1}{4}\cos(2x) + C.$$

2. Fall: Eine Zeile kann integriert werden

Bemerkung *Diesen Trick verwenden wir primär dann, wenn logarithmische Funktionen* (**L**) *abgeleitet werden und der 1. Fall nicht funktioniert.*

Wir nehmen nun als Beispiel folgendes Integral:

$$\int x^4 \log x \, \mathrm{d}x.$$

Wir können nun wieder unsere DI-Methode anwenden und leiten dieses Mal $\log x$ ab und integrieren x^4. Dann ist die Tabelle gegeben durch:

	D	I
+	$\log x$	x^4
−	$\frac{1}{x}$	$\frac{1}{5}x^5$
+	$-\frac{1}{x^2}$	$\frac{1}{30}x^6$

Wir sehen, dass wir in diesem Fall nie die 0 erreichen werden. Wir müssen also anders vorgehen. Wenn wir sehen, dass eine Zeile aber als Multiplikation integrierbar ist (in unserem Fall die zweite Zeile), so können wir folgendes Rezept verwenden:

Rezept (DI-Methode, 2. Fall)

1. Wir packen die Vorzeichen auf unsere Ableitungen:

	D	I			D	I
+	$\log x$	x^4	$\rightarrow$		$\log x$	x^4
−	$\frac{1}{x}$	$\frac{1}{5}x^5$			$-\frac{1}{x}$	$\frac{1}{5}x^5$
+	$-\frac{1}{x^2}$	$\frac{1}{30}x^6$			$-\frac{1}{x^2}$	$\frac{1}{30}x^6$

2. Nun nehmen wir die erste Zeile von D und multiplizieren diese mit der zweiten Zeile von I. Dann addieren wir dazu die zweite Zeile von D mal die dritte Zeile von I usw. (gleich, wie beim 1. Fall). Dies machen wir so lange, bis wir eine Zeile erreicht haben, welche wir integrieren können (also die Zeile, in der der Eintrag von D multipliziert mit dem Eintrag in I ein einfaches Integral ergibt).

$$
\begin{array}{c|c}
D & I \\
\hline
\log x & x^4 \\
-\frac{1}{x} & \frac{1}{5}x^5
\end{array}
$$

Wir erhalten also

$$
\int x^4 \log x\,\mathrm{d}x = \log x \cdot \frac{1}{5}x^5 + \int \left(-\frac{1}{x}\right)\cdot\frac{1}{5}x^5\mathrm{d}x = \frac{x^5 \log x}{5} - \int \frac{x^4}{5}\mathrm{d}x
$$

$$
= \frac{x^5 \log x}{5} - \frac{1}{25}x^5 + C.
$$

Beispiel Bestimme

$$
\int x^2 \log(5x)\,\mathrm{d}x.
$$

Lösung *Aus der Faustregel **LATE** wissen wir, dass wir $\log(x)$ ableiten und x^2 integrieren müssen. Somit erhalten wir folgende DI-Tabelle:*

$$
\begin{array}{c|cc}
 & D & I \\
\hline
+ & \log(5x) & x^2 \\
- & \frac{1}{x} & \frac{1}{3}x^3
\end{array}
$$

Die Multiplikation der beiden Terme auf der zweiten Zeile lässt sich leicht integrieren. Wir erhalten:

$$
\int x^2 \log(5x)\,\mathrm{d}x = \log(5x)\cdot\frac{1}{3}x^3 + \int \left(-\frac{1}{x}\right)\cdot\frac{1}{3}x^3\mathrm{d}x
$$

$$
= \frac{\log(5x)\cdot x^3}{3} - \frac{1}{3}\int x^2\mathrm{d}x
$$

$$
= \frac{\log(5x)\cdot x^3}{3} - \frac{x^3}{9} + C.
$$

Beispiel Bestimme das Integral

$$\int \log(x)\mathrm{d}x.$$

Lösung *Hier ist es nicht wirklich klar, wie wir das Integral berechnen. Jedoch wird es klar, wenn wir das Integral wie folgt schreiben:*

$$\int 1 \cdot \log(x)\mathrm{d}x.$$

Wegen der Faustregel **LATE** *leiten wir* $\log(x)$ *ab und integrieren die 1. Somit erhalten wir folgende Tabelle:*

	D	I
+	$\log(x)$	1
−	$\frac{1}{x}$	x

Die zweite Zeile kann integriert werden:

$$\int 1 \cdot \log(x)\mathrm{d}x = \log(x) \cdot x + \int \left(-\frac{1}{x}\right) \cdot x \mathrm{d}x$$

$$= \log(x) \cdot x - \int 1 \mathrm{d}x$$

$$= \log(x) \cdot x - x + C = x \cdot (\log(x) - 1) + C.$$

3. Fall: Eine Zeile wiederholt sich

Bemerkung *Diesen Trick verwenden wir hauptsächlich dann, wenn trigonometrische Funktionen* (**T**) *abgeleitet werden und der 1. Fall nicht funktioniert.*

Nun wollen wir uns noch den letzten Fall anschauen und nehmen als Beispiel das Integral

$$\int e^x \sin x \mathrm{d}x.$$

Wir stellen wieder unsere Tabelle auf und leiten $\sin x$ ab. Die Funktion e^x integrieren wir.

	D	I
$+$	$\sin x$	e^x
$-$	$\cos x$	e^x
$+$	$-\sin x$	e^x

Wieder können wir die 0 nie erreichen. Wir sehen aber, dass die dritte Zeile, bis auf das Vorzeichen, der ersten Zeile entspricht. In diesem Fall können wir die letzte Methode verwenden:

Rezept (DI-Methode, 3. Fall)

1. Wir packen die Vorzeichen auf unsere Ableitungen:

	D	I
$+$	$\sin x$	e^x
$-$	$\cos x$	e^x
$+$	$-\sin x$	e^x

$\longrightarrow$

D	I
$\sin x$	e^x
$-\cos x$	e^x
$-\sin x$	e^x

2. Wir gehen so vor wie im 2. Fall (eine Zeile kann integriert werden). Wir wählen nur nicht die Zeile aus, die sich am einfachsten integrieren lässt, sondern die, welche sich wiederholt (bis auf konstante Vorfaktoren).

D	I
$\sin x$	e^x
$-\cos x$	e^x
$-\sin x$	e^x

Wir erhalten also

$$\int e^x \sin x \, dx = e^x \sin x + (-\cos x) \cdot e^x - \int e^x \sin x \, dx.$$

Wir können unser Integral nun als eine Variable definieren:

$$I = \int e^x \sin x \, dx.$$

Dann gilt

$$I = e^x \sin x - e^x \cos x - I.$$

Wir stellen dann nach I um und erhalten die gewünschte Lösung:

$$2I = e^x \sin x - e^x \cos x$$

$$I = \frac{1}{2} e^x (\sin x - \cos x) + C.$$

Beispiel Bestimme

$$\int e^{3x}\cos(x)dx.$$

Lösung *Aus **LATE** wissen wir, dass wir $\cos(x)$ ableiten und e^{3x} integrieren müssen. Somit erhalten wir folgende DI-Tabelle:*

	D	I
+	$\cos(x)$	e^{3x}
−	$-\sin(x)$	$\frac{1}{3}e^{3x}$
+	$-\cos(x)$	$\frac{1}{9}e^{3x}$

Wir sehen, dass sich die dritte Zeile (bis auf die Vorfaktoren) wiederholt. Somit erhalten wir

$$\int e^{3x}\cos(x)dx = \cos(x)\cdot\frac{1}{3}e^{3x} + \sin(x)\cdot\frac{1}{9}e^{3x} - \int \cos(x)\cdot\frac{1}{9}e^{3x}dx$$

$$= \frac{\cos(x)\cdot e^{3x}}{3} + \frac{\sin(x)\cdot e^{3x}}{9} - \frac{1}{9}\int e^{3x}\cos(x)dx.$$

Wir ersetzen das zu bestimmende Integral mit I und erhalten

$$I = \frac{\cos(x)\cdot e^{3x}}{3} + \frac{\sin(x)\cdot e^{3x}}{9} - \frac{1}{9}I$$

$$\implies \frac{10}{9}I = \frac{\cos(x)\cdot e^{3x}}{3} + \frac{\sin(x)\cdot e^{3x}}{9}$$

$$\implies I = \frac{9}{10}\left(\frac{\cos(x)\cdot e^{3x}}{3} + \frac{\sin(x)\cdot e^{3x}}{9}\right) + C.$$

Wir können das Resultat noch vereinfachen und erhalten dann:

$$I = \frac{1}{10}e^{3x}\left(3\cos(x) + \sin(x)\right) + C.$$

3.6 Substitution

Wir können bei verschachtelten und etwas komplizierteren Integralen Terme durch eine Variable u (welche von x abhängt) ersetzen. Diese Methode nennen wir „Substitution". Es kann dann einfacher sein, nach u zu integrieren, als das eigentliche

Integral nach x zu integrieren. Leider können wir nicht jeden Term einfach so durch u ersetzen. Wir müssen bei einer Substitution immer das Integral zuerst durch die Ableitung der Substitution teilen, bevor wir das Integral nach du lösen. Dass wir dx durch du ersetzen können, indem wir durch die Ableitung von u teilen, können wir anhand der Bruchschreibweise der Ableitung erkennen:

$$\frac{du}{dx} = u',$$

$$dx = \frac{1}{u'}du.$$

Dass $\frac{du}{dx}$ so etwas wie ein Bruch ist, ist mathematisch nicht ganz korrekt. Dieser Trick funktioniert aber trotzdem in vielen Fällen und wir werden diesen Trick bei den Differentialgleichungen nochmals gebrauchen. Zurück zur Substitution! Wir gehen nach folgendem Rezept vor:

Rezept (Substitution)

1. Wähle einen Term $g(x)$, den du substituieren möchtest. Ersetze diesen Term durch die Variable u.
2. Teile die gesamte Funktion durch die Ableitung des Terms $g'(x)$ (oder u'). Du kannst nun du anstatt dx schreiben.
3. Die neu eingeführte Variable u ist von x abhängig und somit ist x auch von u abhängig. Löse also zuerst $u = g(x)$ nach x auf und ersetze dann jedes übrig gebliebene x durch den erhaltenen u-Term. Im Integral darf jetzt kein x mehr vorkommen! Löse das neue Integral.
4. Ersetze in der erhaltenen Stammfunktion wieder jedes u durch $g(x)$ (Rücksubstitution).

Grenzen bei bestimmten Integralen sollen erst nach der Rücksubstitution eingesetzt werden, um Fehler zu vermeiden.

Möchte man die Grenzen direkt, ohne Rücksubstitution, einsetzen, so muss man sich bewusst sein, dass sich durch die Substitution auch die Grenzen wie folgt ändern:

$$\int_a^b \dots dx \overset{u=g(x)}{\longrightarrow} \int_{g(a)}^{g(b)} \dots du.$$

Dies erlaubt das Lösen eines bestimmten Integrals, ohne Rücksubstitution im vierten Schritt.

Beispiel Bestimme

$$\int x\sqrt{1-x}\,dx.$$

Lösung *Wir gehen nach dem Rezept vor:*

1. *Da $1-x$ verschachtelt ist in $\sqrt{1-x}$, können wir versuchen, $g(x) = 1-x$ durch u zu substituieren:*

$$\int x\sqrt{u}\,dx.$$

2. *Die Ableitung von $g(x)$ ist $g'(x) = -1$. Wir müssen das Integral durch $g'(x)$ teilen (und schreiben nun du statt dx):*

$$\int \frac{x\sqrt{u}}{-1}\,du = -\int x\sqrt{u}\,du.$$

3. *Wir dürfen dieses Integral noch nicht integrieren, da noch ein x im Integral steht. Es gilt $u = 1-x$ und somit $x = 1-u$. Also ersetzen wir das letzte x durch $1-u$:*

$$-\int (1-u)\sqrt{u}\,du.$$

Dieses Integral lässt sich mit den Standardintegralen berechnen. Wir teilen das Integral auf und schreiben Wurzeln zu Potenzen um:

$$-\int \sqrt{u} - u\sqrt{u}\,du = -\int u^{\frac{1}{2}} - \int u^{\frac{3}{2}}\,du = -\left(\frac{2}{3}u^{\frac{3}{2}} - \frac{2}{5}u^{\frac{5}{2}}\right) + C.$$

4. *Zuletzt ersetzen wir jedes u wieder durch die Substitution $g(x)$:*

$$-\left(\frac{2}{3}(1-x)^{\frac{3}{2}} - \frac{2}{5}(1-x)^{\frac{5}{2}}\right) + C.$$

Manchmal bleiben auch keine x mehr übrig und wir können den dritten Schritt abkürzen:

Beispiel Berechne

$$\int \sqrt{3x}\,\mathrm{d}x.$$

Lösung *Wir kennen die Funktion $\sqrt{x}$ und wissen, dass*

$$\int \sqrt{x}\,\mathrm{d}x = \frac{2}{3}x^{3/2} + C$$

gilt (dies folgt aus Integration von x^s gemäß den Standardintegralen). Wir sehen nun aber, dass das zu berechnende Integral genau dieses Integral ist, jedoch die Funktion $3x$ in ihr verschachtelt ist. Somit wählen wir die Substitution $u = 3x$ und erhalten $u' = 3$. Es gilt somit

$$\int \sqrt{3x}\,\mathrm{d}x = \frac{1}{3}\int \sqrt{u}\,\mathrm{d}u = \frac{2}{9}u^{3/2} + C.$$

Wir konnten hier direkt integrieren, da kein x mehr übrig war und haben so den dritten Schritt übersprungen. Schlussendlich können wir rücksubstituieren, indem wir für das u wieder $3x$ einsetzen. Wir erhalten also als Lösung

$$\int \sqrt{3x}\,\mathrm{d}x = \frac{2}{9}(3x)^{3/2} + C.$$

Beispiel Berechne

$$\int x \sin(x^2 + 1)\,\mathrm{d}x.$$

Lösung *Wir kennen die Funktion $\sin x$ und wissen, dass*

$$\int \sin x\,\mathrm{d}x = -\cos x + C$$

gilt. Wir sehen nun aber, dass im zu berechnenden Integral genau dieses Integral vorkommt, jedoch die Funktion $x^2 + 1$ in ihr verschachtelt ist. Somit wählen wir die Substitution $u = x^2 + 1$ und erhalten $u' = 2x$. Es gilt also

$$\int x \sin(x^2 + 1) dx = \int \frac{x}{2x} \sin u\, du = \frac{1}{2} \int \sin u\, du = -\frac{1}{2} \cos u + C.$$

Durch das Teilen durch u' konnten wir das übrig gebliebene x sowieso kürzen und müssen uns nicht mehr darum kümmern. Schlussendlich können wir rücksubstituieren, indem wir wieder für das u unser $x^2 + 1$ einsetzen. Wir erhalten die Lösung

$$\int x \sin(x^2 + 1) dx = -\frac{1}{2} \cos(x^2 + 1) + C.$$

Wieso haben wir keine partielle Integration gebraucht? Grund dafür ist, dass die Ableitung der verschachtelten inneren Funktion im Integral in gewisser Weise schon im Integral vorkommt. Das x wird mit dem $\sin(x)$ multipliziert. Da wir aber bei der Substitution durch unsere Ableitung ($2x$) teilen, wird dieses x weg-gekürzt. Merke dir:

Trick Denke immer zuerst an die Substitution, bevor du partiell integrierst. Wenn die Ableitung einer verschachtelten Funktion in irgendeiner Weise vorkommt, kann es sein, dass nach dem Substituieren gekürzt werden kann.

Ein weiteres Beispiel eines solchen Integrals wäre das folgende:

Beispiel Bestimme

$$\int \frac{x^3}{x^4 + 5} dx.$$

Lösung *Hier können wir $x^4 + 5$ substituieren, da x^3 fast (bis auf Vorfaktoren) die Ableitung von $x^4 + 5$ ist und dadurch weg-gekürzt wird. Denn $u = x^4 + 5$ und somit $u' = 4x^3$ führt zum Integral*

$$\int \frac{1}{4x^3} \frac{x^3}{u} du = \int \frac{1}{4} \frac{1}{u} du$$
$$= \frac{1}{4} \log |u| + C = \frac{1}{4} \log |x^4 + 5| + C.$$

Aus dem Trick folgen die Regeln[1]:

$$\int \frac{f'(x)}{f(x)}dx = \log|f(x)| + C \quad \text{und} \quad \int f'(x) \cdot f(x)dx = \frac{1}{2}f(x)^2 + C.$$

Einige weitere Beispiele zum Trick und zu den Formeln:

Beispiel Bestimme

$$\int \cos(x)\sin(x)dx.$$

Lösung *$\cos(x)$ ist die Ableitung von $\sin(x)$. Somit müssten wir $u = \sin(x)$ substituieren (könnten aber auch $u = \cos(x)$ setzen, da die Ableitung davon $-\sin(x)$ ist und bis auf das Vorzeichen ebenfalls vorkommt). Noch einfacher geht es mit der Formel von vorhin: Wir erhalten genau den Fall $\int f'(x)f(x)dx$ und somit*

$$\int \cos(x)\sin(x)dx = \frac{1}{2}\sin(x)^2 + C.$$

Beispiel Bestimme

$$\int \frac{5x}{x^2+1}dx.$$

---

[1] Allgemeiner folgt sogar

$$\int f'(x) \cdot g(f(x))dx = G(f(x)) + C,$$

wobei $G(x)$ die Stammfunktion der äußeren Funktion ist. Du siehst hier gut, dass das genau die „aufgeleitete" Kettenregel ist.

Lösung *Der Zähler ist fast schon die Ableitung des Nenners (bis auf den Vorfaktor).
Wir substituieren deswegen den Nenner und erhalten:*

$$\int \frac{5x}{x^2+1}\mathrm{d}x = \int \frac{1}{2x}\frac{5x}{u}\mathrm{d}u$$

$$= \frac{5}{2}\int \frac{1}{u}\mathrm{d}u$$

$$= \frac{5}{2}\log|u| + C$$

$$= \frac{5}{2}\log|x^2+1| + C.$$

Beispiel Bestimme

$$\int x^2 e^{x^3}\mathrm{d}x.$$

Lösung x^2 *ist fast schon die Ableitung der Potenz von e (bis auf den Vorfaktor).
Wir substituieren deswegen die Potenz und erhalten:*

$$\int x^2 e^{x^3}\mathrm{d}x = \int \frac{1}{3x^2}x^2 e^u \mathrm{d}u$$

$$= \frac{1}{3}\int e^u \mathrm{d}u$$

$$= \frac{1}{3}e^u + C$$

$$= \frac{1}{3}e^{x^3} + C.$$

Beispiel Bestimme

$$\int \frac{e^x}{e^{2x}+1}\mathrm{d}x.$$

Lösung *Im Zähler haben wir e^x. Somit sollten wir etwas substituieren, das dieses e^x weg-kürzt. Die Substitution von $u = e^{2x} + 1$ ist keine gute Substitution, da wir als Ableitung $2e^{2x}$ erhalten und die Substitution somit das Integral nochmals etwas verkompliziert. Was geschieht, wenn wir einfach $u = e^x$ setzen? Dann erhalten wir mit $u' = e^x$ und $e^{2x} = u^2$:*

$$\int \frac{1}{e^x} \frac{e^x}{u^2 + 1} du = \int \frac{1}{u^2 + 1} du.$$

Dieses Integral kennen wir aus den Standardintegralen, es gilt

$$\int \frac{1}{u^2 + 1} du = \arctan(u) + C$$

und mit Rücksubstitution

$$\int \frac{e^x}{e^{2x} + 1} dx = \arctan(e^x) + C.$$

3.7   Partialbruchzerlegung

3.7.1   Koeffizientenvergleich

Der Koeffizientenvergleich ist eine Methode in der Mathematik, bei der man unbekannte Koeffizienten durch Vergleich von Koeffizienten (beispielsweise von $x, x^2, ...$) findet. Sei, als erstes Beispiel, folgendes Polynom gegeben:

$$p(x) = A(x - 1) + B(x - 3) + Cx^2.$$

Wir wollen nun A, B und C so finden, dass dieses Polynom dem Folgenden entspricht:

$$q(x) = 3x^2 + x + 1.$$

Dazu bringen wir das Polynom $p(x)$ und das Polynom $q(x)$ in die folgende Form:

$$x^2 \cdot (\ldots) + x \cdot (\ldots) + \ldots.$$

Wir führen also alle Koeffizienten von x^2, x und den Rest zusammen. Für $p(x)$ wäre dies also

$$p(x) = x^2 \cdot (C) + x \cdot (A + B) - A - 3B$$

und für $q(x)$

$$q(x) = x^2 \cdot (3) + x \cdot (1) + 1.$$

Stellen wir diese beiden nun gleich, können wir schon erkennen, was wir als Nächstes machen müssen:

$$x^2 \cdot (C) + x \cdot (A + B) - A - 3B = x^2 \cdot (3) + x \cdot (1) + 1.$$

Die Koeffizienten von x^2, x und der Rest müssen übereinstimmen. Wir erhalten also ein Gleichungssystem:

$$C = 3$$
$$A + B = 1$$
$$-A - 3B = 1.$$

Auflösen der zweiten Gleichung ergibt $A = 1 - B$ und Einsetzen in die dritte Gleichung ergibt

$$-1 - 2B = 1 \implies B = -1.$$

Somit ist unsere Lösung

$$A = 2 \quad B = -1 \quad C = 3.$$

3.7.2 Integrale mit Partialbruchzerlegung

Sei nun ein Integral der Form

$$\int \frac{f(x)}{g(x)} \, \mathrm{d}x$$

gegeben, wobei $f(x)$ und $g(x)$ Polynome sind und $g(x)$ komplett in Linearfaktoren zerlegt werden kann. Die Funktion $g(x)$ kann also wie folgt geschrieben werden:

$$g(x) = (x - \ldots) \cdot (x - \ldots) \cdot \ldots \cdot (x - \ldots).$$

Ein Beispiel eines solchen Integrals wäre

$$\int \frac{x + 1}{x^2 - 3x + 2} \, \mathrm{d}x.$$

Wir gehen nun nach folgendem Rezept vor:

Rezept (Partialbruchzerlegung)

1. Faktorisiere den Nenner in seine Linearfaktoren: $g(x) = (x - x_1) \ldots (x - x_k)$. In unserem Beispiel also

$$x^2 - 3x + 2 = (x - 1)(x - 2).$$

2. Schreibe nun folgende Summe hin

$$\frac{A}{x - x_1} + \frac{B}{x - x_2} + \ldots$$

mit $A, B, \ldots$ Konstanten. Falls ein Linearfaktor eine Potenz $k \geq 2$ hat, so muss jede einzelne Potenz von ihm summiert werden. Beispielsweise für $g(x) = (x - 2)^2(x + 1)$ müssen wir folgende Summe hinschreiben:

$$\frac{A}{x - 2} + \frac{B}{(x - 2)^2} + \frac{C}{x + 1}.$$

In unserem Beispiel aber erhalten wir

$$\frac{A}{x - 1} + \frac{B}{x - 2}.$$

3. Bringe die Summe auf einen Nenner $(x - x_1) \cdot \ldots \cdot (x - x_k)$. Für unser Beispiel erhalten wir

$$\frac{A}{x - 1} + \frac{B}{x - 2} = \frac{A(x - 2) + B(x - 1)}{(x - 1)(x - 2)}.$$

4. Setze nun den Zähler gleich $f(x)$ (also dem Zähler aus dem Integral) und löse mit Koeffizientenvergleich nach A und B auf. Für unser Beispiel erhalten wir

$$A(x - 2) + B(x - 1) = x + 1$$
$$\implies x(A + B) - 2A - B = x + 1$$
$$\implies A + B = 1, \quad -2A - B = 1$$
$$\implies A = -2, \quad B = 3.$$

5. Die Lösung ist nun gegeben durch

$$\int \frac{A}{x - x_1} + \frac{B}{x - x_2} + \ldots \, \mathrm{d}x,$$

oder in unserem Beispiel

$$\int \frac{-2}{x-1} + \frac{3}{x-2}\,\mathrm{d}x = -2\log|x-1| + 3\log|x-2| + C,$$

wobei wir das Integral in zwei Integrale aufgespalten haben und jeweils eine Substitution durchgeführt haben.

Trick Man ist deutlich schneller, wenn man sich einfach merkt, dass

$$\int \frac{a}{x-x_i}\,\mathrm{d}x = a\log|x-x_i| + C$$

mit $a \in \mathbb{R}$ gilt (Wieso? Versuche, dies als Übung zu zeigen.)

Beispiel Berechne

$$\int \frac{x}{(x-1)^2(x+1)}\,\mathrm{d}x.$$

Lösung *Wir gehen wie im Rezept vor:*

1. *Der Nenner $g(x) = (x-1)^2(x+1)$ ist schon faktorisiert.*
2. *Wir schreiben folgende Summe hin:*

$$\frac{A}{x-1} + \frac{B}{(x-1)^2} + \frac{C}{x+1}.$$

3. *Als Nächstes bringen wir die Summe auf einen Nenner:*

$$\frac{A}{x-1} + \frac{B}{(x-1)^2} + \frac{C}{x+1} = \frac{A(x-1)(x+1) + B(x+1) + C(x-1)^2}{(x-1)^2(x+1)}.$$

4. *Nun wird der Zähler dem Zähler des gesuchten Integrals gleichgestellt und die Koeffizienten verglichen:*

$$A(x-1)(x+1) + B(x+1) + C(x-1)^2 = x.$$

Es folgt durch Ausmultiplizieren

$$(A + C)x^2 + (B - 2C)x - A + B + C = x$$

und somit die folgenden drei Gleichungen

$$A + C = 0$$
$$B - 2C = 1$$
$$-A + B + C = 0.$$

Dieses Gleichungssystem lässt sich mit Umstellen und Auflösen (oder mit dem Gauß-Verfahren, siehe dazu Kap. 5) lösen. Wir erhalten

$$A = \frac{1}{4}$$
$$B = \frac{1}{2}$$
$$C = -\frac{1}{4}.$$

5. *Somit ist unsere Lösung gegeben durch*

$$\int \frac{x}{(x-1)^2(x+1)} dx = \int \frac{1}{4}\frac{1}{x-1} + \frac{1}{2}\frac{1}{(x-1)^2} - \frac{1}{4}\frac{1}{x+1} dx$$
$$= \frac{1}{4}\log|x-1| - \frac{1}{2}\frac{1}{x-1} - \frac{1}{4}\log|x+1| + C.$$

Beispiel Bestimme

$$\int \frac{2x+1}{x^2 - x - 2} dx.$$

Lösung *Wir gehen nach dem Rezept vor:*

1. *Wir bestimmen die Nullstellen des Nenners $x^2 - x - 2$ und erhalten $x_1 = -1$ und $x_2 = 2$. Somit ist die Faktorisierung des Nenners:*

$$g(x) = (x - 2)(x + 1).$$

2. *Wir schreiben den folgenden Ansatz hin:*

$$\frac{A}{x-2} + \frac{B}{x+1}.$$

3. *Die Summe wird dann auf den Nenner* $(x-2)(x+1)$ *gebracht:*

$$\frac{A(x+1) + B(x-2)}{(x-2)(x+1)}.$$

4. *Wir lösen mit Koeffizientenvergleich nach A und B auf:*

$$A(x+1) + B(x-2) = 2x + 1$$
$$x(A+B) + A - 2B = 2x + 1$$
$$\implies A + B = 2, \quad A - 2B = 1$$
$$\implies A = \frac{5}{3}, \quad B = \frac{1}{3}.$$

5. *Die Lösung ist dann gegeben durch*

$$\int \frac{\frac{5}{3}}{x-2} + \frac{\frac{1}{3}}{x+1} dx = \frac{5}{3} \log|x-2| + \frac{1}{3} \log|x+1| + C.$$

Beispiel Bestimme:

$$\int \frac{x-1}{x^2 + 3x + 2} dx.$$

Lösung *Wir gehen nach dem Rezept vor:*

1. *Zuerst berechnen wir die Nullstellen des Nenners und erhalten* $x_1 = -2$ *und* $x_2 = -1$. *Die Faktorisierung ist also* $g(x) = (x+2)(x+1)$.
2. *Unser Ansatz ist somit*

$$\frac{A}{x+2} + \frac{B}{x+1}.$$

3. *Wir bringen die beiden Brüche auf einen Nenner:*

$$\frac{A(x+1) + B(x+2)}{(x+2)(x+1)}.$$

4. *Mit Koeffizientenvergleich erhalten wir:*

$$A(x+1) + B(x+2) = x - 1$$
$$x(A+B) + A + 2B = x - 1$$
$$\implies A + B = 1, \quad A + 2B = -1$$
$$\implies A = 3, \quad B = -2.$$

5. *Die Lösung ist dann gegeben durch*

$$\int \frac{3}{x+2} + \frac{-2}{x+1} dx = 3\log|x+2| - 2\log|x+1| + C.$$

Beispiel Bestimme

$$\int \frac{x}{x^2 - 4x + 4} dx.$$

Lösung *Wir gehen nach dem Rezept vor:*

1. *Es gilt $x^2 - 4x + 4 = (x-2)^2$. Dies ist die Faktorisierung des Nenners.*
2. *Unser Ansatz ist somit*

$$\frac{A}{x-2} + \frac{B}{(x-2)^2},$$

   da $x = 2$ eine doppelte Nullstelle ist.
3. *Wir bringen den Ansatz auf einen Bruch:*

$$\frac{A(x-2) + B}{(x-2)^2}.$$

4. *Durch Vergleich der Koeffizienten erhalten wir*

$$A(x-2) + B = x$$
$$\implies x \cdot A - 2A + B = x$$
$$\implies A = 1, \quad -2A + B = 0$$
$$\implies A = 1, \quad B = 2.$$

5. *Die Lösung ist dann*

$$\int \frac{1}{x-2} + \frac{2}{(x-2)^2} \, \mathrm{d}x = \log|x-2| - \frac{2}{x-2} + C.$$

Beispiel Bestimme

$$\int \frac{x+2}{x^3 - 7x^2 + 14x - 8} \, \mathrm{d}x.$$

Hinweis: $x_0 = 1$ *ist eine Nullstelle des Nenners.*

Lösung *Wir gehen nach unserem Rezept vor:*

1. *Wir möchten die Nullstellen des Nenners herausfinden. Aus dem Hinweis wissen wir, dass $x_0 = 1$ eine Nullstelle ist. Also führen wir die folgende Polynomdivision aus:*

$$
\begin{array}{l}
(\quad x^3 - 7x^2 + 14x - 8) \div (x-1) = x^2 - 6x + 8 \\
\underline{-\, x^3 + x^2} \\
\qquad -6x^2 + 14x \\
\qquad \underline{6x^2 - 6x} \\
\qquad\qquad 8x - 8 \\
\qquad\qquad \underline{-8x + 8} \\
\qquad\qquad\qquad 0
\end{array}
$$

Alternativ hätten wir auch das Horner-Schema anwenden können. Das übrig gebliebene quadratische Polynom hat Nullstellen $x_1 = 2$ und $x_2 = 4$, somit lautet die vollständige Faktorisierung:

$$x^3 - 7x^2 + 14x - 8 = (x-1)(x-2)(x-4).$$

2. *Unser Ansatz ist somit*

$$\frac{A}{x-1} + \frac{B}{x-2} + \frac{C}{x-4}.$$

3. *Wir bringen den Ansatz auf einen Bruch:*

$$\frac{A(x-2)(x-4) + B(x-1)(x-4) + C(x-1)(x-2)}{(x-1)(x-2)(x-4)}.$$

4. *Durch Koeffizientenvergleich erhalten wir*

$$A(x-2)(x-4) + B(x-1)(x-4) + C(x-1)(x-2) = x+2$$
$$\implies x^2(A+B+C) + x(-6A-5B-3C) + 8A+4B+2C = x+2$$
$$\implies A+B+C = 0, \quad -6A-5B-3C = 1, \quad 8A+4B+2C = 2$$
$$\implies A = 1, \quad B = -2, \quad C = 1.$$

Wir haben dabei das Gleichungssystem durch Umstellen der Gleichungen (oder durch das Gauß-Verfahren) gelöst.

5. *Wir erhalten*

$$\int \frac{1}{x-1} - \frac{2}{x-2} + \frac{1}{x-4} dx = \log|x-1| - 2\log|x-2| + \log|x-4| + C.$$

3.7.3 Ein Trick für den Koeffizientenvergleich

Wie wir gesehen haben, ist der Koeffizientenvergleich sehr aufwendig. Um uns dies zu vereinfachen, können wir folgenden Trick anwenden:

Trick Haben wir die Gleichungen aus dem Koeffizientenvergleich aufgestellt, können wir die Nullstellen von $g(x)$ für x einsetzen, um schneller A, B und C zu erhalten.

Beispiel Bestimme

$$\int \frac{x+2}{x^3 - 7x^2 + 14x - 8} dx$$

mit diesem Trick.

Lösung
Die ersten drei Schritte bleiben gleich. Wir erhalten also immer noch

$$A(x-2)(x-4) + B(x-1)(x-4) + C(x-1)(x-2) = x+2.$$

Nun setzen wir die Nullstellen von g(x) ein, statt ein Gleichungssystem aufzustellen:

$$x = 1 \implies A(1-2)(1-4) + B(1-1)(1-4) + C(1-1)(1-2)$$
$$= 1 + 2 \implies 3A = 3$$
$$x = 2 \implies A(2-2)(2-4) + B(2-1)(2-4) + C(2-1)(2-2)$$
$$= 2 + 2 \implies -2B = 4$$
$$x = 4 \implies A(4-2)(4-4) + B(4-1)(4-4) + C(4-1)(4-2)$$
$$= 4 + 2 \implies 6C = 6.$$

Wir erhalten $A = 1$, $B = -2$ und $C = 1$. Der Rest der Lösung bleibt gleich.

Als Übung kannst du versuchen, alle Aufgaben bis hierhin mit diesem Trick zu lösen.

3.8 Flächenberechnung mit Integralen

Wie wir schon gesehen haben, ist die Berechnung der Fläche unter dem Graphen mit Integralen etwas tricky. Das liegt daran, dass das Integral eine andere Definition für Flächen hat. Alle Flächen, welche unter der x-Achse liegen, werden nämlich in der Rechnung subtrahiert. Nun wollen wir zunächst lernen, wie wir die „richtige" Fläche allgemein ausrechnen und dann, wie wir beispielsweise die Fläche zwischen zwei Graphen ausrechnen.

3.8.1 Betragsfunktionen

Bevor wir zur Fläche unter dem Graphen kommen, möchten wir hier noch einen Trick lernen, wie wir Integrale von sogenannten Betragsfunktionen berechnen. Als Beispiel ist folgendes Integral gegeben:

$$\int_{-1}^{2} |1 - x| \, dx.$$

Ein Trick für solche Integrale ist es, diese in zwei Integrale zu zerlegen. Dabei wollen wir für das allgemeine Integral

$$\int_{a}^{b} |f(x)| \, dx$$

die Werte für x finden, für die $f(x) < 0$ und $f(x) \geq 0$ gelten. Wir erinnern uns nämlich an die Definition der Betragsfunktion:

$$|f(x)| = \begin{cases} f(x) & f(x) \geq 0 \\ -f(x) & f(x) < 0. \end{cases}$$

In unserem Fall sind für alle Werte $x > 1$ auch $f(x) < 0$ und für alle $x \le 1$ ist $f(x) \ge 0$. Wir zerlegen das Integral in zwei Teile:

$$\int_{-1}^{2} |1 - x|\mathrm{d}x = \int_{-1}^{1} |1 - x|\mathrm{d}x + \int_{1}^{2} |1 - x|\mathrm{d}x.$$

Was haben wir dabei erreicht? Die Betragsfunktion ist nun in beiden Integralen zu vernachlässigen, denn jetzt ist in beiden Integralen die Funktion entweder ganz negativ oder ganz positiv. Wir müssen nur bei dem Integral, bei dem $f(x) < 0$ gilt, ein Vorzeichen hinzufügen. Es gilt also

$$\int_{-1}^{2} |1 - x|\mathrm{d}x = \int_{-1}^{1} 1 - x\mathrm{d}x + \int_{1}^{2} -(1 - x)\mathrm{d}x.$$

Die Stammfunktion des ersten Integrals ist somit $F_1(x) = x - \frac{1}{2}x^2 + C$ und des zweiten $F_2(x) = -x + \frac{1}{2}x^2 + C$. Es gilt

$$\int_{-1}^{2} |1 - x|\mathrm{d}x = F_1(1) - F_1(-1) + F_2(2) - F_2(1) = \frac{5}{2}.$$

Allgemeiner wollen wir wieder

$$\int_{a}^{b} |f(x)|\mathrm{d}x$$

bestimmen. Falls für $a \le x < c$ die Funktion $f(x) < 0$ ist und für $c \le x \le b$ die Funktion $f(x) \ge 0$ ist, so gilt

$$\int_{a}^{b} |f(x)|\mathrm{d}x = \int_{a}^{c} -f(x)\mathrm{d}x + \int_{c}^{b} f(x)\mathrm{d}x.$$

3.8.2   Fläche unter dem Graph

Wir können die Fläche unter einem Graph ganz einfach mit der Betragsfunktion ausrechnen. Wenn wir nämlich alle Flächen positiv richten, so ergibt auch das Integral die intuitiv „richtige" Fläche. Für unsere intuitive Flächenberechnung müssen wir also

$$\int_{a}^{b} |f(x)|\mathrm{d}x$$

berechnen. Obwohl das Vorgehen gleich ist wie für Betragsfunktionen, möchten wir es hier in einem Rezept schrittweise festhalten.

1. Finde alle Nullstellen der Funktion $f(x)$ in I. Du erhältst die Nullstellen $x_1, x_2, \ldots, x_n$. Für das Beispiel $f(x) = \sin(x)$ in $[-\frac{\pi}{2}, \frac{\pi}{2}]$ haben wir nur eine einzige Nullstelle $x_1 = 0$.
2. Du kannst nun das Integral in mehrere Integrale aufspalten, indem du immer von Nullstelle bis Nullstelle die Funktion integrierst. Die Summe ergibt dann die Fläche unter dem Graphen. Für das Beispiel also

$$\int_{-\frac{\pi}{2}}^{\frac{\pi}{2}} \sin x \, dx = \int_{-\frac{\pi}{2}}^{0} -\sin x \, dx + \int_{0}^{\frac{\pi}{2}} \sin x \, dx = 2.$$

3.8.3 Fläche zwischen zwei Graphen

Wir können mit den Integralen auch die Fläche zwischen zwei Graphen berechnen.

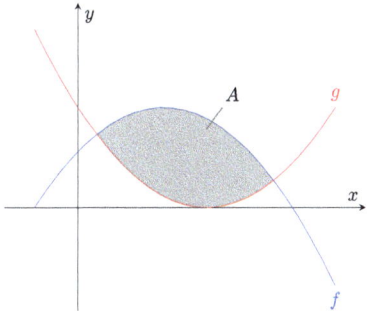

Wie gehen wir jetzt vor, um A zu bestimmen?

1. Finde alle Schnittpunkte $x_1, x_2, \ldots, x_n$ der zwei Graphen.
2. Wir können nun den Flächeninhalt wieder aufteilen. Dazu spalten wir die Fläche in mehrere Flächen von Schnittpunkt zu Schnittpunkt auf.

3. Eine Fläche von Schnittpunkt zu Schnittpunkt ist gegeben durch die Fläche unter dem Graphen der Funktion, die größer ist, minus die Fläche unter dem Graphen der Funktion, welche kleinere Werte annimmt. Also für $f(x)$ und $g(x)$ mit $f(x) > g(x)$ in $I = [x_i, x_{i+1}]$ (x_i und x_{i+1} sind benachbarte Schnittpunkte) ist der Flächeninhalt gegeben durch

$$\int_{x_i}^{x_{i+1}} f(x) - g(x)\mathrm{d}x.$$

4. (Nur falls notwendig) Falls die Fläche die x-Achse schneidet oder negativ ist, müssen zusätzlich jeweils die Nullstellen berechnet und dann die Fläche in noch kleinere Flächen aufgespalten werden. Negative Flächen müssen mit Betragsstrichen positiv gemacht werden. Es gilt somit für ein Teilstück in $I = [x_i, x_{i+1}]$:

$$\int_{x_i}^{x_{i+1}} |f(x) - g(x)|\mathrm{d}x.$$

Wir möchten das Rezept an folgendem Beispiel anwenden:

Beispiel Berechne die Fläche, welche von den zwei Funktionen $f(x) = 2 - x^2$ und $g(x) = \frac{1}{2}x^2 + \frac{1}{2}$ eingeschlossen wird.

Lösung *Wir berechnen die Schnittpunkte der zwei Funktionen. Dazu berechnen wir die Lösung der folgenden Gleichung:*

$$f(x) = g(x)$$
$$2 - x^2 = \frac{1}{2}x^2 + \frac{1}{2}$$
$$x_{1,2} = 1, -1.$$

Wir skizzieren die beiden Funktionen:

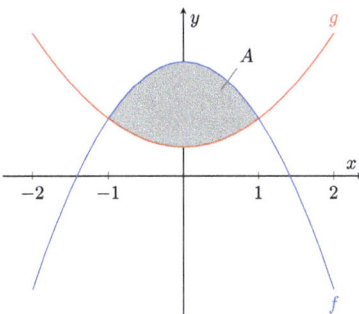

Die obere Funktion ist somit $f(x)$ und die untere $g(x)$. Die Fläche ist gegeben durch

$$\int_{-1}^{1} f(x) - g(x)\mathrm{d}x = \int_{-1}^{1} \frac{3}{2} - \frac{3}{2}x^2\mathrm{d}x = 2.$$

Der Flächeninhalt ist also 2 Flächeneinheiten.

3.9 Anwendungen der Integralrechnung

3.9.1 Uneigentliche Integrale

Zurück zu den bestimmten Integralen. In diesem Abschnitt möchten wir ein schönes Beispiel für uneigentliche Integrale zeigen. Ein uneigentliches Integral ist definiert durch

$$\lim_{b \to \infty} \int_{a}^{b} f(x)\mathrm{d}x =: \int_{a}^{\infty} f(x)\mathrm{d}x.$$

Dies ist ebenso möglich mit der unteren Grenze. Ein solches uneigentliches Integral ist also eine unendlich weit ausgestreckte Fläche (diese muss aber in keinem Fall selbst unendlich sein). Wir schauen uns ein Beispiel eines solchen uneigentlichen Integrals an:

Beispiel Berechne

$$\int_{0}^{\infty} e^{-x}\mathrm{d}x.$$

Lösung *Es gilt* $F(x) = -e^{-x}$ *und somit*

$$\int_0^\infty e^{-x}\mathrm{d}x = \lim_{b\to\infty} F(b) - F(0)$$
$$= \lim_{b\to\infty} (-e^{-b}) - (-1) = 1.$$

Wir sehen also, dass unendlich weit ausgedehnte Flächen keineswegs unendlich groß sein müssen. Falls der Grenzwert nicht existieren sollte, so sagen wir, dass das Integral divergiert.

3.9.2 Mittelwert einer Funktion

Mithilfe des Integrals können wir auch den Mittelwert einer Funktion in einem Intervall $I = [a, b]$ bestimmen. Es gilt nämlich

$$\mu = \frac{1}{b-a} \int_a^b f(x)\mathrm{d}x.$$

Dass μ wirklich dem Mittelwert der Funktion zwischen a und b entspricht, lässt sich leicht zeigen, da ein Integral nichts Weiteres als eine Summe infinitesimal kleiner Stücke ist.

Beispiel Was ist der Mittelwert der Funktion $\sin x$ zwischen 0 und π?

Lösung *Wir berechnen mithilfe der Formel:*

$$\mu = \frac{1}{b-a} \int_a^b f(x)\mathrm{d}x = \frac{1}{\pi} \int_0^\pi \sin x\mathrm{d}x = \frac{1}{\pi}(-\cos(\pi) + \cos(0)) = \frac{2}{\pi}.$$

3.9.3 Länge einer Kurve

Wir können mithilfe des Integrals auch die Länge einer Funktion zwischen a und b bestimmen. Diese Länge ist gegeben durch

$$L = \int \sqrt{1 + f'(x)^2}\mathrm{d}x.$$

Wir möchten dies gleich an einem trivialen Beispiel anwenden:

Beispiel Berechne die Länge der Funktion $f(x) = x$ zwischen 0 und 1.

Lösung *Wir wissen, dass dies genau der Diagonale eines Quadrats entspricht. Trotzdem möchten wir die Formel von vorhin verwenden. Es gilt*

$$L = \int_0^1 \sqrt{1 + f'(x)^2}\,\mathrm{d}x = \int_0^1 \sqrt{1 + 1^2}\,\mathrm{d}x = \sqrt{2}.$$

Man kann die Kurvenlänge nur selten von Hand berechnen, da das Integral sehr schnell äußerst kompliziert wird.

3.9.4   Rotationskörper

Sei eine Funktion $f(x)$ in einem Intervall gegeben. Wir können diese Funktion nun in diesem Intervall einmal um die x-Achse drehen (hier am Beispiel $f(x) = 1$):

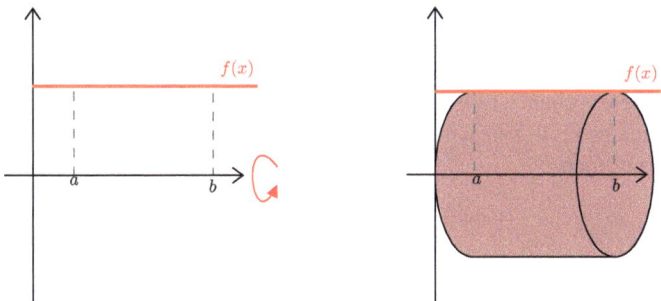

Das Volumen dieses Rotationskörpers ist gegeben durch die Formel

$$V = \pi \int_a^b f(x)^2\,\mathrm{d}x.$$

Die Oberfläche (genauer gesagt die Mantelfläche, also ohne die beiden Deckel) ist gegeben durch die Formel

$$O = 2\pi \int_a^b f(x) \cdot \sqrt{1 + f'(x)^2}\,\mathrm{d}x.$$

Man bemerke, dass sich dieses Integral in der Praxis häufig nur numerisch lösen lässt.

3.9.5 Gabriels Horn

Wir wollen nun die Funktion $f(x) = \frac{1}{x}$ um die x-Achse rotieren. Wir betrachten dabei das Intervall $I = [1, \infty)$. Dieser Rotationskörper wird Gabriels Horn genannt. Was daran so speziell ist, sehen wir an folgenden Berechnungen:

Beispiel Bestimme das Volumen von Gabriels Horn.

Lösung *Es gilt*

$$V = \pi \int_1^\infty \frac{1}{x^2} dx = \pi.$$

Nun wollen wir die Formel für die Oberfläche (oder Mantelfläche) des Körpers aufstellen. Es gilt bekanntlich

$$O = 2\pi \int_1^\infty \frac{1}{x} \cdot \sqrt{1 + \frac{1}{x^4}} dx.$$

Nun möchten wir einen Trick anwenden, um zu zeigen, dass dieses Integral tatsächlich unendlich groß ist. Wir wissen, dass ein Integral nichts Weiteres als eine Summe ist. Also muss auch

$$\int_1^\infty \frac{1}{x} \cdot \sqrt{1 + \frac{1}{x^4}} dx > \int_1^\infty \frac{1}{x} dx$$

gelten, denn wir summieren alle $x > 1$ auf und für die Wurzel gilt in diesem Fall $\sqrt{1 + \frac{1}{x^4}} > 1$. Nun berechnen wir das Integral rechts und erhalten

$$\int_1^\infty \frac{1}{x} dx = \lim_{b \to \infty} F(b) - F(1).$$

Wir wissen aus den Standardintegralen, dass $F(x) = \log |x|$ und mit $\log 1 = 0$ gilt

$$\int_1^\infty \frac{1}{x} dx = \lim_{b \to \infty} \log |b| = \infty.$$

Somit ist nach der Aussage oben auch

$$\int_1^\infty \frac{1}{x} \cdot \sqrt{1 + \frac{1}{x^4}} dx > \int_1^\infty \frac{1}{x} dx = \infty,$$

also auch das erste Integral unendlich, da etwas größer als unendlich auch unendlich sein muss. Wir haben also gesehen, dass der Rotationskörper (Gabriels Horn) ein endliches Volumen (π) besitzt, jedoch eine unendliche Oberfläche hat. Wir können also mit einem Eimer voll Farbe Gabriels Horn auffüllen, bräuchten jedoch unendlich viel Farbe, um es anzumalen.

Komplexe Zahlen

4

> *„Pure mathematics is, in its way, the poetry of logical ideas."*
>
> *Albert Einstein*

4.1 Einführung

Der Einstieg in die komplexen Zahlen fällt vielen Studierenden schwer. Viele können sich diese nicht vorstellen oder finden einfach keinen Bezug zur Realität. Wieso brauchen wir komplexe Zahlen, wenn diese nur imaginär sind? Um diese Frage zu beantworten, wollen wir zunächst die nichtkomplexen Zahlen besser verstehen. Sei folgende Gleichung gegeben

$$x - 1 = 0.$$

Damit wir diese Gleichung lösen können, benötigen wir die bekannten natürlichen Zahlen. Wir schreiben für die Lösung $x \in \mathbb{N}$. Schnell bemerken wir aber, dass diese Zahlenmenge nicht genügt, um alle Gleichungen der Mathematik zu lösen. Man fand beispielsweise, dass $x + 1 = 0$ keine Lösung in $\mathbb{N}$ besitzt. Es musste also eine weitere Zahlenmenge definiert werden, welche die natürlichen Zahlen mit den negativen Zahlen ergänzt. Dies waren die ganzen Zahlen $\mathbb{Z}$. So ging man weiter vor und fand zunächst die Gleichung $2x - 1 = 0$ und definierte somit die Zahlenmenge der rationalen Zahlen $\mathbb{Q}$ und dann die Gleichung $x^2 - 2 = 0$, deren Lösung eine reelle Zahl ist. Die Menge aller reellen Zahlen ist $\mathbb{R}$. Man beachte hierbei, dass wir jedes Mal die Zahlenmengen nur ergänzt haben. Die rationalen Zahlen sind also beispielsweise alle in $\mathbb{R}$ enthalten.

Somit haben wir alle Zahlen, die wir bislang kennen, in Zahlenmengen definiert. Das Problem an diesen Zahlenmengen ist jedoch, dass sie zwar sehr viele Gleichungen in der Mathematik lösen, aber nicht alle. Ein Beispiel ist die Gleichung

H. Krizic, *Tutorium Mathematik für Naturwissenschaften*,
https://doi.org/10.1007/978-3-662-69221-9_4

$$x^2 + 1 = 0.$$

Man kann nun sagen, dass eine solche Lösung nicht existiert, da Wurzeln aus negativen Zahlen nicht existieren. Wieso aber bestimmt man nicht einfach eine weitere Zahlenmenge, welche genau diese Gleichungen löst? Genau diese Zahlenmenge nennen wir die komplexen Zahlen $\mathbb{C}$.

4.2   Definition und Rechenregeln

Um die Gleichung $x^2 + 1 = 0$ aus dem vorherigen Abschnitt zu lösen, definieren wir die imaginäre Einheit i, welche die Eigenschaft $i^2 = -1$ haben soll[1]. Eine komplexe Zahl definieren wir dann als ein Vielfaches dieser imaginären Einheit plus eine reelle Zahl. Also $z = x + iy$, wobei x, y beide reelle Zahlen sind. Wir nennen x den Realteil der komplexen Zahl ($\mathrm{Re}(z) = x$) und y den Imaginärteil ($\mathrm{Im}(z) = y$).

In der Grundstufe lernt man reelle Zahlen auf einem sogenannten Zahlenstrahl einzuzeichnen. Damit wir uns nun komplexe Zahlen bildlich vorstellen können, erweitern wir den Zahlenstrahl zu einer Zahlenebene – der Gauß-Ebene. Die reellen Zahlen (in unserem Fall also $y = 0$) liegen dabei immer noch auf der x-Achse (oder reellen Achse) dieser Ebene. Wir können nun beispielsweise $z = 3 + 2i$ einzeichnen, indem wir den Punkt $(3 \mid 2)$ in der komplexen Ebene markieren.

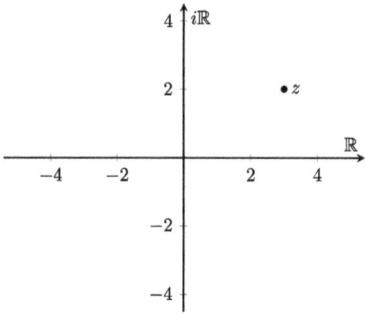

Allgemein ist also der Punkt z gegeben durch $(\mathrm{Re}(z) \mid \mathrm{Im}(z))$. Die komplexe Zahlenebene veranschaulicht auch das Problem, dass wir komplexe Zahlen nicht vergleichen können. Ob $-2 + 3i$ oder $-1 + 2i$ größer ist, lässt sich also nicht beantworten. Ob zwei komplexe Zahlen gleich sind, hingegen schon. Wir schreiben nämlich $z_1 = z_2$ genau dann, wenn $\mathrm{Re}(z_1) = \mathrm{Re}(z_2)$ und $\mathrm{Im}(z_1) = \mathrm{Im}(z_2)$ gilt.

---

[1]Man beachte, dass $i = \sqrt{-1}$ nur Notation ist und man beim Rechnen mit Wurzeln wegen der Mehrdeutigkeit vorsichtig sein muss (siehe hierzu Abschn. 4.4.6). Wir stoßen etwa auf folgenden Widerspruch:
$$-1 = i \cdot i = \sqrt{-1}\sqrt{-1} = \sqrt{(-1)(-1)} = \sqrt{1} = 1.$$
Wir werden aber sehen, dass man in vielen Fällen $\sqrt{-1}$ trotzdem durch i ersetzen kann.

Wie schon mit den Zahlen in $\mathbb{R}$ können wir auch mit komplexen Zahlen rechnen. Die Rechenregeln folgen dabei ziemlich intuitiv aus den reellen Zahlen. Wir verwenden das folgende Rezept:

Rezept (Multiplikation, Addition und Subtraktion in $\mathbb{C}$)

1. Fasse die imaginäre Einheit i als Variable auf.
2. Klammere alle Terme aus und rechne normal wie mit den reellen Zahlen.
3. Ersetze jedes i^2 durch -1. Auch andere Potenzen von i können ersetzt werden: $i^3 = -i, i^4 = 1$ etc.
4. Führe das Resultat auf folgende Form zurück: $A + iB$, wobei A und B reelle Terme ohne i sind.

Ein Ausnahmefall ist die Division. Diese wird im nächsten Abschnitt behandelt.

Beispiel Berechne $(1 + 4i) \cdot (3 - 2i)$.

Lösung

$$(1 + 4i) \cdot (3 - 2i) = 3 + 12i - 2i - 8i^2$$
$$= 3 + 10i + 8$$
$$= 11 + 10i.$$

Beispiel Berechne $(-i)^5$.

Lösung *Es gilt*

$$(-i)^5 = (-1)^5 \cdot i^5$$
$$= (-1) \cdot i^2 \cdot i^2 \cdot i$$
$$= (-1) \cdot (-1) \cdot (-1) \cdot i$$
$$= -i,$$

wobei wir den Trick benutzt haben, eine negative Zahl $-a$ als Produkt von (-1) und a aufzufassen (in unserem Fall $a = i$).

4.3   Komplexe Konjugation und Betrag

Um die Division von komplexen Zahlen einzuführen, benötigen wir zwei Begriffe:

1. Für $z = x + iy$ nennen wir $\bar{z} = x - iy$ die komplexe Konjugation von z.
2. Sei $z = x + iy$. Wir nennen $|z| = \sqrt{x^2 + y^2}$ den Betrag von z.

Wir können mithilfe von Pythagoras leicht überprüfen, dass in der komplexen Ebene der Abstand von z zum Koordinatenursprung $(0 \mid 0)$ genau dem Betrag von z entspricht. Die komplexe Konjugation ist die Spiegelung an der reellen Achse (x-Achse). Außerdem bemerken wir, dass der Betrag immer reell ist, da x und y beide reell sind und $x^2 + y^2$ positiv ist.

Eine wichtige Beziehung der beiden Begriffe ist

$$|z|^2 = \bar{z} \cdot z.$$

Beispiel Beweise die Beziehung $|z|^2 = \bar{z} \cdot z$.

Lösung *Es gilt*

$$\begin{aligned}
\bar{z} \cdot z &= (x + iy)(x - iy) \\
&= x^2 - (iy)^2 \\
&= x^2 - i^2 y^2 \\
&= x^2 - (-1)y^2 \\
&= x^2 + y^2 \\
&= |z|^2,
\end{aligned}$$

wobei wir in der zweiten Gleichung die dritte binomische Formel benutzt haben.

Wir möchten nun die Division der komplexen Zahlen verstehen. Wir wenden hierzu das Rezept aus dem letzten Abschnitt für den Zähler und Nenner separat an. Das wichtigste dabei ist, dass wir den Bruch $\frac{z_1}{z_2}$ in die Form $x + iy$ bringen wollen. Wir verwenden dazu das folgende Rezept:

Rezept (Division zweier komplexer Zahlen $\frac{z_1}{z_2}$)

1. Multipliziere sowohl Zähler als auch Nenner mit dem komplex Konjugierten des Nenners.
2. Du erhältst nun im Nenner (wegen der Beziehung, welche wir hergeleitet haben) $|z_2|^2$.
3. Führe den Zähler auf die Form $a + ib$ zurück. Du erhältst nun $\frac{a+ib}{|z_2|^2}$.
4. Wir können den Bruch in zwei Teile teilen (einen Realteil und Imaginärteil) und erhalten $\frac{a}{|z_2|^2} + i\frac{b}{|z_2|^2}$.

Wir wollen nun dieses Verfahren anhand einiger Beispiele anwenden:

Beispiel Berechne $\frac{3+i}{3-i}$.

Lösung

$$
\begin{aligned}
\frac{3+i}{3-i} &= \frac{(3+i)\cdot(3+i)}{(3-i)\cdot(3+i)} \\
&= \frac{3^2 + 6i + i^2}{3^2 + 1^2} \\
&= \frac{8 + 6i}{10} \\
&= \frac{4}{5} + \frac{3}{5}i.
\end{aligned}
$$

Beispiel Berechne $\frac{1+i}{\sqrt{2}i}$.

Lösung

$$\frac{1+i}{\sqrt{2}i} = \frac{(1+i)\cdot(-\sqrt{2}i)}{\sqrt{2}i\cdot(-\sqrt{2}i)}$$

$$= \frac{\sqrt{2}-\sqrt{2}i}{2}$$

$$= \frac{\sqrt{2}}{2} - \frac{\sqrt{2}}{2}i.$$

Beachte hier im zweiten Schritt, dass das komplex Konjugierte von $\sqrt{2}i$ genau $-\sqrt{2}i$ ist, da wir $\sqrt{2}i$ auch als $0 + \sqrt{2}i$ schreiben können.

Beispiel Für welche komplexe Zahl z gilt: $1 + i + \frac{1}{z} = 2 + 3i$?

Lösung *Wir formen um, dass nur noch z auf einer Seite steht:*

$$1 + i + \frac{1}{z} = 2 + 3i \iff \frac{1}{z} = 1 + 2i$$

$$\iff z = \frac{1}{1+2i}.$$

Wir erhalten nun mit dem Rezept:

$$z = \frac{1}{1+2i}$$

$$= \frac{1-2i}{(1+2i)(1-2i)}$$

$$= \frac{1-2i}{1^2+2^2}$$

$$= \frac{1}{5} - \frac{2}{5}i.$$

Beispiel Zeige, dass $\overline{z+w} = \overline{z} + \overline{w}$ gilt.

Lösung *Sei $z = a + ib$ und $w = c + id$. Dann gilt*

$$\overline{z + w} = \overline{a + ib + c + id}$$
$$= \overline{a + c + i(b + d)}$$
$$= a + c - i(b + d)$$
$$= a + c - ib - id$$
$$= a - ib + c - id$$
$$= \overline{z} + \overline{w}.$$

4.4   Polarform

Bis jetzt haben wir komplexe Zahlen immer in der Form $z = x + iy$ betrachtet. Diese Form nennen wir „Normalform von z". Nun schauen wir uns nochmals die komplexe Zahlenebene an. Wir können unseren Punkt auch anders beschreiben:

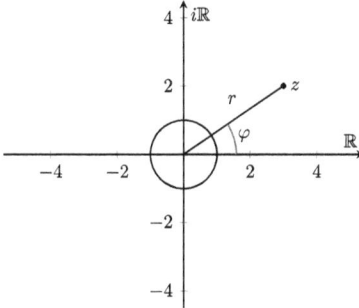

Den Kreis in der Mitte mit Radius 1 nennen wir den Einheitskreis. Wie wir nun sehen können, kann unsere komplexe Zahl z eindeutig durch ihren Real- und Imaginärteil bestimmt werden, aber wir können sie auch mit einem Winkel φ und dem Radius $r = |z|$ definieren. Der Radius r ist hierbei genau die Länge des Vektors z (oder das Vielfache vom Radius des Einheitskreises, dessen Radius genau 1 ist) und der Winkel φ ist genau der Winkel, welcher der Vektor z zur reellen Achse bildet (siehe Abbildung oben). Wie können wir nun z in Abhängigkeit von φ und r schreiben? Dazu verwenden wir Trigonometrie:

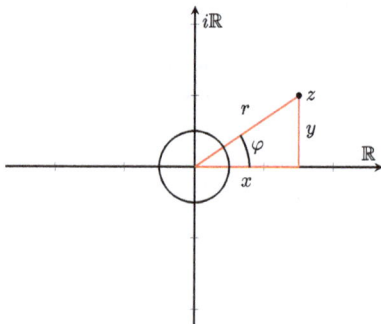

Wir erhalten für die Ankathete $x = r\cos(\varphi)$ und für die Gegenkathete $y = r\sin(\varphi)$. Wir erhalten also die komplexe Zahl (nur abhängig von r und φ)

$$z = r\cos(\varphi) + i \cdot r\sin(\varphi).$$

Dies ist der Grundbaustein der Polarform. Allerdings ist sie in dieser Form noch nicht wirklich brauchbar. Die rechte Seite lässt sich aber deutlich einfacher schreiben, wie wir im nächsten Abschnitt sehen werden.

4.4.1   Die schönste Formel der Welt

Im Jahre 1748 bewies der Schweizer Mathematiker Leonhard Euler in seinem Werk „Introductio in analysin infinitorum" eine der wohl verblüffendsten Gleichungen der Mathematik: die Euler'sche Identität

$$e^{i\pi} = -1.$$

Dass die zwei reellen Zahlen e und π zusammen mit der komplexen Zahl i eine solch schöne Formel bilden, verdanken wir der allgemeinen Formel

$$e^{i\varphi} = \cos(\varphi) + i\sin(\varphi).$$

Wir können nun die Euler'sche Identität beweisen, indem wir $\varphi = \pi$ einsetzen. Diese Formel nennt man die Euler-Formel und sie ist grundlegend für die Polarform der komplexen Zahlen (der Beweis folgt aus den Potenzreihendarstellungen der trigonometrischen Funktionen und der Exponentialfunktion). Wenn wir die Formel mit der bisherigen Form $z = r\cos(\varphi) + i \cdot r\sin(\varphi)$ vergleichen, erhalten wir

$$z = re^{i\varphi}.$$

Das ist die Polarform. Ein Beispiel: Der Punkt $z = e^{i\frac{\pi}{2}}$ lässt sich wie folgt darstellen:

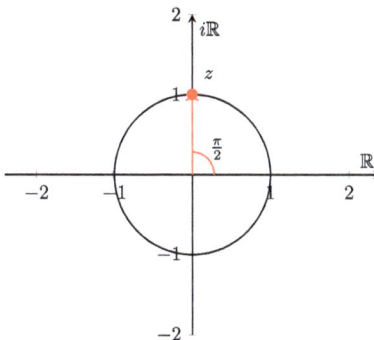

Wie finden wir aber die Polarform einer komplexen Zahl in Normalform? Der Radius ist nichts Weiteres als der Betrag der komplexen Zahl z. Es gilt also $r = |z| = \sqrt{x^2 + y^2}$. Wie groß ist der Winkel? Wir schauen uns nochmals die Ebene von vorhin an

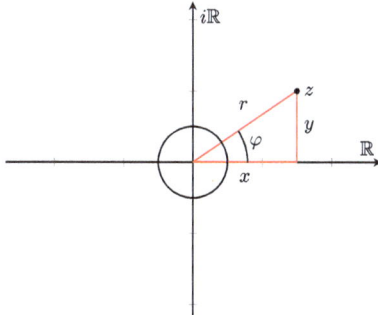

Da wir die Koordinaten von z kennen, können wir trigonometrische Funktionen benutzen, um den Winkel zu finden. Die komplexe Zahl z in diesem Beispiel ist $z = 3 + 2i$. Für den Winkel gilt genau $\tan(\varphi) = \frac{2}{3}$. Und somit gilt $\varphi = \arctan(\frac{2}{3}) \approx 0{,}98$. Sei $z = x + iy$ eine allgemeine komplexe Zahl. Es gilt dann analog zu vorhin

$$\varphi = \arctan\left(\frac{y}{x}\right).$$

Mit diesem Winkel erhalten wir in unserem Beispiel also die Polarform

$$z \approx \sqrt{3^2 + 2^2}e^{i \cdot 0{,}98} = \sqrt{13}e^{i \cdot 0{,}98}.$$

Bevor wir dies in einem Rezept zusammenfassen, möchten wir noch einen Begriff einführen: das Argument. Das Argument einer komplexen Zahl z ist der Polarwinkel dieser Zahl φ, also

$$\arg(z) = \varphi.$$

Wie wir später sehen werden, ist diese Funktion nur dann definiert, wenn wir $\arg(z)$ auf ein gewisses Intervall einschränken. Wir verwenden in diesem Buch die Konvention $\arg(z) = \varphi \in (-\pi, \pi]$.

4.4.2 Umformung Normalform → Polarform

Wir möchten die Ergebnisse des vorherigen Abschnittes nochmals in einem Rezept zusammenfassen:

Rezept (**Falsches Rezept** zur Umrechnung von Normalform zur Polarform einer komplexen Zahl $z = x + Iy$)

1. Wir bestimmen zunächst den Radius der komplexen Zahl mit $r = \sqrt{x^2 + y^2}$.
2. Nun bestimmen wir den Winkel φ, den die komplexe Zahl mit der reellen Achse bildet. Dieser ist gegeben durch $\varphi = \arctan(\frac{y}{x})$. Im Sonderfall von $x = 0$ gilt $\varphi = \pm\frac{\pi}{2}$.
3. Wir schreiben nun $z = re^{i\varphi}$ mit den aus den Schritten 1 und 2 bestimmten Parametern.

Wir stellen aber schnell fest, dass dieses Rezept nicht immer gilt. Sei beispielsweise $z = -1 - i$. Dann würde nach unserem Rezept für den Winkel $\varphi = \arctan\left(\frac{-1}{-1}\right) = \frac{\pi}{4}$ gelten. Dies ist aber unmöglich, da $-1 - i$ im dritten Quadranten liegt. Das Problem ist, dass aus $\tan(\varphi) = \frac{b}{a}$ nicht immer $\varphi = \arctan\left(\frac{b}{a}\right)$ folgt. Denn für stumpfe Winkel φ muss zu $\arctan\left(\frac{b}{a}\right)$ noch π hinzuaddiert werden. Dies ist genau dann der Fall, wenn z im zweiten oder dritten Quadranten liegt. Dementsprechend schreiben wir das Rezept um:

Rezept (Umrechnung von Normalform zur Polarform einer komplexen Zahl $z = x + iy$)

1. Wir bestimmen zunächst den Radius der komplexen Zahl mit $r = \sqrt{x^2 + y^2}$.
2. Nun bestimmen wir den Winkel φ, den die komplexe Zahl mit der reellen Achse bildet. Wir betrachten hierbei zwei Fälle.

   a. z liegt im 1. oder 4. Quadranten: $\varphi = \arctan(\frac{y}{x})$.

---

b. z liegt im 2. Quadranten: $\varphi = \arctan(\frac{y}{x}) + \pi$.
c. z liegt im 3. Quadranten: $\varphi = \arctan(\frac{y}{x}) - \pi$.

Im Sonderfall von $x = 0$ gilt $\varphi = \frac{\pi}{2}$, falls $y > 0$ und $\varphi = -\frac{\pi}{2}$, falls $y < 0$.
3. Wir schreiben nun $z = re^{i\varphi}$ mit den aus den Schritten 1 und 2 bestimmten Parametern.

$\arctan(x)$-Werte können von folgender Tabelle abgelesen werden, wobei zu beachten gilt, dass $\frac{\sqrt{3}}{3} = \frac{1}{\sqrt{3}}$ ist:

x	$-\infty$	$-\sqrt{3}$	-1	$-\frac{1}{\sqrt{3}}$	0	$\frac{1}{\sqrt{3}}$	1	$\sqrt{3}$	$+\infty$
$\arctan(x)$	$-\frac{\pi}{2}$	$-\frac{\pi}{3}$	$-\frac{\pi}{4}$	$-\frac{\pi}{6}$	0	$\frac{\pi}{6}$	$\frac{\pi}{4}$	$\frac{\pi}{3}$	$\frac{\pi}{2}$

Beispiel Berechne die Polarform der Zahl $z = 1 + i$.

Lösung *Wir berechnen zunächst den Radius r:*

$$r = |z| = \sqrt{1^2 + 1^2} = \sqrt{2}.$$

Die Zahl befindet sich im ersten Quadranten. Wir erhalten also für den Winkel φ

$$\varphi = \arctan\left(\frac{1}{1}\right) = \frac{\pi}{4}.$$

Die Polarform ist somit $z = \sqrt{2}e^{i\frac{\pi}{4}}$.

Beispiel Berechne die Polarform der Zahl $z = -1 - \sqrt{3}i$.

Lösung *Wir berechnen zunächst den Radius r:*

$$r = |z| = \sqrt{(-1)^2 + (-\sqrt{3})^2} = \sqrt{4} = 2.$$

Die Zahl befindet sich im dritten Quadranten. Wir erhalten also für den Winkel φ:

$$\varphi = \arctan\left(\frac{-\sqrt{3}}{-1}\right) - \pi = \frac{\pi}{3} - \pi = -\frac{2\pi}{3}.$$

Die Polarform ist somit $z = 2e^{-i\frac{2\pi}{3}}$.

Beispiel Berechne die Polarform der Zahl $z = -\sqrt{3} + i$.

Lösung *Wir berechnen zunächst den Radius r:*

$$r = |z| = \sqrt{(-\sqrt{3})^2 + 1^2} = \sqrt{4} = 2.$$

Die Zahl befindet sich im zweiten Quadranten. Wir erhalten also für den Winkel φ:

$$\varphi = \arctan\left(\frac{1}{-\sqrt{3}}\right) + \pi = \frac{5\pi}{6}.$$

Die Polarform ist somit $z = 2e^{i\frac{5\pi}{6}}$.

Beispiel Berechne die Polarform von $z = \frac{1+i}{i}$.

Lösung *Wir formen zunächst um, sodass wir die Normalform erhalten:*

$$z = \frac{1+i}{i} = \frac{(1+i)(-i)}{1^2} = 1 - i.$$

Weiter berechnen wir den Radius r:

$$r = |z| = \sqrt{1^2 + (-1)^2} = \sqrt{2}.$$

Die Zahl befindet sich im vierten Quadranten. Wir erhalten also für den Winkel φ

$$\varphi = \arctan\left(\frac{-1}{1}\right) = -\frac{\pi}{4}.$$

Die Polarform ist somit $z = \sqrt{2}e^{i\cdot(-\frac{\pi}{4})}$.

4.4.3 Umformung Polarform → Normalform

Die Umrechnung von Polarform zur Normalform erfolgt durch das Anwenden der Euler'schen Formel. Sei also $z = e^{i\varphi}$ die Polarform der komplexen Zahl. Dann gilt

$$z = r\cos(\varphi) + i \cdot r\sin(\varphi).$$

Beispiel Berechne die Normalform der Zahl $z = 2e^{i\frac{\pi}{2}}$.

Lösung *Wir setzen in die Formel ein und erhalten mit $r = 2$ und $\varphi = \frac{\pi}{2}$:*

$$z = 2\cos\left(\frac{\pi}{2}\right) + i \cdot 2\sin\left(\frac{\pi}{2}\right) = 2i.$$

4.4.4 Rechenregeln

Seien $z_1 = r_1 e^{i\varphi_1}$ und $z_2 = r_2 e^{i\varphi_2}$. Wie ändern sich der Radius und der Winkel, wenn wir die beiden komplexen Zahlen multiplizieren? Es gilt

$$z_1 \cdot z_2 = r_1 e^{i\varphi_1} \cdot r_2 e^{i\varphi_2} = r_1 r_2 e^{i(\varphi_1 + \varphi_2)}.$$

Die Radien werden also multipliziert ($r = r_1 r_2$) und die Winkel addiert ($\varphi = \varphi_1 + \varphi_2$). Somit gilt auch $\arg(z_1 \cdot z_2) = \arg(z_1) + \arg(z_2)$. Weiter gilt

$$\frac{z_1}{z_2} = \frac{r_1}{r_2} \cdot e^{i(\varphi_1 - \varphi_2)}.$$

Bei der Division teilt man also die Radien ($r = \frac{r_1}{r_2}$) und man nimmt die Differenz der Winkel ($\varphi = \varphi_1 - \varphi_2$). Ein großer Vorteil der Polarform ist das Potenzieren der komplexen Zahl. Während man bei der Normalform $z^n = (x + iy)^n$ ausrechnen müsste, geht das mit der Polarform deutlich einfacher. Denn es gilt

$$z^n = (re^{i\varphi})^n = r^n e^{i\varphi \cdot n}.$$

Der Radius wird also zu $r_{neu} = r^n$ und der Winkel zu $\varphi_{neu} = n\varphi$. Zu guter Letzt gilt wegen der Spiegelung an der reellen Achse

$$\bar{z} = \overline{re^{i\varphi}} = re^{i(-\varphi)}.$$

Somit ändert sich der Radius beim komplex Konjugierten nicht. Nur der Winkel ändert das Vorzeichen.

Beispiel Bestimme $\arg(2 - 2i)$.

Lösung *Wir wollen den Winkel φ von $z = 2 - 2i$ bestimmen. Da $2 - 2i$ im vierten Quadranten liegt, gilt*

$$\varphi = \arctan\left(\frac{-2}{2}\right) = -\frac{\pi}{4}.$$

Beispiel Bestimme $\arg(2i \cdot (2 - 2i))$.

Lösung *Wir wenden die Regel $\arg(z_1 \cdot z_2) = \arg(z_1) + \arg(z_2)$ an und erhalten aus dem vorherigen Beispiel*

$$\arg(2i \cdot (2 - 2i)) = \arg(2i) + \arg(2 - 2i) = \frac{\pi}{2} - \frac{\pi}{4} = \frac{\pi}{4}.$$

Beispiel Bestimme $(1 + i)^6$ in Normalform.

Lösung *Für Potenzen $n > 2$ benutzen wir lieber die Polarform und erhalten hier $1 + i = \sqrt{2}e^{i\frac{\pi}{4}}$. Damit gilt*

$$(1 + i)^6 = (\sqrt{2}e^{i\frac{\pi}{4}})^6 = 8e^{i\frac{3\pi}{2}}.$$

Nun formen wir die erhaltene komplexe Zahl wieder in die Normalform um und erhalten

$$8e^{i\frac{3\pi}{2}} = 8\left(\cos\left(\frac{3\pi}{2}\right) + i\sin\left(\frac{3\pi}{2}\right)\right) = -8i.$$

Beispiel Bestimme $(2 + 2i)^3(1 - i)$ in Normalform.

Lösung *Wir erhalten hier* $2 + 2i = \sqrt{8}e^{i\frac{\pi}{4}}$. *Damit gilt*

$$(2+i)^3 = (\sqrt{8}e^{i\frac{\pi}{4}})^3 = 16\sqrt{2}e^{i\frac{3\pi}{4}}.$$

Nun formen wir die erhaltene komplexe Zahl wieder in die Normalform um und erhalten

$$16\sqrt{2}e^{i\frac{3\pi}{4}} = -16(1-i).$$

Somit gilt

$$(2+2i)^3(1-i) = -16(1-i)^2 = -16 \cdot (-2i) = 32i. \tag{4.1}$$

Beispiel Mit welcher komplexen Zahl z muss eine beliebige komplexe Zahl w multipliziert werden, damit w um $\frac{\pi}{4}$ in die positiv mathematische Richtung gedreht und die Länge um den Faktor 2 gestreckt wird?

Lösung *Sei* $w = re^{i\varphi}$. *Dann muss* $w \cdot z = 2re^{i(\varphi+\frac{\pi}{4})}$ *gelten. Weiter gilt*

$$w \cdot z = 2re^{i(\varphi+\frac{\pi}{4})} = re^{i\varphi} \cdot 2e^{i\frac{\pi}{4}} = w \cdot 2e^{i\frac{\pi}{4}}.$$

Somit gilt $z = 2e^{i\frac{\pi}{4}}$.

4.4.5 Eindeutigkeit der Polarform

Ein Problem, welches wir noch nicht thematisiert haben, ist das Problem der Eindeutigkeit der Polarform. Diese ist nämlich keineswegs eindeutig (solange man nicht den Wertebereich von φ definiert). Schauen wir uns nochmals den Einheitskreis und den Punkt $z = e^{i\frac{\pi}{4}}$ an.

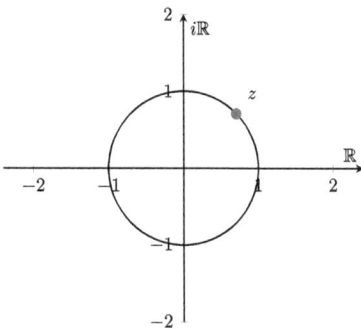

Was geschieht nun, wenn wir zum Winkel 2π hinzuzählen? 2π ist bekanntlich eine ganze Kreisumdrehung, somit würden wir wieder genau am gleichen Ort ankommen. Es gilt also $z = e^{i\frac{\pi}{4}} = e^{i(\frac{\pi}{4}+2\pi)}$. Wir können aber nicht nur eine Kreisumdrehung machen, sondern beliebig viele (auch im Gegenuhrzeigersinn, also mathematisch negative Kreisumdrehungen). Wir erhalten

$$z = re^{i\varphi} = re^{i(\varphi+2\pi\cdot k)} \text{ (wobei } k \in \mathbb{Z}).$$

Die Polarform ist also alles andere als eindeutig. Dies ist essenziell für die Betrachtung der Wurzel einer komplexen Zahl.

4.4.6   Wurzel

Sei $z = 3e^{i\frac{\pi}{4}}$ eine komplexe Zahl. Wir möchten nun die dritte Wurzel dieser Zahl ziehen. Dazu potenzieren wir die komplexe Zahl mit $\frac{1}{3}$ und erhalten

$$\sqrt[3]{z} = z^{\frac{1}{3}} = (3e^{i\frac{\pi}{4}})^{\frac{1}{3}} = \sqrt[3]{3}e^{i\frac{\pi}{12}}.$$

Somit ist das eine Lösung von $\sqrt[3]{z}$. Wir können das auch schnell überprüfen, wenn wir das Ganze wieder hoch 3 rechnen. Das Problem ist aber, dass dies nur eine mögliche Lösung ist. Denn die Zahl $z = 3e^{i\frac{\pi}{4}}$ kann auch als $z = 3e^{i(\frac{\pi}{4}+2\pi\cdot k)}$ geschrieben werden. Führen wir nun die Rechnung von weiter oben wieder aus, erhalten wir:

$$\sqrt[3]{z} = z^{\frac{1}{3}} = \left(3e^{i(\frac{\pi}{4}+2\pi\cdot k)}\right)^{\frac{1}{3}} = \sqrt[3]{3}e^{i\left(\frac{\pi}{12}+\frac{2\pi\cdot k}{3}\right)}.$$

Damit finden wir folgende drei Lösungen:

$$z_1 = \sqrt[3]{3}e^{i\frac{\pi}{12}} \qquad\qquad (k = 0)$$
$$z_2 = \sqrt[3]{3}e^{i\frac{9\pi}{12}} \qquad\qquad (k = 1)$$
$$z_3 = \sqrt[3]{3}e^{i\frac{17\pi}{12}} \qquad\qquad (k = 2)$$

Für $k = 3$ erhält man wieder z_1. Die drei Lösungen bilden in der komplexen Zahlenebene ein gleichseitiges Dreieck:

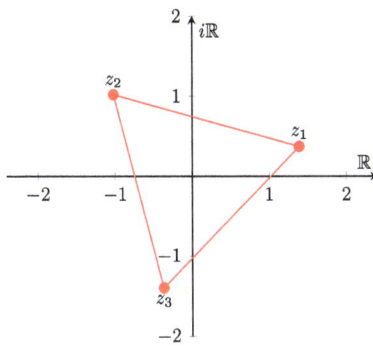

Im allgemeinen Fall gilt für die n-te Wurzel einer komplexen Zahl

$$\sqrt[n]{z} = \sqrt[n]{r}e^{i(\frac{\varphi}{n} + \frac{2\pi}{n}k)} \text{ mit } k \in \{0, 1, \ldots, n - 1\}.$$

Die Lösungen bilden ein regelmäßiges n-Eck in der komplexen Zahlenebene.

Beispiel Bestimme alle Lösungen der Gleichung $z^3 = i$.

Lösung *Aus der Gleichung muss $z = \sqrt[3]{i}$ gelten. Es gibt also drei Lösungen dieser Gleichung. In Polarform gilt $i = e^{i(\frac{\pi}{2} + 2\pi k)}$. Somit gilt $z = e^{i(\frac{\pi}{6} + \frac{2\pi}{3}k)}$. Wir finden für $k \in \{0, 1, 2\}$ folgende Lösungen:*

$$z_1 = e^{i\frac{\pi}{6}} \qquad\qquad (k = 0)$$

$$z_2 = e^{i\frac{5\pi}{6}} \qquad\qquad (k = 1)$$

$$z_3 = e^{i\frac{9\pi}{6}} \qquad\qquad (k = 2)$$

Beispiel Bestimme alle Lösungen der Gleichung $z^2 = i$.

Lösung *Aus der Gleichung muss $z = \sqrt{i}$ gelten. Es gibt also zwei Lösungen dieser Gleichung. In Polarform gilt $i = e^{i(\frac{\pi}{2} + 2\pi k)}$. Somit gilt $z = e^{i(\frac{\pi}{4} + \pi k)}$. Wir finden für $k \in \{0, 1\}$ dann folgende Lösungen:*

$$z_1 = e^{i\frac{\pi}{4}} \qquad\qquad (k = 0)$$

$$z_2 = e^{i\frac{5\pi}{4}} \qquad\qquad (k = 1)$$

4.5   Fundamentalsatz der Algebra

Wir wissen, dass Gleichungen in vielen Fällen mehr als nur eine Lösung haben können. Beispielsweise hat die Gleichung $x^2 - 1 = 0$ zwei reelle Lösungen: $x_1 = 1$ und $x_2 = -1$. Die Gleichung $x^3 - 1 = 0$ hat eine reelle Lösung: $x = 1$. Wir wissen aber nun aus dem Abschnitt davor, dass die n-te Wurzel einer Zahl genau n komplexe Lösungen hat. Somit hat $x^3 - 1 = 0$ genau drei komplexe Lösungen. Die Frage ist nun, wie viele Lösungen die Gleichung $x^5 - x^3 + 2x + 1 = 0$ hat. 1799 formulierte Carl Friedrich Gauß einen Satz, der genau diese Frage beantwortet: den Fundamentalsatz der Algebra.

Satz Jedes Polynom vom Grad n

$$p(z) = a_n z^n + a_{n-1} z^{n-1} + \cdots + a_1 z + a_0, \text{ mit } a_k \in \mathbb{C}$$

hat genau n komplexe Nullstellen.

$x^5 - x^3 + 2x + 1 = 0$ hat also genau fünf Nullstellen. Dabei sind jedoch einige Dinge zu beachten. Das Polynom zerfällt in n Faktoren $p(z) = (z - z_1)(z - z_2) \cdots (z - z_n)$, wobei z_k die Nullstellen sind. Hierbei kann auch ein z_k mehr als nur einmal vorkommen. Diese Nullstelle besitzt dann eine „Vielfachheit" größer als 1. Die Nullstellen im Fundamentalsatz der Algebra werden also mit Vielfachheit gezählt.

Beispiel Wie viele Nullstellen besitzt die Funktion $f(z) = \frac{2z^4 + z}{z} (z \neq 0)$?

Lösung *Es gilt $f(z) = \frac{2z^4 + z}{z} = 2z^3 + 1$ und somit hat $f(z)$ genau drei Nullstellen nach dem Fundamentalsatz der Algebra.*

Beispiel Bestimme die Linearfaktorzerlegung von $z^2 + 1$.

Lösung *Da $z^2 + 1$ ein Polynom zweiten Grades ist, hat es auch zwei Nullstellen, für die $z^2 + 1 = 0$ gilt. Wir formen um und erhalten $z^2 = -1$. Somit sind die zweiten Wurzeln von -1 gesucht. Wir wissen, dass i sicherlich eine Nullstelle ist. Also gilt $z^2 + 1 = (z - i)(z - z_2)$ und wir finden $z_2 = -i$.*

Tatsächlich lässt sich das letzte Beispiel auch einfacher mit folgendem Satz lösen:

Satz Sind alle a_k im Polynom reell, also $a_k \in \mathbb{R}$, dann gilt: Falls z_0 eine Nullstelle $p(z_0) = 0$ ist, so ist auch $\bar{z}_0$ eine Nullstelle $p(\bar{z}_0) = 0$.

Im Beispiel vorhin hatten wir die zwei Koeffizienten $a_0 = 1$, $a_2 = 1$. Beide Koeffizienten sind reell. Daher konnten wir aus der ersten Nullstelle $z_1 = i$ direkt folgern, dass $\bar{z}_1 = -i$ ebenfalls eine Nullstelle ist.

Lineare Algebra

5

> *„It would be better for the true physics if there were no mathematicians on earth."*

Daniel Bernoulli

Wir wissen schon aus dem Gymnasium, wie man Gleichungssysteme lösen kann. Ab drei Gleichungen mit drei Unbekannten wird das Lösen aber schon etwas schwieriger. In diesem Kapitel wollen wir daher zeigen, wie wir einfacher Gleichungssysteme höherer Dimension lösen können. Dafür benötigen wir sogenannte Matrizen.

5.1 Matrizenrechnung

Eine Matrix ist eine Sammlung an Vektoren. Wir schreiben diese Vektoren in Spalten oder Zeilen und erhalten eine Tabelle, die wir Matrix nennen. Diese sieht dann beispielsweise wie folgt aus:

$$A = \begin{pmatrix} 2 & 1 & 5 \\ 7 & 2 & 0 \\ 0 & 9 & 0 \end{pmatrix}.$$

Wir sehen, dass diese Matrix genau aus drei Vektoren besteht, die jeweils Elemente von $\mathbb{R}^3$ sind (also dreidimensionale Vektoren sind). Wir nennen die Vektoren, welche in den Spalten stehen, die Spaltenvektoren. Wenn wir aber die horizontalen Vektoren betrachten, nennen wir diese Zeilenvektoren. Wie rechnen wir mit Matrizen? Wollen wir beispielsweise zwei Matrizen addieren, addieren wir einfach die Einträge, die an der gleichen Stelle stehen:

$$\begin{pmatrix} -1 & 1 & 5 \\ 7 & 2 & 0 \\ 0 & 9 & 0 \end{pmatrix} + \begin{pmatrix} 1 & 0 & 3 \\ 2 & 0 & 0 \\ 1 & 1 & 8 \end{pmatrix} = \begin{pmatrix} -1+1 & 1+0 & 5+3 \\ 7+2 & 2+0 & 0+0 \\ 0+1 & 9+1 & 0+8 \end{pmatrix} = \begin{pmatrix} 0 & 1 & 8 \\ 9 & 2 & 0 \\ 1 & 10 & 8 \end{pmatrix}.$$

Genau gleich funktioniert auch das Subtrahieren. Es sei hier zu bemerken, dass wir nur Matrizen mit Matrizen gleicher Dimension addieren können. In unserem Beispiel vorher also mit 3×3 -Matrizen. Weiter können wir auch eine Matrix mit einem sogenannten Skalar $\lambda \in \mathbb{C}$ multiplizieren. Ein Skalar ist eine reelle oder komplexe Zahl, im Folgenden $\lambda = 2$. Dabei multiplizieren wir jeden Eintrag mit diesem Skalar:

$$\lambda \cdot A = 2 \cdot \begin{pmatrix} 2 & 1 & 5 \\ 7 & 2 & 0 \\ 0 & 9 & 0 \end{pmatrix} = \begin{pmatrix} 2 \cdot 2 & 2 \cdot 1 & 2 \cdot 5 \\ 2 \cdot 7 & 2 \cdot 2 & 2 \cdot 0 \\ 2 \cdot 0 & 2 \cdot 9 & 2 \cdot 0 \end{pmatrix} = \begin{pmatrix} 4 & 2 & 10 \\ 14 & 4 & 0 \\ 0 & 18 & 0 \end{pmatrix}.$$

5.1.1 Matrix-Vektor-Multiplikation

Eine Matrix kann auch mit einem Vektor multipliziert werden. Hierbei multipliziert man (im Sinne des Skalarprodukts) jeden Zeilenvektor mit dem gegebenen Vektor und packt die Ergebnisse in einen neuen Vektor. Das Resultat ist dann ein Vektor. Um das Ganze besser zu verstehen, folgt ein Rezept zur Matrix-Vektor-Multiplikation:

Rezept (Produkt einer Matrix A mit einem Vektor x berechnen)

1. Überprüfe, ob die Matrix gleich viele Spalten hat, wie der Vektor Zeilen. Falls nicht, so existiert das Produkt nicht.
2. Stell dir vor, die erste Zeile der Matrix ist ein Vektor A_1. Nun rechnest du das Skalarprodukt des ersten Zeilenvektors und des gegebenen Vektors x aus und packst dies als erstes Element in einen Vektor. Ein Beispiel:

$$A \cdot x = \begin{pmatrix} 3 & 2 & 1 \\ 1 & 0 & 2 \\ 0 & 1 & 3 \end{pmatrix} \cdot \begin{pmatrix} 1 \\ 0 \\ 2 \end{pmatrix} = \begin{pmatrix} 3 \cdot 1 + 2 \cdot 0 + 1 \cdot 2 \\ * \\ * \end{pmatrix} = \begin{pmatrix} 5 \\ * \\ * \end{pmatrix}.$$

Die Sternchen stehen für noch nicht ausgerechnete Einträge.
3. Nun wiederholst du den zweiten Punkt, indem du die zweite Zeile der Matrix wählst. Das Skalarprodukt wird dann in die zweite Zeile von unserem Vektor

eingetragen:

$$A \cdot x = \begin{pmatrix} 3 & 2 & 1 \\ 1 & 0 & 2 \\ 0 & 1 & 3 \end{pmatrix} \cdot \begin{pmatrix} 1 \\ 0 \\ 2 \end{pmatrix} = \begin{pmatrix} 5 \\ 1 \cdot 1 + 0 \cdot 0 + 2 \cdot 2 \\ * \end{pmatrix} = \begin{pmatrix} 5 \\ 5 \\ * \end{pmatrix}.$$

4. Der zweite (bzw. dritte) Schritt wird so lange wiederholt, bis man alle Zeilen der Matrix einmal mit dem Vektor x multipliziert hat:

$$A \cdot x = \begin{pmatrix} 3 & 2 & 1 \\ 1 & 0 & 2 \\ \mathbf{0} & \mathbf{1} & \mathbf{3} \end{pmatrix} \cdot \begin{pmatrix} 1 \\ 0 \\ 2 \end{pmatrix} = \begin{pmatrix} 5 \\ 5 \\ 0 \cdot 1 + 1 \cdot 0 + 3 \cdot 2 \end{pmatrix} = \begin{pmatrix} 5 \\ 5 \\ 6 \end{pmatrix} =: y.$$

5. Das Resultat ist das Produkt der Matrix A mit dem gegebenen Vektor x, also

$$A \cdot x = y$$

Damit das Rezept noch etwas klarer wird, wollen wir noch ein Beispiel mit einer 2×2 Matrix machen.

Beispiel Berechne

$$A \cdot x = \begin{pmatrix} 2 & 1 \\ 3 & 4 \end{pmatrix} \cdot \begin{pmatrix} 5 \\ 1 \end{pmatrix}.$$

Lösung *Wir gehen gleich vor wie im Rezept:*

1. *Die Matrix hat zwei Spalten und der Vektor zwei Zeilen. Das Produkt existiert also.*
2. *Wir berechnen das Skalarprodukt der ersten Zeile der Matrix mit dem gegebenen Vektor:*

$$A \cdot x = \begin{pmatrix} \mathbf{2} & \mathbf{1} \\ 3 & 4 \end{pmatrix} \cdot \begin{pmatrix} 5 \\ 1 \end{pmatrix} = \begin{pmatrix} \mathbf{2} \cdot \mathbf{5} + \mathbf{1} \cdot \mathbf{1} \\ * \end{pmatrix} = \begin{pmatrix} 11 \\ * \end{pmatrix}.$$

3. *Nun wiederholen wir den Vorgang mit der zweiten Zeile der Matrix:*

$$A \cdot x = \begin{pmatrix} 2 & 1 \\ 3 & 4 \end{pmatrix} \cdot \begin{pmatrix} 5 \\ 1 \end{pmatrix} = \begin{pmatrix} 11 \\ 3 \cdot 5 + 4 \cdot 1 \end{pmatrix} = \begin{pmatrix} 11 \\ 19 \end{pmatrix}.$$

4. *Wir erhalten also*

$$A \cdot x = \begin{pmatrix} 2 & 1 \\ 3 & 4 \end{pmatrix} \cdot \begin{pmatrix} 5 \\ 1 \end{pmatrix} = \begin{pmatrix} 11 \\ 19 \end{pmatrix}.$$

5.1.2 Matrix-Matrix-Multiplikation

Wir haben in den vorherigen Abschnitten gelernt, wie wir eine Matrix mit einem Skalar und einem Vektor multiplizieren. Es gibt nun eine weitere Multiplikation, welche als Erweiterung der Matrix-Vektor-Multiplikation gesehen werden kann. Wenn wir zwei Matrizen multiplizieren, erhalten wir wieder eine Matrix. Die resultierende Matrix entspricht genau der Sammlung der Resultate der Matrix-Vektor-Multiplikationen der ersten Matrix mit den einzelnen Spalten der zweiten Matrix. Wir versuchen dies wieder anhand eines Rezepts und des darauffolgenden Beispiels zu verstehen.

Rezept (Matrix-Matrix-Multiplikation von A und B. Wir suchen $C = A \cdot B$.)

1. Überprüfe, ob die Anzahl der Spalten der Matrix A der Anzahl der Zeilen der Matrix B entspricht. Falls nicht, existiert die Matrix-Matrix-Multiplikation nicht.
2. Wähle zunächst den ersten Spaltenvektor von B. Wir nennen diesen B_1. Wir können jetzt nach dem Rezept vom letzten Abschnitt (Matrix-Vektor-Multiplikation) vorgehen und erhalten die erste Spalte der resultierenden Matrix.

$$A \cdot B = \begin{pmatrix} 3 & 2 & 1 \\ 1 & 0 & 2 \\ 0 & 1 & 3 \end{pmatrix} \cdot \begin{pmatrix} 1 & 2 & 4 \\ 0 & 1 & 0 \\ 2 & 0 & 1 \end{pmatrix} = \begin{pmatrix} 3 \cdot 1 + 2 \cdot 0 + 1 \cdot 2 & & \\ 1 \cdot 1 + 0 \cdot 0 + 2 \cdot 2 & * & * \\ 0 \cdot 1 + 1 \cdot 0 + 3 \cdot 2 & & \end{pmatrix} = \begin{pmatrix} 5 & & \\ 5 & * & * \\ 6 & & \end{pmatrix}.$$

3. Nun wählt man die zweite Spalte der zweiten Matrix und erhält mit der Matrix-Vektor-Multiplikation auch die zweite Spalte der resultierenden Matrix.

$$A \cdot B = \begin{pmatrix} 3 & 2 & 1 \\ 1 & 0 & 2 \\ 0 & 1 & 3 \end{pmatrix} \cdot \begin{pmatrix} 1 & 2 & 4 \\ 0 & 1 & 0 \\ 2 & 0 & 1 \end{pmatrix} = \begin{pmatrix} 5 & 3 \cdot 2 + 2 \cdot 1 + 1 \cdot 0 & \\ 5 & 1 \cdot 2 + 0 \cdot 1 + 2 \cdot 0 & * \\ 6 & 0 \cdot 2 + 1 \cdot 1 + 3 \cdot 0 & \end{pmatrix} = \begin{pmatrix} 5 & 8 & \\ 5 & 2 & * \\ 6 & 1 & \end{pmatrix}.$$

4. Wir gehen nun Spalte für Spalte durch und führen die Matrix-Vektor-Multiplikation aus:

$$A \cdot B = \begin{pmatrix} 3 & 2 & 1 \\ 1 & 0 & 2 \\ 0 & 1 & 3 \end{pmatrix} \cdot \begin{pmatrix} 1 & 2 & 4 \\ 0 & 1 & 0 \\ 2 & 0 & 1 \end{pmatrix} = \begin{pmatrix} 5 & 8 & 3 \cdot 4 + 2 \cdot 0 + 1 \cdot 1 \\ 5 & 2 & 1 \cdot 4 + 0 \cdot 0 + 2 \cdot 1 \\ 6 & 1 & 0 \cdot 4 + 1 \cdot 0 + 3 \cdot 1 \end{pmatrix} = \begin{pmatrix} 5 & 8 & 13 \\ 5 & 2 & 6 \\ 6 & 1 & 3 \end{pmatrix}.$$

5. Die resultierende Matrix ist $C = A \cdot B$.

Wie im Abschnitt zuvor machen wir noch ein Beispiel mit einer 2×2 Matrix.

Beispiel Berechne

$$A \cdot B = \begin{pmatrix} 2 & 1 \\ 3 & 4 \end{pmatrix} \cdot \begin{pmatrix} 5 & 1 \\ 1 & 0 \end{pmatrix}.$$

Lösung *Wir gehen nach dem Rezept vor.*

1. *A hat zwei Spalten und B hat zwei Zeilen. Die Matrix-Matrix-Multiplikation existiert also.*
2. *Wir führen die Matrix-Vektor-Multiplikation für die erste Spalte von B aus:*

$$A \cdot B = \begin{pmatrix} 2 & 1 \\ 3 & 4 \end{pmatrix} \cdot \begin{pmatrix} 5 & 1 \\ 1 & 0 \end{pmatrix} = \begin{pmatrix} 2 \cdot 5 + 1 \cdot 1 & * \\ 3 \cdot 5 + 4 \cdot 1 & * \end{pmatrix} = \begin{pmatrix} 11 & * \\ 19 & * \end{pmatrix}.$$

3. *Nun berechnen wir das Matrix-Vektor-Produkt für die zweite Spalte der Matrix B:*

$$A \cdot B = \begin{pmatrix} 2 & 1 \\ 3 & 4 \end{pmatrix} \cdot \begin{pmatrix} 5 & 1 \\ 1 & 0 \end{pmatrix} = \begin{pmatrix} 19 & 2 \cdot 1 + 1 \cdot 0 \\ 11 & 3 \cdot 1 + 4 \cdot 0 \end{pmatrix} = \begin{pmatrix} 11 & 2 \\ 19 & 3 \end{pmatrix}.$$

4. *Wir erhalten also*

$$A \cdot B = \begin{pmatrix} 2 & 1 \\ 3 & 4 \end{pmatrix} \cdot \begin{pmatrix} 5 & 1 \\ 1 & 0 \end{pmatrix} = \begin{pmatrix} 11 & 2 \\ 19 & 3 \end{pmatrix}.$$

Beachte, dass die Reihenfolge bei der Matrixmultiplikation sehr wichtig ist. So ist in unserem Beispiel

$$A \cdot B = \begin{pmatrix} 11 & 2 \\ 19 & 3 \end{pmatrix} \neq \begin{pmatrix} 13 & 9 \\ 2 & 1 \end{pmatrix} = B \cdot A.$$

5.2   Arten von Matrizen

Bevor wir uns mit Determinanten und Lösungsverfahren von linearen Gleichungssystemen beschäftigen, möchten wir uns hier noch einige spezielle Matrizen anschauen.

5.2.1   Transponierte einer Matrix

Die Transponierte einer Matrix A ist die Spiegelung aller Elemente an der Hauptdiagonalen (Diagonale beginnend beim ersten Element oben links). Sei beispielsweise

$$A = \begin{pmatrix} 3 & 2 & 1 \\ 1 & 8 & 9 \\ 4 & 6 & 5 \end{pmatrix},$$

dann ist die Transponierte dieser Matrix

$$A^T = \begin{pmatrix} 3 & 1 & 4 \\ 2 & 8 & 6 \\ 1 & 9 & 5 \end{pmatrix}.$$

Es ist klar, dass $(A^T)^T$ wiederum A ist, da wir zweimal an der Hauptdiagonalen spiegeln. Ebenfalls bleibt die Hauptdiagonale beim Transponieren unverändert. Weitere Rechenregeln sind

1. $(A + B)^T = A^T + B^T$,
2. $(AB)^T = B^T A^T$,

wobei Letzteres spannend ist, da sich die Reihenfolge der zwei Matrizen ändert (im Allgemeinen gilt wie schon erwähnt **nicht** $AB = BA$).

Die Transponierte einer $n \times m$ Matrix ist eine $m \times n$ Matrix. Ein Beispiel ist

$$A = \begin{pmatrix} 1 & 2 & 3 \\ 4 & 5 & 6 \end{pmatrix}.$$

Dann gilt

$$A^T = \begin{pmatrix} 1 & 4 \\ 2 & 5 \\ 3 & 6 \end{pmatrix}.$$

Falls dies Schwierigkeiten bereiten sollte, kann man die Matrix mit lauter „Sternchen" zu einer quadratischen Matrix ergänzen und transponiert diese dann. Am Schluss denkt man sich dann die Sternchen wieder weg. In unserem Beispiel:

$$A = \begin{pmatrix} 1 & 2 & 3 \\ 4 & 5 & 6 \end{pmatrix} \implies A = \begin{pmatrix} 1 & 2 & 3 \\ 4 & 5 & 6 \\ * & * & * \end{pmatrix} \implies A^T = \begin{pmatrix} 1 & 4 & * \\ 2 & 5 & * \\ 3 & 6 & * \end{pmatrix} \implies A^T = \begin{pmatrix} 1 & 4 \\ 2 & 5 \\ 3 & 6 \end{pmatrix}.$$

5.2.2 Quadratische Matrix

Eine quadratische Matrix ist eine Matrix der Form $n \times n$. Wir haben also gleich viele Zeilen wie Spalten.

Diagonalmatrix
Eine quadratische Matrix heißt Diagonalmatrix, wenn alle Elemente außerhalb der Hauptdiagonalen 0 sind. Sie sind also von der Form

$$A = \begin{pmatrix} a_{11} & 0 & \ldots & 0 \\ 0 & a_{22} & \ddots & \vdots \\ \vdots & \ddots & \ddots & 0 \\ 0 & \ldots & 0 & a_{nn} \end{pmatrix}.$$

Dreiecksmatrix
Eine Dreiecksmatrix ist eine quadratische Matrix, bei der alle Elemente unterhalb oder oberhalb der Hauptdiagonalen 0 sind. Eine untere Dreiecksmatrix ist von der Form

$$A = \begin{pmatrix} a_{11} & 0 & \ldots & 0 \\ a_{21} & a_{22} & \ddots & \vdots \\ \vdots & \ddots & \ddots & 0 \\ a_{n1} & \ldots & a_{n,n-1} & a_{nn} \end{pmatrix}.$$

Eine obere Dreiecksmatrix wäre beispielsweise die Transponierte dieser Matrix. Wir werden später Matrizen in sogenannte „Zeilenstufenformen" bringen. Damit meinen

wir, dass wir eine Matrix mit verschiedenen Rechenoperationen zu einer Dreiecksmatrix umformen.

Symmetrische Matrix
Wir nennen eine quadratische Matrix A symmetrisch, falls

$$A^T = A$$

gilt. Sie ist also oberhalb der Hauptdiagonalen gleich wie unterhalb der Hauptdiagonalen (spiegelsymmetrisch).

Schiefsymmetrische Matrix
Eine schiefsymmetrische Matrix ist eine quadratische Matrix, welche

$$A^T = -A$$

erfüllt. Ein Beispiel wäre:

$$A = \begin{pmatrix} 0 & -3 & 2 \\ 3 & 0 & -1 \\ -2 & 1 & 0 \end{pmatrix}.$$

Die Transponierte dieser Matrix ist

$$A^T = \begin{pmatrix} 0 & 3 & -2 \\ -3 & 0 & 1 \\ 2 & -1 & 0 \end{pmatrix} = -A.$$

Man beachte, dass solche Matrizen nur Nullen auf der Hauptdiagonalen haben, da
diese unverändert bleibt beim Transponieren und somit $a_{ii} = -a_{ii} \implies a_{ii} = 0$
gelten muss.

5.3   Determinante

Die *Determinante* ist eine Eigenschaft einer quadratischen Matrix. Sie ist eine Funktion, die jeder Matrix eine Zahl zuordnet (im gleichen Stil, wie wir jeder Person ein
Alter zuordnen können). Wir werden innerhalb dieses Kapitels viele Beispiele sehen,
bei denen die Determinante nützlich ist (beispielsweise kann mithilfe der Determinante bestimmt werden, wann ein lineares Gleichungssystem eine Lösung hat). Um
aber diese Eigenschaften verstehen zu können, wollen wir schon jetzt einen kleinen
Einblick ins Rechnen mit Determinanten erhalten.

5.3.1 Eigenschaften

Die Definition einer Determinante ist mathematisch etwas komplex. Ohne die exakte Definition zu kennen, können wir aber einige Eigenschaften der Determinante auflisten:

1. Die Determinante einer Dreiecksmatrix ist das Produkt der Elemente auf der Hauptdiagonalen. Insbesondere gilt $\det(E) = 1$ für die Einheitsmatrix.
2. Transponieren verändert die Determinante nicht: $\det(A^T) = \det(A)$.
3. Multiplikationstheorem: $\det(AB) = \det(A)\det(B)$.

5.3.2 Determinante einer 2×2-Matrix

Die Determinante von 2×2-Matrizen können wir mit einer Formel berechnen. Für die Determinante einer 2×2-Matrix A gilt

Satz

$$A = \begin{pmatrix} a & b \\ c & d \end{pmatrix} \implies \det(A) = ad - bc.$$

Für die Matrix

$$A = \begin{pmatrix} 1 & 2 \\ 3 & 5 \end{pmatrix}$$

ist die Determinante gegeben durch

$$\det(A) = 1 \cdot 5 - 3 \cdot 2 = -1.$$

Beispiel Berechne die Determinante von

$$A = \begin{pmatrix} 7 & -2 \\ 3 & -5 \end{pmatrix}.$$

Lösung *Wir berechnen die Determinante mittels* $\det(A) = ad - bc$, *also:*

$$\det(A) = 7 \cdot (-5) - 3 \cdot (-2) = -29.$$

5.3.3   Determinante einer 3×3-Matrix

Die Regel von Sarrus ist eine Möglichkeit, die Determinante einer 3×3-Matrix schnell zu bestimmen (im nächsten Abschnitt werden wir eine weitere Methode kennenlernen, die sich auch sehr gut für 3×3-Matrizen eignet). Man schreibt bei der Regel von Sarrus zunächst die Matrix mit den ersten zwei Spaltenvektoren nochmals rechts daneben auf. Wir gehen nach folgendem Schema vor

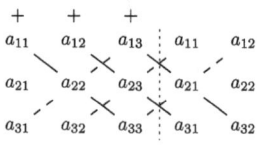

Man bildet Produkte von je 3 Zahlen, welche durch die schrägen Linien verbunden sind. Dann werden die von links oben nach rechts unten verlaufenden Produkte addiert und davon die von links unten nach rechts oben verlaufenden Produkte subtrahiert. Zusammen ergibt das die Determinante. Wir wollen dies am Beispiel von vorhin demonstrieren:

Beispiel Bestimme die Determinante von

$$\begin{pmatrix} 0 & 1 & 1 \\ 1 & 1 & 1 \\ 2 & -1 & 1 \end{pmatrix}.$$

Lösung *Wir verwenden die Regel von Sarrus. Dabei schreiben wir die Matrix mit den ersten zwei Spalten doppelt hin:*

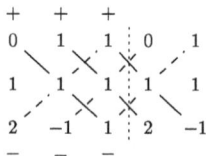

Nun bilden wir jeweils die Produkte und addieren zunächst die von links oben nach rechts unten verlaufenden Produkte, und dann subtrahieren wir die von links unten nach rechts oben verlaufenden Produkte:

$$\det(A) = \underbrace{0 \cdot 1 \cdot 1 + 1 \cdot 1 \cdot 2 + 1 \cdot 1 \cdot (-1)}_{\text{Diagonalen von links oben nach rechts unten}} - \underbrace{2 \cdot 1 \cdot 1 - (-1) \cdot 1 \cdot 0 - 1 \cdot 1 \cdot 1}_{\text{Diagonalen von links unten nach rechts oben}}.$$

Wir erhalten

$$\det(A) = 0 + 2 + (-1) - 2 - 0 - 1 = -2.$$

5.3.4   Determinante einer $n \times n$-Matrix

Man kann sich die Frage stellen, ob es eine Methode gibt, Determinanten von beliebig großen quadratischen Matrizen zu berechnen. Eine solche Methode ist der *Laplace'sche Entwicklungssatz.* Wir gehen hier nach folgendem Rezept vor und benutzen als Beispiel die Matrix

$$A = \begin{pmatrix} 1 & 2 & 3 \\ 2 & 0 & 1 \\ 4 & 2 & 4 \end{pmatrix}.$$

Rezept (Laplace'scher Entwicklungssatz)

1. Man wählt die Zeile oder Spalte mit den meisten Nullen aus und schreibt sie mit großen Abständen hin. In unserem Fall nehmen wir die zweite Zeile und schreiben:

$$\det(A) = 2 \qquad 0 \qquad 1$$

2. Jede Zahl wird mit der Determinante der Matrix multipliziert, die übrigbleibt, wenn wir uns die Zeile und Spalte, in der sich die Zahl befindet, wegdenken. Bei der 2, beispielsweise, bleibt die Matrix

$$\begin{pmatrix} 2 & 3 \\ 2 & 4 \end{pmatrix}$$

übrig, da wir uns die erste Spalte und die zweite Zeile wegdenken. Bei der 0 haben wir die Matrix

$$\begin{pmatrix} 1 & 3 \\ 4 & 4 \end{pmatrix}$$

und bei der 1 die Matrix

$$\begin{pmatrix} 1 & 2 \\ 4 & 2 \end{pmatrix}.$$

Die Determinanten werden jeweils rechts von der Zahl notiert:

$$\det(A) = 2 \cdot \det \begin{pmatrix} 2 & 3 \\ 2 & 4 \end{pmatrix} \quad 0 \cdot \det \begin{pmatrix} 1 & 3 \\ 4 & 4 \end{pmatrix} \quad 1 \cdot \det \begin{pmatrix} 1 & 2 \\ 4 & 2 \end{pmatrix}$$

$$= 2 \cdot 2 \qquad\qquad 0 \cdot (-8) \qquad\qquad 1 \cdot (-6).$$

3. Die Vorzeichen (ob der Term addiert oder subtrahiert wird) entnehmen wir dem Schachbrett-Muster

$$\begin{pmatrix} + & - & + \\ - & + & - \\ + & - & + \end{pmatrix}$$

und schreiben das Vorzeichen vor die Zahlen. Die Determinante ist die Lösung dieser Rechnung:

$$\det(A) = -2 \cdot 2 + 0 \cdot (-8) - 1 \cdot (-6) = 2.$$

Beispiel Berechne die Determinante von

$$A = \begin{pmatrix} 3 & 0 & 1 \\ 8 & 3 & 5 \\ 0 & 0 & 4 \end{pmatrix}.$$

Lösung *Wir könnten hier Sarrus verwenden, sehen aber, dass die dritte Zeile aus lauter Nullen und einer 4 besteht. Also entwickeln wir nach dieser Zeile und benutzen den Entwicklungssatz von Laplace. Wir haben dann nur einen Term, der ungleich 0 ist:*

$$\det(A) = +4 \cdot \det \begin{pmatrix} 3 & 0 \\ 8 & 3 \end{pmatrix} = +4 \cdot 9 = 36.$$

5.4   Inverse Matrizen

Im ersten Abschnitt dieses Kapitels haben wir gelernt, wie wir Matrizen addieren, subtrahieren und multiplizieren können. Es stellt sich noch die Frage, wie wir Matrizen dividieren können. Das geht mit Matrizen nicht ganz so leicht. Wenn wir eine „normale" Zahl mit einer anderen Zahl dividieren, dann schreiben wir

$$\frac{a}{b} = a \cdot b^{-1}.$$

Falls wir eine Zahl durch die gleiche Zahl dividieren, erhalten wir

$$\frac{a}{a} = a \cdot a^{-1} = 1.$$

Die Zahl a^{-1} nennen wir die *Inverse* der Zahl a. Nun wollen wir die Division zweier Matrizen $\frac{B}{A}$ verstehen. Da $\frac{B}{A} = B \cdot A^{-1}$ gilt, müssen wir A^{-1} geschickt definieren. Wir haben oben gesehen, dass für eine Zahl a, die Zahl a^{-1} genau die Eigenschaft $a \cdot a^{-1} = 1$ erfüllt. Also müssen wir eine Matrix finden, welche $A \cdot A^{-1} =$„1" erfüllt. Diese „1" ist nicht die Zahl 1, da wir ja mit $A \cdot A^{-1}$ eine Matrixmultiplikation durchführen. Das heißt, unsere 1 ist eine Matrix, genauer gesagt die Einheitsmatrix. Diese ist gegeben durch

$$E_n = \begin{pmatrix} 1 & 0 & \cdots & 0 \\ 0 & 1 & \cdots & 0 \\ \vdots & \vdots & \ddots & 0 \\ 0 & 0 & 0 & 1 \end{pmatrix},$$

wobei n in E_n für die Dimension der Matrix steht (also die Anzahl Zeilen). Im Falle von dreidimensionalen Matrizen gilt

$$E_3 = \begin{pmatrix} 1 & 0 & 0 \\ 0 & 1 & 0 \\ 0 & 0 & 1 \end{pmatrix}.$$

Wir definieren nun die inverse Matrix A^{-1} als eine Matrix, die folgende Gleichung erfüllt:

$$A \cdot A^{-1} = E_n = A^{-1}A.$$

Die Inverse einer Matrix existiert nur für quadratische $n \times n$-Matrizen. Inverse Matrizen auszurechnen, kann sehr aufwendig sein. Wir werden zunächst sehen, wie es für 2×2 Matrizen funktioniert.

5.4.1 Inverse einer 2 × 2-Matrix

Die inverse Matrix einer 2 × 2-Matrix ist gegeben durch die Formel

$$A = \begin{pmatrix} a & b \\ c & d \end{pmatrix} \implies A^{-1} = \frac{1}{\det(A)} \cdot \begin{pmatrix} d & -b \\ -c & a \end{pmatrix}.$$

Beachte hierbei die Reihenfolge und die Vorzeichen der Matrixelemente auf der rechten Seite!

Beispiel Berechne die Inverse der Matrix

$$A = \begin{pmatrix} 3 & 4 \\ 7 & 9 \end{pmatrix}.$$

Lösung *Wir berechnen zunächst die Determinante. Diese ist gegeben durch*

$$\det(A) = 3 \cdot 9 - 7 \cdot 4 = -1.$$

Es gilt die Formel

$$A^{-1} = \frac{1}{\det(A)} \cdot \begin{pmatrix} d & -b \\ -c & a \end{pmatrix} = \frac{1}{-1} \cdot \begin{pmatrix} 9 & -4 \\ -7 & 3 \end{pmatrix} = \begin{pmatrix} -9 & 4 \\ 7 & -3 \end{pmatrix}.$$

5.4.2 Existenz der inversen Matrix

Was geschieht nun, wenn die Determinante $\det(A) = 0$ ist. Dann würde im Falle der 2 × 2-Matrix keine inverse Matrix existieren. Wir können also die Determinante verwenden, um auszusagen, ob A eine inverse Matrix besitzt. Dies gilt für beliebige quadratische Matrizen. Wir fassen dies in einem Satz zusammen:

Satz Eine Matrix A ist genau dann invertierbar/regulär (besitzt also eine inverse Matrix), wenn $\det(A) \neq 0$.

Beispiel Überprüfe die Existenz der inversen Matrix von

$$A = \begin{pmatrix} 2 & 8 \\ 1 & 7 \end{pmatrix}.$$

Lösung *Wir berechnen die Determinante der Matrix A:*

$$\det(A) = 2 \cdot 7 - 1 \cdot 8 = 6 \neq 0.$$

Also existiert die Inverse dieser Matrix.

Beispiel Überprüfe die Existenz der inversen Matrix von

$$A = \begin{pmatrix} 8 & 12 \\ 2 & 3 \end{pmatrix}.$$

Lösung *Wir berechnen die Determinante der Matrix A:*

$$\det(A) = 8 \cdot 3 - 12 \cdot 2 = 0.$$

Die Determinante ist gleich 0 und somit existiert keine inverse Matrix.

Beispiel Überprüfe die Existenz der inversen Matrix von

$$A = \begin{pmatrix} 2 & 8 \\ 1 & 7 \end{pmatrix}.$$

Lösung *Wir berechnen die Determinante der Matrix A:*

$$\det(A) = 2 \cdot 7 - 1 \cdot 8 = 6 \neq 0.$$

Also existiert die Inverse dieser Matrix.

Beispiel Überprüfe die Existenz der inversen Matrix von

$$A = \begin{pmatrix} 1 & 0 & 0 \\ 0 & 5 & 10 \\ 2 & 1 & 2 \end{pmatrix}.$$

Lösung *Wir berechnen die Determinante der Matrix A mit dem Entwicklungssatz von Laplace und entwickeln die Matrix nach der ersten Zeile:*

$$\det(A) = +1 \cdot (5 \cdot 2 - 1 \cdot 10) = 0.$$

Die Determinante ist gleich 0 und somit existiert keine inverse Matrix.

5.4.3   Inverse einer $n \times n$-Matrix

Die Inverse einer beliebigen $n \times n$-Matrix kann mit dem Gauß-Jordan Verfahren berechnet werden (dieses lernen wir in einem späteren Abschnitt). Wir können aber schon jetzt eine geschickte Methode verwenden, um inverse Matrizen von 3×3 -Matrizen zu berechnen.

5.4.4   Shortcut für 3×3-Matrizen

Eine alternative Methode zur Berechnung der Inversen einer 3×3-Matrix bietet das folgende Rezept, wobei wir als Beispiel

$$A = \begin{pmatrix} 1 & 2 & 3 \\ 1 & 0 & 2 \\ 0 & 0 & 5 \end{pmatrix}$$

verwenden:

Rezept (Inverse einer 3×3-Matrix A berechnen)

1. Zuerst berechnen wir die Determinante von A. In unserem Beispiel (wir entwickeln nach der letzten Zeile):

$$\det(A) = 5 \cdot (1 \cdot 0 - 1 \cdot 2) = -10.$$

Dies wird unser Vorfaktor der Inversen:

$$A^{-1} = \frac{1}{\det(A)} \cdot \begin{pmatrix} & & \\ & & \\ & & \end{pmatrix}$$

2. Schreibe nun die Matrix wie bei Sarrus mit den zwei ersten Spalten wiederholt hin:

$$\begin{matrix} 1 & 2 & 3 & 1 & 2 \\ 1 & 0 & 2 & 1 & 0. \\ 0 & 0 & 5 & 0 & 0 \end{matrix}$$

Schreibe anschließend die ersten zwei Zeilen unten nochmals hin, also

$$\begin{matrix} 1 & 2 & 3 & 1 & 2 \\ 1 & 0 & 2 & 1 & 0 \\ 0 & 0 & 5 & 0 & 0. \\ 1 & 2 & 3 & 1 & 2 \\ 1 & 0 & 2 & 1 & 0 \end{matrix}$$

3. Streiche nun die erste Zeile und Spalte:

$$\begin{matrix} \cancel{1} & \cancel{2} & \cancel{3} & \cancel{1} & \cancel{2} \\ \cancel{1} & 0 & 2 & 1 & 0 \\ \cancel{0} & 0 & 5 & 0 & 0 \\ \cancel{1} & 2 & 3 & 1 & 2 \\ \cancel{1} & 0 & 2 & 1 & 0 \end{matrix}$$

4. Wir beginnen oben links: Die Determinante der ersten 2×2 Matrix bildet den ersten Eintrag unserer Inversen:

$$
\begin{array}{ccccc}
1 & 2 & 3 & 1 & 2 \\
1 & 0 & 2 & 1 & 0 \\
0 & 0 & 5 & 0 & 0 \\
1 & 2 & 3 & 1 & 2 \\
1 & 0 & 2 & 1 & 0
\end{array}
$$

$$
A^{-1} = \frac{1}{-10} \cdot \begin{pmatrix} \mathbf{0} & & \\ & & \\ & & \end{pmatrix}.
$$

Der nächste Eintrag in der Zeile ist gegeben durch die nächste Determinante der 2×2-Matrix eine Spalte tiefer:

$$
\begin{array}{ccccc}
1 & 2 & 3 & 1 & 2 \\
1 & 0 & 2 & 1 & 0 \\
0 & 0 & 5 & 0 & 0 \\
1 & 2 & 3 & 1 & 2 \\
1 & 0 & 2 & 1 & 0
\end{array}
$$

$$
A^{-1} = \frac{1}{-10} \cdot \begin{pmatrix} 0 & \mathbf{-10} & \\ & & \\ & & \end{pmatrix}.
$$

Wir bemerken also, dass wir mit den 2×2-Matrizen die Zeilen *nach unten* wandern, während wir die Einträge *nach rechts* einfüllen! Weiter geht es also mit

$$
\begin{array}{ccccc}
1 & 2 & 3 & 1 & 2 \\
1 & 0 & 2 & 1 & 0 \\
0 & 0 & 5 & 0 & 0 \\
1 & 2 & 3 & 1 & 2 \\
1 & 0 & 2 & 1 & 0
\end{array}
$$

$$
A^{-1} = \frac{1}{-10} \cdot \begin{pmatrix} 0 & -10 & \mathbf{4} \\ & & \\ & & \end{pmatrix}.
$$

Wir beginnen noch die zweite Zeile:

$$
\begin{array}{cccc}
\cancel{1} & \cancel{2} & \cancel{3} & \cancel{1} & \cancel{2} \\
1 & 0 & 2 & 1 & 0 \\
0 & 0 & 5 & 0 & 0 \\
1 & 2 & 3 & 1 & 2 \\
1 & 0 & 2 & 1 & 0
\end{array}
$$

$$
A^{-1} = \frac{1}{-10} \cdot \begin{pmatrix} 0 & -10 & 4 \\ -5 & & \\ & & \end{pmatrix} .
$$

Dies führen wir weiter, bis alle Determinanten berechnet worden sind und somit alle Felder ausgefüllt sind. Das Resultat ist dann

$$
A^{-1} = -\frac{1}{10} \begin{pmatrix} 0 & -10 & 4 \\ -5 & 5 & 1 \\ 0 & 0 & -2 \end{pmatrix} .
$$

5.4.5   Weitere Eigenschaften

Orthogonale Matrix

Eine sogenannte orthogonale Matrix hat die Eigenschaft

$$
A A^T = E
$$

oder auch

$$
A^{-1} = A^T .
$$

Ein Beispiel (verifiziere dies als Übung) ist

$$
R = \begin{pmatrix} \cos(\alpha) & -\sin(\alpha) \\ \sin(\alpha) & \cos(\alpha) \end{pmatrix} ,
$$

für einen beliebigen Winkel α[1].

---

[1]Dies ist die sogenannte Rotationsmatrix. Eine Matrix-Vektor-Multiplikation mit dieser Matrix rotiert den Vektor um den Winkel α in den Gegenuhrzeigersinn, also in die mathematisch positive Richtung

Determinante der Inversen

Die Determinante der Inversen A^{-1} ist der Kehrwert der Determinante von A, also

$$\det(A^{-1}) = \frac{1}{\det(A)}.$$

Wir können diese Eigenschaft mithilfe der anderen Eigenschaften der Determinante beweisen: Wie wir wissen, gilt $AA^{-1} = E$ und daher $\det(AA^{-1}) = \det(E) = 1$. Aus dem Multiplikationstheorem $\det(AB) = \det(A) \cdot \det(B)$ folgern wir dann

$$1 = \det(AA^{-1}) = \det(A)\det(A^{-1}) \implies \det(A^{-1}) = \frac{1}{\det(A)}.$$

5.5   Lineare Gleichungssysteme und Gauß

Wir können nun endlich lineare Gleichungssysteme einführen. Sei als erstes Beispiel folgendes Gleichungssystem gegeben:

$$2x_1 + 4x_2 = 2$$
$$x_1 + 5x_2 = 4.$$

Es gibt einige Möglichkeiten, dieses Gleichungssystem zu lösen. Wir wählen aber dieses einfache Beispiel, um die Matrixschreibweise von linearen Gleichungssystemen zu verstehen.

In der ersten Gleichung sind 2 und 4 Koeffizienten von x_1 respektive x_2. In der zweiten Gleichung sind es 1 und 5. Wir können diese Koeffizienten in eine Matrix schreiben. Dabei packen wir alle Koeffizienten einer Gleichung in eine Zeile, und die Koeffizienten einer bestimmten Variable in eine Spalte (die Koeffizienten von x_1 in unserem Beispiel packen wir in die erste Spalte, und die von x_2 in die zweite). Wir erhalten folgende Matrix:

$$A = \begin{pmatrix} 2 & 4 \\ 1 & 5 \end{pmatrix}.$$

Die Unbekannten schreiben wir in einen Vektor:

$$x = \begin{pmatrix} x_1 \\ x_2 \end{pmatrix}.$$

Wenn wir nun eine Matrix-Vektor-Multiplikation durchführen, so erhalten wir

$$A \cdot x = \begin{pmatrix} 2 & 4 \\ 1 & 5 \end{pmatrix} \cdot \begin{pmatrix} x_1 \\ x_2 \end{pmatrix} = \begin{pmatrix} 2 \cdot x_1 + 4 \cdot x_2 \\ 1 \cdot x_1 + 5 \cdot x_2 \end{pmatrix}.$$

Siehe da, wir erhalten genau die zwei Gleichungen von oben! Das Resultat ist der Vektor mit den Einträgen der rechten Seiten der Gleichungen. Also

$$A \cdot x = \begin{pmatrix} 2 & 4 \\ 1 & 5 \end{pmatrix} \cdot \begin{pmatrix} x_1 \\ x_2 \end{pmatrix} = \begin{pmatrix} 2 \\ 4 \end{pmatrix} =: c,$$

oder kurz

$$Ax = c.$$

Wollen wir nun die Lösungen dieser Gleichung finden, müssen wir nach x auflösen. In unserem Fall also beide Seiten durch A teilen. Mit dem Teilen durch A meinen wir aber, wie wir vorhin schon gesehen haben, beide Seiten mal A^{-1} multiplizieren. Dann erhalten wir

$$Ax = c$$
$$A^{-1}Ax = A^{-1}c$$
$$E_n \cdot x = A^{-1}c$$
$$x = A^{-1}c.$$

Wir wollen nun unser Gleichungssystem mit $x = A^{-1}c$ lösen. Dazu benötigen wir die inverse Matrix von A. Diese ist bekanntlich gegeben durch

$$A^{-1} = \begin{pmatrix} 2 & 4 \\ 1 & 5 \end{pmatrix}^{-1} = \frac{1}{6} \cdot \begin{pmatrix} 5 & -4 \\ -1 & 2 \end{pmatrix}.$$

Wir lassen das $\frac{1}{6}$ so stehen und multiplizieren es erst danach mit dem Vektor. Matrix-Vektor-Multiplikation ergibt

$$x = A^{-1} \cdot c = \frac{1}{6} \cdot \begin{pmatrix} 5 & -4 \\ -1 & 2 \end{pmatrix} \cdot \begin{pmatrix} 2 \\ 4 \end{pmatrix} = \frac{1}{6} \cdot \begin{pmatrix} -6 \\ 6 \end{pmatrix} = \begin{pmatrix} -1 \\ 1 \end{pmatrix}.$$

Unsere Lösung des Gleichungssystems ist somit $x_1 = -1$ und $x_2 = 1$. Eine Variante ist also, die inverse Matrix zu berechnen und dann mit Matrix-Vektor-Multiplikation das Gleichungssystem zu berechnen. Es stellt sich aber heraus, dass diese Methode ziemlich zeitaufwendig ist (vor allem für größere Matrizen, wie 4×4 Matrizen) und bei einer nicht-invertierbaren Matrix nicht funktioniert. Wir benötigen also einen besseren Lösungsansatz. Dazu betrachten wir das Gauß-Verfahren.

5.5.1 Gauß-Verfahren

Beim Gauß-Verfahren ist es nützlich, direkt ein Beispiel zu betrachten. Seien beispielsweise folgende drei Gleichungen gegeben:

$$\begin{aligned} x_1 + x_2 + x_3 &= 6 \\ x_2 + x_3 &= 5 \\ 2x_1 - x_2 + x_3 &= 3. \end{aligned}$$

Wir schreiben nun unsere Koeffizienten wie im letzten Abschnitt in eine Matrix und erhalten die Form $Ax = c$ mit

$$\begin{pmatrix} 1 & 1 & 1 \\ 0 & 1 & 1 \\ 2 & -1 & 1 \end{pmatrix} \cdot \begin{pmatrix} x_1 \\ x_2 \\ x_3 \end{pmatrix} = \begin{pmatrix} 6 \\ 5 \\ 3 \end{pmatrix}.$$

Im Gauß-Verfahren schreiben wir nun eine Matrix mit dem Vektor c als Spaltenvektor angehängt (und durch eine Linie von der Matrix getrennt) auf. Für diese „Matrix" schreiben wir $(A \mid c)$ und nennen sie die „erweiterte Koeffizientenmatrix". Es gilt

$$(A \mid c) = \begin{pmatrix} 1 & 1 & 1 & 6 \\ 0 & 1 & 1 & 5 \\ 2 & -1 & 1 & 3 \end{pmatrix}.$$

Wir haben also aus jeder Gleichung die Koeffizienten in eine Zeile gepackt:

$$\mathbf{1 \cdot x_1 + 1 \cdot x_2 + 1 \cdot x_3 = 6} \implies \begin{pmatrix} 1 & 1 & 1 & 6 \end{pmatrix}$$

$$\mathbf{0 \cdot x_1 + 1 \cdot x_2 + 1 \cdot x_3 = 5} \implies \begin{pmatrix} 0 & 1 & 1 & 5 \end{pmatrix}$$

$$\mathbf{2 \cdot x_1 + -1 \cdot x_2 + 1 \cdot x_3 = 3} \implies \begin{pmatrix} 2 & -1 & 1 & 3 \end{pmatrix}.$$

Nun beginnt das Gauß-Verfahren. Beim Gauß-Verfahren wollen wir mit bestimmten Operationen die zusammengesetzte Matrix (erweiterte Koeffizientenmatrix) in die Form

$$\begin{pmatrix} * & * & * & * \\ 0 & * & * & * \\ 0 & 0 & * & * \end{pmatrix}$$

bringen. Dabei stehen die Sternchen für beliebige Einträge (auch 0). Diese Form nennt sich die Zeilenstufenform (auch Trapezform genannt). Wie erreichen wir diese Form? Dazu dürfen wir folgende drei Operationen benutzen (elementare Umformungen):

1. Zeilen vertauschen.
2. Eine Zeile mit einem beliebigen Wert multiplizieren.
3. Ein Vielfaches einer Zeile zu einer anderen Zeile dazu addieren.

Bei allen drei Operationen ändern sich die Lösungen unseres Gleichungssystems nicht. Zeilen vertauschen ist offensichtlich in Ordnung, weil wir einfach die Reihenfolge der Gleichungen vertauschen. Eine Zeile mit einem beliebigen Wert zu multiplizieren ändert die Gleichung nicht, da wir auch die rechte Seite multiplizieren (in der ersten Gleichung multiplizieren wir beispielsweise auch die 6 mit diesem Skalar). Die dritte Operation ändert die Lösungen auch nicht, da wir die Gleichungen miteinander addieren können. Jetzt möchten wir diese Operationen anwenden, um die Zeilenstufenform zu erreichen. Dazu beginnen wir mit der zweiten Zeile. Wir müssen nun mit diesen drei elementaren Operationen erreichen, dass der erste Eintrag der zweiten Zeile 0 ergibt. In unserem Beispiel ist dies schon der Fall, also können wir mit der dritten Zeile fortfahren. Wir wollen den ersten Eintrag der dritten Zeile 0 setzen. Dazu können wir die dritte Operation anwenden, indem wir die letzte Zeile minus zweimal die erste Zeile rechnen (Zeilen benennen wir mit L_1, L_2 und L_3). Wir rechnen also $L_3 - 2L_2$:

$$\begin{pmatrix} 1 & 1 & 1 & \vline & 6 \\ 0 & 1 & 1 & \vline & 5 \\ 2 & -1 & 1 & \vline & 3 \end{pmatrix} \xrightarrow{L_3 - 2 \cdot L_1 \hookrightarrow L_3} \begin{pmatrix} 1 & 1 & 1 & \vline & 6 \\ 0 & 1 & 1 & \vline & 5 \\ 0 & -3 & -1 & \vline & -9 \end{pmatrix}.$$

Wir müssen nun noch die 0 im zweiten Eintrag von L_3 erreichen, dann erhalten wir die Zeilenstufenform. Wir benutzen wieder die dritte Operation, dürfen jetzt aber nur die zweite Zeile benutzen, um die 0 in der dritten Zeile zu erreichen. Denn wenn wir die erste Zeile verwenden, würden wir die erste 0 von L_3 wieder zerstören. Wir können die 0 im zweiten Eintrag von L_3 mit $L_3 + 3L_2$ erreichen. Dann erhalten wir

$$\begin{pmatrix} 1 & 1 & 1 & \vline & 6 \\ 0 & 1 & 1 & \vline & 5 \\ 0 & -3 & -1 & \vline & -9 \end{pmatrix} \xrightarrow{L_3 + 3 \cdot L_2 \hookrightarrow L_3} \begin{pmatrix} 1 & 1 & 1 & \vline & 6 \\ 0 & 1 & 1 & \vline & 5 \\ 0 & 0 & 2 & \vline & 6 \end{pmatrix}.$$

Super! Wir haben unsere Zeilenstufenform erhalten. Wie erhalten wir aber nun unsere Lösungen? Wir beginnen mit der letzten Zeile L_3 und formen diese in eine Gleichung um. In unserem Fall gilt für L_3

$$2x_3 = 6 \implies x_3 = 3.$$

Wegen der Zeilenstufenform haben wir in der letzten Zeile nur noch eine Unbekannte. Wir können also nach x_3 auflösen. Weiter geht's mit der zweiten Zeile L_2. Dort haben wir wegen der Zeilenstufenform nur noch zwei Unbekannte. Da aber $x_3 = 3$ schon bekannt ist, können wir nach x_2 auflösen. Es gilt aus L_2:

$$x_2 + x_3 = 5 \implies x_2 = 5 - x_3 = 5 - 3 = 2.$$

Wir haben zwei Variablen gefunden und können die erste Zeile benutzen, um die dritte, nämlich x_1, zu erhalten:

$$x_1 + x_2 + x_3 = 6 \implies x_1 = 6 - x_3 - x_2 = 6 - 3 - 2 = 1.$$

Das Gleichungssystem hat also die Lösung

$$x = \begin{pmatrix} 1 \\ 2 \\ 3 \end{pmatrix}.$$

Wir möchten das Gauß-Verfahren in einem Rezept zusammenfassen:

Rezept (Gauß-Verfahren)

1. Alle Gleichungen müssen zuerst als Matrix aufgeschrieben werden. Dazu werden alle Koeffizienten und die Lösungen (rechten Seiten) einer Gleichung in eine Zeile notiert. Wichtig dabei ist, dass die Gleichungen schon in der Form $ax_1 + bx_2 + cx_3 + \ldots = d$ sind:

$$a \cdot x_1 + b \cdot x_2 + c \cdot x_3 + \ldots = d \implies \left(\begin{array}{cccc} a & b & c & \ldots \end{array} \middle| d \right).$$

2. Anschließend muss die Matrix mit elementaren Zeilenoperationen in Zeilenstufenform gebracht werden. Dazu dürfen folgende drei Operationen verwendet werden:

   a. Zeilen vertauschen.
   b. Eine Zeile mit einem beliebigen Wert multiplizieren.
   c. Ein Vielfaches einer Zeile zu einer anderen Zeile dazu addieren.

   Um Nullen zu erreichen, kannst du dich durch die Spalten von links nach rechts arbeiten.
3. Haben wir die Zeilenstufenform erreicht, beginnen wir mit der letzten Zeile und formen diese wieder in eine Gleichung um. Es sollte nun nur noch eine Unbekannte vorkommen. Wir arbeiten uns dann Zeile für Zeile nach oben, in dem wir jeweils die Zeile in eine Gleichung umschreiben und dann die schon gefundenen Unbekannten einsetzen.

Dieses Rezept wollen wir nun anhand der folgenden Beispiele anwenden:

Beispiel Bestimme die Lösung des folgenden Gleichungssystems

$$x_1 = x_2 - 1$$
$$4x_2 = 3x_1 + 6$$

Lösung *Wir formen das Gleichungssystem zunächst um, sodass wir Gleichungen der Form* $ax_1 + bx_2 = c$ *erhalten, also*

$$x_1 - x_2 = -1$$
$$-3x_1 + 4x_2 = 6.$$

Wir folgen Schritt für Schritt dem Rezept:

1. *Die erweiterte Koeffizientenmatrix ist gegeben durch*

$$A = \begin{pmatrix} 1 & -1 & \bigm| & -1 \\ -3 & 4 & \bigm| & 6 \end{pmatrix}.$$

2. *Nun bringen wir die Matrix in Zeilenstufenform. Dabei muss der erste Eintrag in der zweiten Zeile 0 sein. Wir können einfach das Dreifache der ersten Zeile zur zweiten Zeile dazu-addieren:* $L_2 + 3L_1 \hookrightarrow L_2$. *Wir erhalten*

$$\begin{pmatrix} 1 & -1 & \bigm| & -1 \\ -3 & 4 & \bigm| & 6 \end{pmatrix} \xrightarrow{L_2 + 3 \cdot L_1 \hookrightarrow L_2} \begin{pmatrix} 1 & -1 & \bigm| & -1 \\ 0 & 1 & \bigm| & 3 \end{pmatrix}.$$

3. *Die letzte Zeile liefert uns die Gleichung*

$$x_2 = 3.$$

Nun folgt aus der ersten Zeile die Gleichung

$$x_1 - x_2 = -1.$$

Mit einsetzen von $x_2 = 3$ *liefert diese Gleichung* $x_1 = 2$ *und somit die Lösung*

$$x = \begin{pmatrix} 2 \\ 3 \end{pmatrix}.$$

Beispiel Bestimme die Lösung des folgenden Gleichungssystems

$$x_1 + x_2 + 4x_3 = 50,$$
$$x_1 + 2x_2 + 2x_3 = 50,$$
$$2x_1 + 2x_2 + 3x_3 = 75.$$

Lösung *Das Gleichungssystem ist schon in der gewünschten Form, also beginnen wir gleich mit dem Gauß-Verfahren:*

1. *Die erweiterte Koeffizientenmatrix ist gegeben durch*

$$A = \begin{pmatrix} 1 & 1 & 4 & 50 \\ 1 & 2 & 2 & 50 \\ 2 & 2 & 3 & 75 \end{pmatrix}.$$

2. *Nun bringen wir die Matrix in Zeilenstufenform. Dabei muss der erste Eintrag in der zweiten Zeile 0 sein. Wir können einfach die erste Zeile von der zweiten Zeile subtrahieren:* $L_2 - L_1 \hookrightarrow L_2$. *Damit erhalten wir*

$$\begin{pmatrix} 1 & 1 & 4 & 50 \\ 1 & 2 & 2 & 50 \\ 2 & 2 & 3 & 75 \end{pmatrix} \xrightarrow{L_2 - L_1 \hookrightarrow L_2} \begin{pmatrix} 1 & 1 & 4 & 50 \\ 0 & 1 & -2 & 0 \\ 2 & 2 & 3 & 75 \end{pmatrix}.$$

Wir benötigen als Nächstes eine 0 im ersten Eintrag der dritten Zeile. Diese erreichen wir, indem wir das Zweifache der ersten Zeile abziehen:

$$\begin{pmatrix} 1 & 1 & 4 & 50 \\ 0 & 1 & -2 & 0 \\ 2 & 2 & 3 & 75 \end{pmatrix} \xrightarrow{L_3 - 2 \cdot L_1 \hookrightarrow L_3} \begin{pmatrix} 1 & 1 & 4 & 50 \\ 0 & 1 & -2 & 0 \\ 0 & 0 & -5 & -25 \end{pmatrix}.$$

Wie wir sehen, haben wir automatisch auch noch den zweiten Eintrag der dritten Zeile zu einer 0 umgeändert, daher müssen wir keine weiteren Zeilenoperationen anwenden.

Wir erhalten mit der letzten Zeile die Gleichung

$$-5x_3 = -25 \implies x_3 = 5.$$

Mit der zweiten Zeile und dem schon gefundenen $x_3 = 5$ *erhalten wir*

$$x_2 - 2x_3 = 0 \implies x_2 = 2x_3 = 2 \cdot 5 = 10.$$

Die erste Zeile bringt uns noch

$$x_1 + x_2 + 4x_3 = 50 \implies x_1 = 50 - x_2 - 4x_3 = 50 - 10 - 4 \cdot 5 = 20.$$

Der Lösungsvektor ist dementsprechend

$$x = \begin{pmatrix} 20 \\ 10 \\ 5 \end{pmatrix}.$$

Wie wir in den nächsten Abschnitten sehen werden, gibt es manchmal nicht nur eine Lösung, und manchmal gar keine Lösung! Dafür werden wir das Gauß-Verfahren etwas überarbeiten. Zunächst führen wir aber zwei Begriffe ein:

1. Ein sogenanntes *homogenes* Gleichungssystem ist von der Form

$$Ax = 0.$$

Der „Lösungsvektor" ist somit der Nullvektor

$$c = \begin{pmatrix} 0 \\ 0 \\ \vdots \\ 0 \end{pmatrix}.$$

Ein Beispiel eines solchen Gleichungssystems ist

$$\begin{aligned} x_1 + x_2 + x_3 &= 0, \\ x_1 + 2x_3 &= 0, \\ 3x_2 + x_3 &= 0. \end{aligned}$$

Man sieht, dass die *triviale* Lösung

$$x = \begin{pmatrix} 0 \\ 0 \\ \vdots \\ 0 \end{pmatrix}$$

immer eine Lösung dieses Gleichungssystems ist. Ob es noch andere gibt, erfahren wir später.

2. Ein sogenanntes *inhomogenes* Gleichungssystem ist ein Gleichungssystem mit

$$c \neq \begin{pmatrix} 0 \\ 0 \\ \vdots \\ 0 \end{pmatrix}$$

Ein solches Beispiel haben wir vorhin gesehen:

$$\begin{aligned} x_1 + x_2 + x_3 &= 6, \\ x_2 + x_3 &= 5, \\ 2x_1 - x_2 + x_3 &= 3. \end{aligned}$$

5.5.2 Cramersche Regel

Die wohl einfachste Methode, ein lineares Gleichungssystem zu lösen, ist die sogenannte *Cramersche Regel*. Wir können diese Regel nur anwenden, wenn die Determinante der Koeffizientenmatrix nicht 0 ist (beziehungsweise, wie wir später sehen
werden, wenn das lineare Gleichungssystem eine eindeutige Lösung hat). Sei das
folgende Gleichungssystem gegeben:

$$(A|c) = \left(\begin{array}{ccc|c} 3 & 0 & 2 & 1 \\ 1 & 0 & 0 & 1 \\ 0 & 1 & 2 & 0 \end{array} \right).$$

Die Determinante der Matrix A ist

$$D := \det(A) = (-1) \cdot (-2) = 2,$$

wobei wir nach der zweiten Zeile Laplace-entwickelt haben. Die Cramersche Regel
darf also angewendet werden. Wir definieren nun die sogenannten Hilfsdeterminanten D_i. Wir nehmen dabei die Matrix A und ersetzen die i—te Spalte durch den Vektor
c aus unserem Gleichungssystem. D_i ist dann die Determinante dieser Matrix. Also

in unserem Beispiel:

$$D_1 = \det \begin{pmatrix} \mathbf{1} & 0 & 2 \\ \mathbf{1} & 0 & 0 \\ \mathbf{0} & 1 & 2 \end{pmatrix} = 2,$$

$$D_2 = \det \begin{pmatrix} 3 & \mathbf{1} & 2 \\ 1 & \mathbf{1} & 0 \\ 0 & \mathbf{0} & 2 \end{pmatrix} = 4,$$

$$D_3 = \det \begin{pmatrix} 3 & 0 & \mathbf{1} \\ 1 & 0 & \mathbf{1} \\ 0 & 1 & \mathbf{0} \end{pmatrix} = -2.$$

Die Lösung unseres Gleichungssystems ist (ohne Beweis) gegeben als

$$x_1 = \frac{D_1}{D} = 1,$$

$$x_2 = \frac{D_2}{D} = 2,$$

$$x_3 = \frac{D_3}{D} = -1.$$

Wieso brauchen wir dann überhaupt das Gauß-Verfahren? Einerseits ist das Berechnen von Determinanten ab 5×5-Matrizen ziemlich aufwendig. Andererseits funktioniert das Gauß-Verfahren für jedes Gleichungssystem. Ob unendlich viele Lösungen oder keine Lösungen. Die Cramersche Regel hingegen funktioniert nur, falls $D \neq 0$ ist, bzw. das System eine eindeutige Lösung besitzt. Später werden wir noch ein alternatives Verfahren zum Gauß-Verfahren kennenlernen, welches ebenfalls für alle Matrizen gilt und ähnlich zur Cramerschen Regel ist.

Beispiel Bestimme die Lösungen des folgenden Gleichungssystems:

$$(A|c) = \left(\begin{array}{ccc|c} 1 & 2 & 0 & 1 \\ 0 & 0 & 1 & 1 \\ 3 & 1 & 2 & 0 \end{array} \right).$$

Lösung *Wir berechnen die Determinante der Matrix A:*

$$D = \det(A) = (-1)(-5) = 5.$$

Die Hilfsdeterminanten sind dann

$$D_1 = \det \begin{pmatrix} \mathbf{1} & 2 & 0 \\ \mathbf{1} & 0 & 1 \\ \mathbf{0} & 1 & 2 \end{pmatrix} = -5,$$

$$D_2 = \det \begin{pmatrix} 1 & \mathbf{1} & 0 \\ 0 & \mathbf{1} & 1 \\ 3 & \mathbf{0} & 2 \end{pmatrix} = 5,$$

$$D_3 = \det \begin{pmatrix} 1 & 2 & \mathbf{1} \\ 0 & 0 & \mathbf{1} \\ 3 & 1 & \mathbf{0} \end{pmatrix} = 5.$$

Die Lösung unseres Gleichungssystems ist

$$x_1 = \frac{D_1}{D} = -1,$$

$$x_2 = \frac{D_2}{D} = 1,$$

$$x_3 = \frac{D_3}{D} = 1.$$

Beispiel Bestimme die Lösungen des folgenden Gleichungssystems:

$$(A|c) = \begin{pmatrix} 1 & 1 & 1 & \bigm| & 1 \\ 2 & 1 & 2 & \bigm| & 1 \\ 3 & 1 & 0 & \bigm| & 1 \end{pmatrix}.$$

Lösung *Wir berechnen die Determinante der Matrix A:*

$$D = \det(A) = 3.$$

Die Hilfsdeterminanten sind dann

$$D_1 = \det \begin{pmatrix} \mathbf{1} & 1 & 1 \\ \mathbf{1} & 1 & 2 \\ \mathbf{1} & 1 & 0 \end{pmatrix} = 0,$$

$$D_2 = \det \begin{pmatrix} 1 & \mathbf{1} & 1 \\ 2 & \mathbf{1} & 2 \\ 3 & \mathbf{1} & 0 \end{pmatrix} = 3,$$

$$D_3 = \det \begin{pmatrix} 1 & 1 & \mathbf{1} \\ 2 & 1 & \mathbf{1} \\ 3 & 1 & \mathbf{1} \end{pmatrix} = 0.$$

Die Lösung unseres Gleichungssystems ist

$$x_1 = \frac{D_1}{D} = 0,$$
$$x_2 = \frac{D_2}{D} = 1,$$
$$x_3 = \frac{D_3}{D} = 0.$$

5.5.3 Determinante mit elementaren Umformungen

Mit dem nun bekannten Gauß-Verfahren können wir, alternativ zum Laplaceschen Entwicklungssatz, die Determinante größerer Matrizen berechnen. Es gilt der folgende Satz, den wir schon im Abschnitt zu Determinanten angetroffen haben:

Satz Die Determinante einer Dreiecksmatrix ist genau das Produkt aller Diagonalelemente.

Wenn wir also mit dem Gauß-Verfahren die Matrix in Zeilenstufenform bringen, können wir die Determinante ganz leicht berechnen. Zu beachten ist hierbei aber, dass sich während dem Gauß-Verfahren die Determinante je nach Operation ändert!

1. Zeilen vertauschen $\implies \det(A^*) = -\det(A)$.
2. Eine Zeile mit einem beliebigen Wert multiplizieren $\implies \det(A^*) = \lambda \det(A)$.
3. Ein Vielfaches einer Zeile zu einer anderen Zeile dazu addieren $\implies \det(A^*) = \det(A)$.

Hierbei steht jeweils A^* für die Matrix *nach* der Operation. Wir sehen, dass sich die Determinante nicht ändert, wenn wir ein Vielfaches einer Zeile zu einer anderen Zeile dazu addieren. Ansonsten achten wir auf die Vorzeichenwechsel und Vorfaktoren. Schauen wir uns ein Beispiel an:

Beispiel Bestimme die Determinante von

$$\begin{pmatrix} 0 & 1 & 1 \\ 1 & 1 & 1 \\ 2 & -1 & 1 \end{pmatrix}.$$

Wir führen das Gauß-Verfahren durch und tauschen zunächst die erste und zweite Zeile:

$$\begin{pmatrix} 0 & 1 & 1 \\ 1 & 1 & 1 \\ 2 & -1 & 1 \end{pmatrix} \xrightarrow{L_1 \leftrightarrow L_2} \begin{pmatrix} 1 & 1 & 1 \\ 0 & 1 & 1 \\ 2 & -1 & 1 \end{pmatrix}.$$

Die Determinante hat das Vorzeichen nun gewechselt. Es gilt neu $\det(A^*) = -\det(A)$. Jetzt subtrahieren wir $2L_1$ von L_3, also

$$\begin{pmatrix} 1 & 1 & 1 \\ 0 & 1 & 1 \\ 2 & -1 & 1 \end{pmatrix} \xrightarrow{L_3 - 2 \cdot L_1 \hookrightarrow L_3} \begin{pmatrix} 1 & 1 & 1 \\ 0 & 1 & 1 \\ 0 & -3 & -1 \end{pmatrix}.$$

Unsere Determinante hat sich nicht geändert. Es gilt also weiterhin $\det(A^*) = -\det(A)$. Schlussendlich addieren wir $3L_2$ zu L_3:

$$\begin{pmatrix} 1 & 1 & 1 \\ 0 & 1 & 1 \\ 2 & -1 & 1 \end{pmatrix} \xrightarrow{L_3 + 3 \cdot L_2 \hookrightarrow L_3} \begin{pmatrix} 1 & 1 & 1 \\ 0 & 1 & 1 \\ 0 & 0 & 2 \end{pmatrix}.$$

Wieder ändert sich die Determinante nicht. Wir haben die Zeilenstufenform

$$\begin{pmatrix} 1 & 1 & 1 \\ 0 & 1 & 1 \\ 0 & 0 & 2 \end{pmatrix}$$

erreicht. Nach dem Satz von vorhin, können wir nun $\det(A^*)$ berechnen, denn das ist genau das Produkt der Diagonalelemente:

$$\det(A^*) = 1 \cdot 1 \cdot 2 = 2.$$

Mit dem Gauß-Verfahren hat sich aber die Determinante der Anfangsmatrix geändert. Es gilt $\det(A^*) = -\det(A)$ und somit

$$\det(A) = -\det(A^*) = -2.$$

5.5.4 Ein alternatives Verfahren

Wie die DI-Methode bei den Integralen, müsste es doch auch für ein solch fundamentales Problem ein schöneres Verfahren geben. Wir schauen uns dafür das allgemeine 2×2-System an:

$$\left(\begin{array}{cc|c} a & b & e \\ c & d & f \end{array} \right).$$

Wir möchten $a_{21} = 0$ erreichen und wenden deshalb das Gauß-Verfahren an. Dabei subtrahieren wir von der zweiten Zeile $\frac{c}{a}$ mal die erste Zeile. Wir erhalten

$$\left(\begin{array}{cc|c} a & b & e \\ 0 & d - \frac{c}{a}b & f - \frac{c}{a}e \end{array} \right).$$

Multiplikation der letzten Zeile mit dem Skalar a ergibt dann

$$\left(\begin{array}{cc|c} a & b & e \\ 0 & \mathbf{ad - bc} & \mathbf{af - ce} \end{array} \right).$$

Das sind Determinanten in der zweiten Zeile! Der Eintrag a_{22} ergibt sich aus der Determinante der Matrix $\left(\begin{smallmatrix} a & b \\ c & d \end{smallmatrix} \right)$, bzw. in fett gedruckt

$$\left(\begin{array}{cc|c} \mathbf{a} & \mathbf{b} & e \\ \mathbf{c} & \mathbf{d} & f \end{array} \right)$$

und der Eintrag unten rechts $(af - ce)$ ergibt sich aus der Determinante der Matrix $\left(\begin{smallmatrix} a & e \\ c & f \end{smallmatrix} \right)$, bzw. in fett gedruckt

$$\left(\begin{array}{cc|c} \mathbf{a} & b & \mathbf{e} \\ \mathbf{c} & d & \mathbf{f} \end{array} \right).$$

Dies ist tatsächlich kein Zufall und man kann es sogar für beliebige Matrizen verallgemeinern! In folgendem Rezept zeigen wir dies anhand des Beispiels

$$\left(\begin{array}{ccc|c} 2 & 1 & 2 & 3 \\ 1 & 1 & 1 & 2 \\ 3 & 1 & 2 & 2 \end{array} \right).$$

Rezept (Alternatives Verfahren zu Gauß)

1. Schreibe ein System neben das gegebene Gleichungssystem mit der gleichen ersten Zeile und fülle die restlichen Einträge der ersten Spalte mit Nullen. Die anderen Einträge lässt du frei:

$$\left(\begin{array}{ccc|c} \mathbf{2} & 1 & 2 & 3 \\ 1 & 1 & 1 & 2 \\ 3 & 1 & 2 & 2 \end{array}\right) \longrightarrow \left(\begin{array}{ccc|c} \mathbf{2} & 1 & 2 & 3 \\ 0 & & & \\ 0 & & & \end{array}\right).$$

2. Wir beginnen nun die leeren Felder von links nach rechts, oben nach unten, aufzufüllen. Das erste Element bildet in unserem ursprünglichen Gleichungssystem ein Rechteck mit dem ersten sogenannten *Pivotelement* (in unserem Fall ganz oben links die 2). Die Ecken dieses Rechtecks bilden eine 2×2-Matrix, dessen Determinante dann in das leere Feld kommt. Also:

$$\left(\begin{array}{ccc|c} \mathbf{2} & 1 & 2 & 3 \\ \mathbf{1} & \mathbf{1} & 1 & 2 \\ 3 & 1 & 2 & 2 \end{array}\right) \longrightarrow \left(\begin{array}{ccc|c} 2 & 1 & 2 & 3 \\ 0 & (\mathbf{2 \cdot 1 - 1 \cdot 1}) & & \\ 0 & & & \end{array}\right).$$

Gehe nun so auch für die anderen 5 Elemente vor:

$$\left(\begin{array}{ccc|c} \mathbf{2} & 1 & \mathbf{2} & 3 \\ 1 & 1 & 1 & 2 \\ 3 & 1 & 2 & 2 \end{array}\right) \longrightarrow \left(\begin{array}{ccc|c} 2 & 1 & 2 & 3 \\ 0 & 1 & \mathbf{0} & \\ 0 & & & \end{array}\right)$$

$$\left(\begin{array}{ccc|c} \mathbf{2} & 1 & 2 & \mathbf{3} \\ 1 & 1 & 1 & \mathbf{2} \\ 3 & 1 & 2 & 2 \end{array}\right) \longrightarrow \left(\begin{array}{ccc|c} 2 & 1 & 2 & 3 \\ 0 & 1 & 0 & \mathbf{1} \\ 0 & & & \end{array}\right)$$

$$\left(\begin{array}{ccc|c} \mathbf{2} & \mathbf{1} & 2 & 3 \\ 1 & 1 & 1 & 2 \\ \mathbf{3} & \mathbf{1} & 2 & 2 \end{array}\right) \longrightarrow \left(\begin{array}{ccc|c} 2 & 1 & 2 & 3 \\ 0 & 1 & 0 & 1 \\ 0 & \mathbf{-1} & & \end{array}\right)$$

$$\left(\begin{array}{ccc|c} \mathbf{2} & 1 & \mathbf{2} & 3 \\ 1 & 1 & 1 & 2 \\ \mathbf{3} & 1 & \mathbf{2} & 2 \end{array}\right) \longrightarrow \left(\begin{array}{ccc|c} 2 & 1 & 2 & 3 \\ 0 & 1 & 0 & 1 \\ 0 & -1 & \mathbf{-2} & \end{array}\right)$$

$$\begin{pmatrix} \mathbf{2} & 1 & 2 & | & \mathbf{3} \\ 1 & 1 & 1 & | & 2 \\ \mathbf{3} & 1 & 2 & | & 2 \end{pmatrix} \longrightarrow \begin{pmatrix} 2 & 1 & 2 & | & 3 \\ 0 & 1 & 0 & | & 1 \\ 0 & -1 & -2 & | & 2 \end{pmatrix}$$

3. Wir wiederholen jetzt Schritt 1 und Schritt 2, aber denken uns die erste Spalte und Zeile weg. Das neue Pivotelement (der Eintrag ganz oben links von der Matrix, die wir nun betrachten) in unserem Fall ist jetzt also die 1. Als Erstes müssen wir wieder unter dem Pivotelement Nullen dazuschreiben und den Rest offen lassen, also:

$$\begin{pmatrix} 2 & 1 & 2 & | & 3 \\ 0 & \mathbf{1} & 0 & | & 1 \\ 0 & -1 & -2 & | & -5 \end{pmatrix} \longrightarrow \begin{pmatrix} 2 & 1 & 2 & | & 3 \\ 0 & \mathbf{1} & 0 & | & 1 \\ 0 & 0 & & | & \end{pmatrix}.$$

Im zweiten Schritt müssen wir die leeren Felder wieder mit den Determinanten füllen:

$$\begin{pmatrix} 2 & 1 & 2 & | & 3 \\ 0 & \mathbf{1} & \mathbf{0} & | & 1 \\ 0 & \mathbf{-1} & \mathbf{-2} & | & -5 \end{pmatrix} \longrightarrow \begin{pmatrix} 2 & 1 & 2 & | & 3 \\ 0 & 1 & 0 & | & 1 \\ 0 & 0 & \mathbf{-2} & | & \end{pmatrix}$$

$$\begin{pmatrix} 2 & 1 & 2 & | & 3 \\ 0 & \mathbf{1} & 0 & | & \mathbf{1} \\ 0 & \mathbf{-1} & -2 & | & \mathbf{-5} \end{pmatrix} \longrightarrow \begin{pmatrix} 2 & 1 & 2 & | & 3 \\ 0 & 1 & 0 & | & 1 \\ 0 & 0 & -2 & | & \mathbf{-4} \end{pmatrix}$$

Dies ist das fertige System in Zeilenstufenform. Das Vorgehen, um die Unbekannten nun zu bestimmen, ist das Gleiche wie beim Gauß-Verfahren.

Es gibt zwei Vorteile dieses Verfahrens:

1. Es werden nie Brüche auftauchen, sofern im gegebenen Gleichungssystem keine Brüche vorkommen. Denn Determinanten sind immer ganze Zahlen, wenn die Einträge ganze Zahlen sind.
2. Flüchtigkeitsfehler sind seltener in diesem Verfahren, weil keine Brüche vorkommen und Vorzeichenfehler seltener auftreten.

Beispiel Löse das folgende Gleichungssystem mit dem alternativen Verfahren:

$$\begin{pmatrix} 2 & 1 & 4 & | & 5 \\ 3 & -1 & 2 & | & 2 \\ 4 & 3 & 4 & | & 8 \end{pmatrix}.$$

Lösung *Wir gehen nach dem Rezept vor:*

1. *Wir beginnen mit dem ersten Pivotelement:*

$$\begin{pmatrix} \mathbf{2} & 1 & 4 & | & 5 \\ 3 & -1 & 2 & | & 2 \\ 4 & 3 & 4 & | & 8 \end{pmatrix} \longrightarrow \begin{pmatrix} \mathbf{2} & 1 & 4 & | & 5 \\ 0 & & & | & \\ 0 & & & | & \end{pmatrix}$$

2. *Nun füllen wir die leeren Felder mit den dazugehörenden Determinanten:*

$$\begin{pmatrix} 2 & 1 & 4 & | & 5 \\ 3 & -1 & 2 & | & 2 \\ 4 & 3 & 4 & | & 8 \end{pmatrix} \longrightarrow \begin{pmatrix} 2 & 1 & 4 & | & 5 \\ 0 & \mathbf{-5} & \mathbf{-8} & | & \mathbf{-11} \\ 0 & \mathbf{2} & \mathbf{-8} & | & \mathbf{-4} \end{pmatrix}.$$

3. *Wir fahren fort mit dem zweiten Pivotelement:*

$$\begin{pmatrix} 2 & 1 & 4 & | & 5 \\ 0 & \mathbf{-5} & -8 & | & -11 \\ 0 & 2 & -8 & | & -4 \end{pmatrix} \longrightarrow \begin{pmatrix} 2 & 1 & 4 & | & 5 \\ 0 & \mathbf{-5} & -8 & | & -11 \\ 0 & 0 & & | & \end{pmatrix}.$$

Die fehlenden Felder sind dann:

$$\begin{pmatrix} 2 & 1 & 4 & | & 5 \\ 0 & -5 & -8 & | & -11 \\ 0 & 2 & -8 & | & -4 \end{pmatrix} \longrightarrow \begin{pmatrix} 2 & 1 & 4 & | & 5 \\ 0 & -5 & -8 & | & -11 \\ 0 & 0 & \mathbf{56} & | & \mathbf{42} \end{pmatrix}.$$

Aus diesem System können wir nun die Unbekannten finden. Wir erhalten:

$$x = \begin{pmatrix} \frac{1}{2} \\ 1 \\ \frac{3}{4} \end{pmatrix}.$$

Beispiel Löse folgendes Gleichungssystem:

$$\begin{pmatrix} 3 & 1 & 1 & \big| & 2 \\ 0 & 1 & 2 & \big| & 3 \\ 2 & 2 & 1 & \big| & 1 \end{pmatrix}.$$

Lösung *Man könnte diese Aufgabe mit dem Gauß-Verfahren lösen, wird aber feststellen, dass es sehr schnell kompliziert wird. Deswegen benutzen wir das alternative Verfahren:*

1. *Wir beginnen mit dem ersten Pivotelement:*

$$\begin{pmatrix} \mathbf{3} & 1 & 1 & \big| & 2 \\ 0 & 1 & 2 & \big| & 3 \\ 2 & 2 & 1 & \big| & 1 \end{pmatrix} \longrightarrow \begin{pmatrix} \mathbf{3} & 1 & 1 & \big| & 2 \\ 0 & & & \big| & \\ 0 & & & \big| & \end{pmatrix}.$$

2. *Nun füllen wir die leeren Felder mit den dazugehörenden Determinanten:*

$$\begin{pmatrix} 3 & 1 & 1 & \big| & 2 \\ 0 & 1 & 2 & \big| & 3 \\ 2 & 2 & 1 & \big| & 1 \end{pmatrix} \longrightarrow \begin{pmatrix} 3 & 1 & 1 & \big| & 2 \\ 0 & \mathbf{3} & \mathbf{6} & \big| & \mathbf{9} \\ 0 & \mathbf{4} & \mathbf{1} & \big| & \mathbf{-1} \end{pmatrix}.$$

3. *Wir fahren fort mit dem zweiten Pivotelement:*

$$\begin{pmatrix} 3 & 1 & 1 & \big| & 2 \\ 0 & \mathbf{3} & 6 & \big| & 9 \\ 0 & 4 & 1 & \big| & -1 \end{pmatrix} \longrightarrow \begin{pmatrix} 3 & 1 & 1 & \big| & 2 \\ 0 & \mathbf{3} & 6 & \big| & 9 \\ 0 & 0 & & \big| & \end{pmatrix}.$$

Die fehlenden Felder sind dann:

$$\begin{pmatrix} 3 & 1 & 1 & \big| & 2 \\ 0 & 3 & 6 & \big| & 9 \\ 0 & 4 & 1 & \big| & -1 \end{pmatrix} \longrightarrow \begin{pmatrix} 3 & 1 & 1 & \big| & 2 \\ 0 & 3 & 6 & \big| & 9 \\ 0 & 0 & \mathbf{-21} & \big| & \mathbf{-39} \end{pmatrix}.$$

Wir können das System noch etwas vereinfachen, indem wir die zweite und dritte Zeile jeweils durch 3, respektive −3 teilen. Wir erhalten:

$$\begin{pmatrix} 3 & 1 & 1 & \big| & 2 \\ 0 & 1 & 2 & \big| & 3 \\ 0 & 0 & 7 & \big| & 13 \end{pmatrix}.$$

Aus diesem System können wir nun die Unbekannten finden. Wir erhalten:

$$x = \begin{pmatrix} \frac{2}{7} \\ \frac{-5}{7} \\ \frac{13}{7} \end{pmatrix}.$$

Beispiel Löse das folgende Gleichungssystem mit dem alternativen Verfahren:

$$\begin{pmatrix} 2 & 1 & 4 & | & 1 \\ 3 & 3 & 2 & | & 1 \\ 1 & 0 & 3 & | & 1 \end{pmatrix}.$$

Lösung

1. *Wir beginnen mit dem ersten Pivotelement:*

$$\begin{pmatrix} \mathbf{2} & 1 & 4 & | & 1 \\ 3 & 3 & 2 & | & 1 \\ 1 & 0 & 3 & | & 1 \end{pmatrix} \longrightarrow \begin{pmatrix} \mathbf{2} & 1 & 4 & | & 1 \\ 0 & & & | & \\ 0 & & & | & \end{pmatrix}.$$

2. *Nun füllen wir die leeren Felder mit den dazugehörenden Determinanten:*

$$\begin{pmatrix} 2 & 1 & 4 & | & 1 \\ 3 & 3 & 2 & | & 1 \\ 1 & 0 & 3 & | & 1 \end{pmatrix} \longrightarrow \begin{pmatrix} 2 & 1 & 4 & | & 1 \\ 0 & \mathbf{3} & \mathbf{-8} & | & \mathbf{-1} \\ 0 & \mathbf{-1} & \mathbf{2} & | & \mathbf{1} \end{pmatrix}.$$

3. *Nun machen wir weiter mit dem zweiten Pivotelement:*

$$\begin{pmatrix} 2 & 1 & 4 & | & 1 \\ 0 & \mathbf{3} & -8 & | & -1 \\ 0 & -1 & 2 & | & 1 \end{pmatrix} \longrightarrow \begin{pmatrix} 2 & 1 & 4 & | & 1 \\ 0 & \mathbf{3} & -8 & | & -1 \\ 0 & 0 & & | & \end{pmatrix}.$$

Die fehlenden Felder sind dann:

$$\begin{pmatrix} 2 & 1 & 4 & | & 1 \\ 0 & 3 & -8 & | & -1 \\ 0 & -1 & 2 & | & 1 \end{pmatrix} \longrightarrow \begin{pmatrix} 2 & 1 & 4 & | & 1 \\ 0 & 3 & -8 & | & -1 \\ 0 & 0 & \mathbf{-2} & | & \mathbf{2} \end{pmatrix}.$$

Aus diesem System können wir nun die Unbekannten finden. Wir erhalten:

$$x = \begin{pmatrix} 4 \\ -3 \\ -1 \end{pmatrix}.$$

5.6 Rang

Sei folgendes Gleichungssystem gegeben:

$$x_1 - 2x_2 + 3x_3 = 0,$$
$$-x_1 + 2x_2 - 3x_3 = 0,$$
$$2x_1 - 4x_2 + 6x_3 = 0.$$

Möchten wir nun dieses Gleichungssystem lösen, verwenden wir wieder das Gauß-Verfahren und erhalten

$$\begin{pmatrix} 1 & -2 & 3 & | & 0 \\ -1 & 2 & -3 & | & 0 \\ 2 & -4 & 6 & | & 0 \end{pmatrix} \xrightarrow{L_2 + L_1 \hookrightarrow L_2} \begin{pmatrix} 1 & -2 & 3 & | & 0 \\ 0 & 0 & 0 & | & 0 \\ 2 & -4 & 6 & | & 0 \end{pmatrix}$$

$$\begin{pmatrix} 1 & -2 & 3 & | & 0 \\ 0 & 0 & 0 & | & 0 \\ 2 & -4 & 6 & | & 0 \end{pmatrix} \xrightarrow{L_3 - 2L_1 \hookrightarrow L_1} \begin{pmatrix} 1 & -2 & 3 & | & 0 \\ 0 & 0 & 0 & | & 0 \\ 0 & 0 & 0 & | & 0 \end{pmatrix}.$$

Wenn wir das nun auflösen wollen, erhalten wir mit der letzten Zeile die Gleichung

$$0 \cdot x_3 = 0.$$

Dies trifft aber auf jedes x_3 zu, also haben wir unendlich viele Lösungen. Wir merken also: wenn wir eine ganze Nullzeile in $(A \,|\, c)$ haben, so gibt es keine *eindeutige* Lösung. Um eine Aussage darüber zu machen, ob eine Matrix keine, eine oder unendlich viele Lösungen hat, benötigen wir den sogenannten Rang einer Matrix. Der Rang ist definiert als die Anzahl Zeilen, die nach dem Gauß-Verfahren *nicht* 0 sind. Es gilt für unsere Matrix weiter oben Rang$(A \,|\, c) = 1$, da nur die erste Zeile nicht 0 ist. Hierbei ist es sehr wichtig zwischen Rang(A) und Rang$(A \,|\, c)$ zu unterscheiden. Bei Rang(A) betrachten wir nur die Matrix links vom Strich (Koeffizientenmatrix).

Bei Rang($A \mid c$) schauen wir uns die gesamte erweiterte Koeffizientenmatrix an. Ein Beispiel ist folgende zusammengesetzte Matrix:

$$(A \mid c) = \begin{pmatrix} 1 & -2 & 3 & | & 3 \\ 0 & 0 & 0 & | & 2 \\ 0 & 0 & 0 & | & 1 \end{pmatrix}.$$

So gilt hier Rang($A \mid c$) = 3, da wir keine komplette Nullzeile haben, aber Rang(A) = 1, da wir hier nur die Matrix A ohne c anschauen. Wir können nun mit dem Rang und der Determinante folgendes Schema anwenden, um zu erkennen, ob eine **quadratische** Matrix keine, eine oder mehrere Lösungen hat:

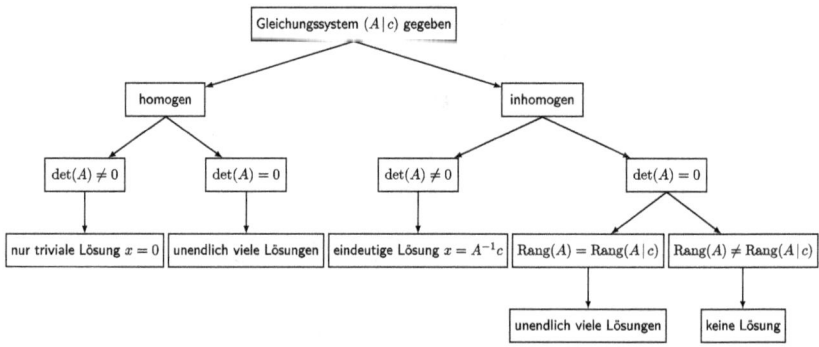

Für **nicht-quadratische** Matrizen können wir dieses Schema natürlich nicht anwenden, da die Determinante dann nicht definiert ist. Mit dem Rang können wir jedoch ein einfaches Schema aufstellen:

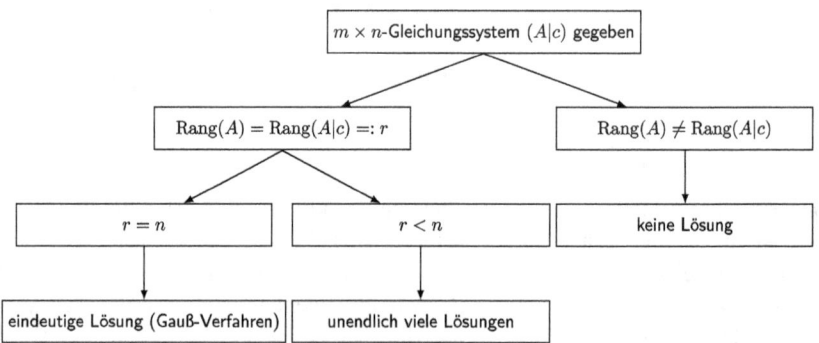

5.6.1   Lineare Gleichungssysteme mit unendlich vielen Lösungen

Wie schon mehrfach erwähnt, kann ein lineares Gleichungssystem mehr als nur eine Lösung haben. Trotzdem kann man nicht beliebige Zahlen einsetzen, da es dennoch eine Verbindung zwischen den Variablen gibt. Diese Verbindung wollen wir nun mit folgendem Rezept und Beispiel berechnen.

Rezept (Gauß-Verfahren mit unendlich vielen Lösungen)

1. Führe das Gauß-Verfahren normal durch. Bei unendlich vielen Lösungen wirst du eine oder mehrere Nullzeilen in der Zeilenstufenform haben.
2. Die Anzahl der freien Variablen ist genau die Anzahl der Nullzeilen. Du setzt also Konstanten s, t, v usw. für jede freie Variable. Dann gilt beispielsweise $x_3 = s$. Die restlichen Nicht-Nullzeilen kannst du dann wie gehabt mit „normalen" Gleichungen lösen. Diese sind dann abhängig von s, t usw.
3. Schreibe die Lösungen in einen Vektor in Abhängigkeit von $s, t, \ldots$.

Wir möchten dieses Rezept gleich an unserem Beispiel von vorhin anwenden.

Beispiel Finde alle Lösungen von

$$x_1 - 2x_2 + 3x_3 = 0,$$
$$-x_1 + 2x_2 - 3x_3 = 0,$$
$$2x_1 - 4x_2 + 6x_3 = 0.$$

Lösung *Wir führen das Gauß-Verfahren durch und erhalten*

$$\left(\begin{array}{ccc|c} 1 & -2 & 3 & 0 \\ -1 & 2 & -3 & 0 \\ 2 & -4 & 6 & 0 \end{array}\right) \xrightarrow{L_2+L_1 \hookrightarrow L_2} \left(\begin{array}{ccc|c} 1 & -2 & 3 & 0 \\ 0 & 0 & 0 & 0 \\ 2 & -4 & 6 & 0 \end{array}\right)$$

$$\left(\begin{array}{ccc|c} 1 & -2 & 3 & 0 \\ 0 & 0 & 0 & 0 \\ 2 & -4 & 6 & 0 \end{array}\right) \xrightarrow{L_3-2L_1 \hookrightarrow L_1} \left(\begin{array}{ccc|c} 1 & -2 & 3 & 0 \\ 0 & 0 & 0 & 0 \\ 0 & 0 & 0 & 0 \end{array}\right).$$

Wir haben zwei Nullzeilen, also zwei freie Variablen. Somit setzen wir beispielsweise
$x_3 = s \in \mathbb{R}$ *und* $x_2 = t \in \mathbb{R}$. *Damit erhalten wir mit der ersten Gleichung*

$$x_1 - 2x_2 + 3x_3 = 0,$$
$$x_1 - 2t + 3s = 0,$$
$$x_1 = 2t - 3s,$$

und somit die Lösungsmenge

$$\left\{ \begin{pmatrix} 2t - 3s \\ t \\ s \end{pmatrix}, s, t \in \mathbb{R} \right\}.$$

5.7   Gauß-Jordan-Verfahren für Inversen

Wir haben nun einige Anwendungen des Gauß-Verfahrens gesehen. Eine weitere
wichtige Anwendung der elementaren Zeilenoperationen ist das sogenannte Gauß-
Jordan-Verfahren. Mit diesem Verfahren können wir Inversen von beliebig großen
Matrizen ausrechnen (sofern sie $\det(A) \neq 0$ erfüllen). Wir führen das Verfahren am
Beispiel

$$A = \begin{pmatrix} 1 & 2 & 0 \\ 2 & 4 & 1 \\ 2 & 1 & 0 \end{pmatrix}$$

durch.

Rezept (Berechnung der Inversen Matrix mit dem Gauß-Jordan-Verfahren)

1. Wir schreiben zunächst das System $(A|E)$ auf, wobei E die Einheitsmatrix
   ist. Also

$$\left(\begin{array}{ccc|ccc} 1 & 2 & 0 & 1 & 0 & 0 \\ 2 & 4 & 1 & 0 & 1 & 0 \\ 2 & 1 & 0 & 0 & 0 & 1 \end{array} \right)$$

2. Führe nun das Gauß-Verfahren durch. Denk daran, die gesamte Zeile zu ändern, also insbesondere die rechte Seite wird „mit-verändert." Wir erhalten

$$\left(\begin{array}{ccc|ccc} 1 & 2 & 0 & 1 & 0 & 0 \\ 2 & 4 & 1 & 0 & 1 & 0 \\ 2 & 1 & 0 & 0 & 0 & 1 \end{array}\right) \overset{\substack{L_2 - 2L_1 \to L_2 \\ L_3 - 2L_1 \to L_3}}{\longrightarrow} \left(\begin{array}{ccc|ccc} 1 & 2 & 0 & 1 & 0 & 0 \\ 0 & 0 & 1 & -2 & 1 & 0 \\ 0 & -3 & 0 & -2 & 0 & 1 \end{array}\right)$$

$$\overset{L_3 \to L_2}{\longrightarrow} \left(\begin{array}{ccc|ccc} 1 & 2 & 0 & 1 & 0 & 0 \\ 0 & -3 & 0 & -2 & 0 & 1 \\ 0 & 0 & 1 & -2 & 1 & 0 \end{array}\right).$$

3. Führe das Gauß-Verfahren weiter, sodass du auf der linken Seite die Einheitsmatrix stehen hast. Du musst also auf der linken Seite wie folgt vorgehen:

$$\begin{pmatrix} * & * & * \\ 0 & * & * \\ 0 & 0 & * \end{pmatrix} \overset{\text{el. Zeilenop.}}{\longrightarrow} \begin{pmatrix} * & * & * \\ 0 & * & 0 \\ 0 & 0 & * \end{pmatrix} \overset{\text{el. Zeilenop.}}{\longrightarrow} \begin{pmatrix} * & * & 0 \\ 0 & * & 0 \\ 0 & 0 & * \end{pmatrix}$$

$$\overset{\text{el. Zeilenop.}}{\longrightarrow} \begin{pmatrix} * & 0 & 0 \\ 0 & * & 0 \\ 0 & 0 & * \end{pmatrix} \overset{\text{(Teile jede Zeile durch }*)}{\longrightarrow} \begin{pmatrix} 1 & 0 & 0 \\ 0 & 1 & 0 \\ 0 & 0 & 1 \end{pmatrix}$$

In unserem Beispiel also

$$\overset{\substack{L_1 + \frac{2}{3} L_2 \to L_1 \\ -\frac{1}{3} L_2 \to L_2}}{\longrightarrow} \left(\begin{array}{ccc|ccc} 1 & 0 & 0 & -\frac{1}{3} & 0 & \frac{2}{3} \\ 0 & 1 & 0 & \frac{2}{3} & 0 & -\frac{1}{3} \\ 0 & 0 & 1 & -2 & 1 & 0 \end{array}\right).$$

4. Die übrig gebliebene Matrix auf der rechten Seite ist nun die Inverse A^{-1}. Also

$$A^{-1} = \frac{1}{3} \begin{pmatrix} -1 & 0 & 2 \\ 2 & 0 & -1 \\ -6 & 3 & 0 \end{pmatrix}.$$

Wir wenden das Verfahren an einem weiteren Beispiel an:

Beispiel Sei die Matrix

$$A = \begin{pmatrix} 1 & 2 & 0 \\ 2 & 2 & 0 \\ 0 & 2 & 1 \end{pmatrix}$$

gegeben. Finde A^{-1} mit dem Gauß-Jordan-Verfahren und überprüfe das Resultat.

Lösung *Wir verwenden das Rezept:*

1. *Wir schreiben zunächst:*

$$\left(\begin{array}{ccc|ccc} 1 & 2 & 0 & 1 & 0 & 0 \\ 2 & 2 & 0 & 0 & 1 & 0 \\ 0 & 2 & 1 & 0 & 0 & 1 \end{array} \right).$$

2. *Wir verwenden das Gauß-Verfahren und erhalten zunächst:*

$$\left(\begin{array}{ccc|ccc} 1 & 2 & 0 & 1 & 0 & 0 \\ 0 & 2 & 0 & 2 & -1 & 0 \\ 0 & 0 & 1 & -2 & 1 & 1 \end{array} \right).$$

3. *Wir führen weitere elementare Zeilenoperationen durch, um die Einheitsmatrix auf der linken Seite stehen zu haben. Wir erhalten*

$$\left(\begin{array}{ccc|ccc} 1 & 0 & 0 & 1 & 0 & 0 \\ 0 & 1 & 0 & 1 & -\frac{1}{2} & 0 \\ 0 & 0 & 1 & -2 & 1 & 1 \end{array} \right).$$

4. *Die Inverse ist somit*

$$A^{-1} = \begin{pmatrix} -1 & 1 & 0 \\ 1 & -\frac{1}{2} & 0 \\ -2 & 1 & 1 \end{pmatrix}.$$

Wir können nun das Resultat überprüfen, indem wir AA^{-1} ausrechnen. Wir erhalten:

$$AA^{-1} = \begin{pmatrix} 1 & 2 & 0 \\ 2 & 2 & 0 \\ 0 & 2 & 1 \end{pmatrix} \begin{pmatrix} -1 & 1 & 0 \\ 1 & -\frac{1}{2} & 0 \\ -2 & 1 & 1 \end{pmatrix} = \begin{pmatrix} 1 & 0 & 0 \\ 0 & 1 & 0 \\ 0 & 0 & 1 \end{pmatrix} = E.$$

Somit ist A^{-1} wirklich unsere Inverse.

5.8   Lineare Unabhängigkeit

Die Begriffe der linearen Abhängigkeit und Unabhängigkeit wirken häufig verwirrender, als sie eigentlich sind. Wir geben zunächst eine Definition und dann Beispiele dazu.

1. n Vektoren sind linear abhängig, wenn sich einer der n Vektoren als Linearkombination der anderen $(n-1)$ Vektoren schreiben lässt. Also

$$v_n = \alpha_1 v_1 + \alpha_2 v_2 + \ldots + \alpha_{(n-1)} v_{(n-1)}.$$

2. n Vektoren sind linear unabhängig, wenn sie nicht linear abhängig sind. Äquivalent dazu ist folgende Aussage: falls

$$\alpha_1 v_1 + \alpha_2 v_2 + \ldots + \alpha_n v_n = 0$$

gilt, so sollte automatisch

$$\alpha_1 = \alpha_2 = \ldots = \alpha_n = 0$$

gelten (ansonsten könnten wir die Gleichung nach einem v_i auflösen, und erhalten eine Linearkombination der restlichen $(n-1)$ Vektoren).

Wir betrachten zunächst ein Beispiel mit zwei Vektoren:

$$a = \begin{pmatrix} -6 \\ -4 \end{pmatrix} \qquad b = \begin{pmatrix} 3 \\ 2 \end{pmatrix}.$$

Wir wollen nun die Definition anwenden. Wenn sie linear abhängig sind, so muss nach dem ersten Punkt für ein α

$$a = \alpha b$$

gelten. Wir sehen, dass der erste Eintrag des Vektors a genau das (-2)-fache vom ersten Eintrag des Vektors b ist. Der zweite Eintrag ist ebenfalls das (-2)-fache des zweiten Eintrags von b. Es gilt somit

$$\begin{pmatrix} -6 \\ -4 \end{pmatrix} = (-2) \cdot \begin{pmatrix} 3 \\ 2 \end{pmatrix},$$

oder einfach

$$a = -2b.$$

Nun wollen wir das Ganze mit drei Vektoren versuchen. Seien

$$a = \begin{pmatrix} -1 \\ 6 \\ 0 \end{pmatrix}, \quad b = \begin{pmatrix} 1 \\ 0 \\ 2 \end{pmatrix}, \quad c = \begin{pmatrix} 0 \\ 3 \\ 1 \end{pmatrix}$$

gegeben. Damit sie linear abhängig sind, müssen α_1 und α_2 so existieren, dass

$$a = \alpha_1 b + \alpha_2 c$$

gilt. Mit etwas herumtüfteln, finden wir tatsächlich

$$\begin{pmatrix} -1 \\ 6 \\ 0 \end{pmatrix} = (-1) \cdot \begin{pmatrix} 1 \\ 0 \\ 2 \end{pmatrix} + 2 \cdot \begin{pmatrix} 0 \\ 3 \\ 1 \end{pmatrix},$$

beziehungsweise

$$a = -b + 2c.$$

Man beachte noch zusätzlich folgenden Satz:

Satz Der Nullvektor ist linear abhängig zu jedem Vektor.

5.8.1 Lineare Unabhängigkeit mit Determinante

Es gibt eine deutlich einfachere Methode zur Überprüfung, ob Vektoren zueinander linear abhängig oder unabhängig sind. Man schreibt dabei die Vektoren als Spaltenvektoren in eine Matrix, also

$$A = \begin{pmatrix} | & | & | \\ v_1 & v_2 & v_3 \\ | & | & | \end{pmatrix}.$$

Die Determinante von A bestimmt nun, ob die Vektoren linear abhängig oder linear unabhängig sind, denn es gilt:

1. $\det(A) = 0$: die Vektoren sind linear abhängig voneinander.
2. $\det(A) \neq 0$: die Vektoren sind linear unabhängig voneinander.

Wir wollen ein Beispiel geben.

Beispiel Sind folgende drei Vektoren linear unabhängig?

$$a = \begin{pmatrix} 1 \\ 0 \\ 0 \end{pmatrix}, \quad b = \begin{pmatrix} 1 \\ 2 \\ 0 \end{pmatrix}, \quad c = \begin{pmatrix} 5 \\ 4 \\ 4 \end{pmatrix}.$$

Lösung *Wir schreiben die Vektoren als Spaltenvektoren einer Matrix:*

$$A = \begin{pmatrix} 1 & 1 & 5 \\ 0 & 2 & 4 \\ 0 & 0 & 4 \end{pmatrix}$$

und erhalten für die Determinante (bemerke, dass A in Zeilenstufenform steht)

$$\det(A) = 8 \neq 0.$$

Somit haben wir drei linear unabhängige Vektoren.

5.9 Eigenwerte und Eigenvektoren

Eigenvektoren sind Vektoren, welche keine Nullvektoren sind und folgende Eigenschaft erfüllen:

$$Av = \lambda v.$$

Man beachte, dass wir hier nicht einfach die beiden v wegkürzen können, da auf der einen Seite eine Matrix-Vektor-Multiplikation steht, und rechts eine Skalar-Vektor-Multiplikation. Wir nennen das λ den Eigenwert vom Eigenvektor v. Wir werden später Beispiele sehen, welche ohne Eigenwerte und Eigenvektoren unlösbar wären.

5.9.1 Berechnung von Eigenwerten

Um Eigenwerte zu berechnen, gehen wir nach dem Rezept vor, welches wir an folgendem Beispiel veranschaulichen:

$$A = \begin{pmatrix} 1 & 2 & -1 \\ 0 & 3 & 0 \\ -1 & 2 & 1 \end{pmatrix}.$$

Rezept (Eigenwerte berechnen)

1. Schreibe die Matrix $A - \lambda E_n$ auf. Das heißt: subtrahiere von der Diagonalen der Matrix jeweils λ. Wir erhalten mit unserem Beispiel

$$A - \lambda E_n = \begin{pmatrix} 1-\lambda & 2 & -1 \\ 0 & 3-\lambda & 0 \\ -1 & 2 & 1-\lambda \end{pmatrix}.$$

2. Bestimme nun die Determinante der Matrix $A - \lambda E_n$. Wir nennen $p_A = \det(A - \lambda E_n)$ das charakteristische Polynom. In unserem Beispiel erhalten wir mit Sarrus oder Laplace

$$p_A = \det(A - \lambda E_n) = (3 - \lambda) \cdot \lambda(\lambda - 2).$$

3. Setze das charakteristische Polynom gleich 0 und löse nach λ auf. Für unser Beispiel erhalten wir demnach

$$\lambda_1 = 3 \quad \lambda_2 = 0 \quad \lambda_3 = 2.$$

Wir machen noch ein weiteres Beispiel:

Beispiel Bestimme die Eigenwerte von

$$A = \begin{pmatrix} 2 & 3 \\ 0 & 4 \end{pmatrix}.$$

Lösung *Wir erhalten die Matrix*

$$A - \lambda E_n = \begin{pmatrix} 2 - \lambda & 3 \\ 0 & 4 - \lambda \end{pmatrix}.$$

Die Determinante ist

$$\det(A - \lambda E_n) = (2 - \lambda)(4 - \lambda) - 3 \cdot 0$$
$$= (2 - \lambda)(4 - \lambda)$$

und somit sind die Eigenwerte der Matrix A genau

$$\lambda_1 = 2 \quad \lambda_2 = 4.$$

weitere Eigenschaften
Es gibt viele Eigenschaften von Eigenwerten. Drei davon möchten wir hier erwähnen, weil sie häufig Rechnungen vereinfachen können.

1. Besteht eine Matrix nur aus reellen Zahlen und ist ein Eigenwert eine komplexe Zahl, so folgt aus dem Fundamentalsatz der Algebra, dass auch das komplex Konjugierte dieser komplexen Zahl ein Eigenwert ist (das charakteristische Polynom hat reelle Koeffizienten und somit ist auch das komplex Konjugierte der Zahl eine Nullstelle). Ist also Beispielsweise $\lambda_1 = 1 + i$ ein Eigenwert einer reellen Matrix, so muss auch $\lambda_2 = 1 - i$ ein Eigenwert sein.
2. Das Produkt aller Eigenwerte entspricht genau der Determinante. Es gilt demnach

$$\det(A) = \lambda_1 \cdot \lambda_2 \cdot \ldots \cdot \lambda_n.$$

Wenn uns nur ein Eigenwert fehlt und wir die Determinante leicht berechnen können, dann können wir mit dieser Eigenschaft den letzten fehlenden Eigenwert erhalten.
3. Die sogenannte Spur der Matrix ist die Summe aller Eigenwerte:

$$\text{Spur}(A) = \lambda_1 + \lambda_2 + \lambda_3 + \ldots$$

$\text{Spur}(A)$ ist dabei die Summe aller Elemente auf der Hauptdiagonalen.

5.9.2   Eine Formel für Eigenwerte von 2×2-Matrizen

Die Eigenwerte einer 2×2-Matrix lassen sich mit den Eigenschaften der Determinante und der Spur leicht berechnen. Wir haben folgende zwei Gleichungen:

$$\det(A) = \lambda_1 \cdot \lambda_2$$
$$\mathrm{Spur}(A) = \lambda_1 + \lambda_2$$

Das sind zwei Gleichungen mit zwei Unbekannten. Also können wir dieses Gleichungssystem lösen. Wir können die Gleichungen umstellen (dies ist ziemlich mühsam, deswegen verzichten wir hier auf die ganze Herleitung) und erhalten die Formel für Eigenwerte von 2×2-Matrizen:

$$\lambda_{1,2} = \frac{\mathrm{Spur}(A)}{2} \pm \sqrt{\left(\frac{\mathrm{Spur}(A)}{2}\right)^2 - \det(A)}.$$

$\frac{\mathrm{Spur}(A)}{2}$ kann auch als Mittelwert der beiden Elemente auf der Hauptdiagonalen interpretiert werden, respektive $\frac{a+d}{2}$. Wir definieren den Mittelwert

$$m = \frac{a+d}{2} = \frac{\mathrm{Spur}(A)}{2}$$

und erhalten die etwas schönere Form:

$$\lambda_{1,2} = m \pm \sqrt{m^2 - \det(A)}.$$

Beispiel Bestimme die Eigenwerte der Matrix

$$A = \begin{pmatrix} 2 & -1 \\ 2 & 4 \end{pmatrix}$$

Lösung *Der Mittelwert der beiden Hauptdiagonalelemente ist $m = 3$. Die Determinante der Matrix ist $\det(A) = 10$. Somit sind die Eigenwerte*

$$\lambda_{1,2} = 3 \pm \sqrt{3^2 - 10} = 3 \pm i.$$

5.9.3 Berechnung von Eigenvektoren

Wir haben nun eine Methode gefunden, wie wir Eigenwerte einer Matrix berechnen können. Nun wollen wir die Eigenvektoren ($\neq 0$) zu den Eigenwerten finden. Dazu folgende Überlegung: Aus der Gleichung $Av = \lambda v$ folgt die Gleichung

$$(A - \lambda E_n)v = 0.$$

Wir können unsere berechneten Eigenwerte einsetzen und erhalten mit $A^* = A - \lambda E_n$ das neue homogene Gleichungssystem $A^*v = 0$. Dieses können wir mit dem Gauß-Verfahren lösen und erhalten unseren Eigenvektor. Wir fassen dies nochmals in einem Rezept zusammen, indem wir wieder das Beispiel

$$A = \begin{pmatrix} 1 & 2 & -1 \\ 0 & 3 & 0 \\ -1 & 2 & 1 \end{pmatrix}$$

wählen.

Rezept (Eigenvektoren v_i zum Eigenwert λ_i berechnen)

1. Schreibe die Matrix $A - \lambda_i E_n$ auf. Das heißt: subtrahiere von der Diagonalen der Matrix jeweils λ_i. Wir erhalten mit unserem Beispiel und dem Eigenwert $\lambda_1 = 3$:

$$A^* = A - 3E_n = \begin{pmatrix} 1-3 & 2 & -1 \\ 0 & 3-3 & 0 \\ -1 & 2 & 1-3 \end{pmatrix} = \begin{pmatrix} -2 & 2 & -1 \\ 0 & 0 & 0 \\ -1 & 2 & -2 \end{pmatrix}.$$

2. Du erhältst ein Gleichungssystem $A^*v = 0$. Löse nun mit dem Gauß-Verfahren das Gleichungssystem, um die möglichen Eigenvektoren zu erhalten. In unserem Beispiel finden wir mit Gauß

$$\left(\begin{array}{ccc|c} -2 & 2 & -1 & 0 \\ 0 & 0 & 0 & 0 \\ -1 & 2 & -2 & 0 \end{array}\right) \xrightarrow{\text{Gauß}} \left(\begin{array}{ccc|c} -1 & 2 & -2 & 0 \\ 0 & -2 & 3 & 0 \\ 0 & 0 & 0 & 0 \end{array}\right).$$

Wir haben eine freie Variable. Es folgt aus $x_3 = s \in \mathbb{R} \implies x_2 = \frac{3s}{2}$ und damit $x_1 = s$. Somit sind die Eigenvektoren

$$\left\{ \begin{pmatrix} s \\ \frac{3s}{2} \\ s \end{pmatrix}, s \in \mathbb{R} \right\}.$$

Für Eigenvektoren gilt das folgende Theorem:

Satz Eigenvektoren zu unterschiedlichen Eigenwerten sind linear unabhängig.

Wir werden diesen Satz im nächsten Kapitel verwenden, wenn wir uns Differential-
gleichungssysteme (DGL-Systeme) anschauen.

Beispiel Berechne die beiden Eigenvektoren der Matrix

$$A = \begin{pmatrix} 2 & 3 \\ 0 & 4 \end{pmatrix}.$$

Lösung *Wir haben die Eigenwerte im letzten Abschnitt berechnet. Diese sind:*

$$\lambda_1 = 2, \quad \lambda_2 = 4.$$

Wir können den Eigenvektor v_1 zum Eigenwert $\lambda_1 = 2$ mit dem Rezept bestimmen:

1. Es ist

$$A^* = A - 2E_2 = \begin{pmatrix} 0 & 3 \\ 0 & 2 \end{pmatrix}.$$

2. Das Gleichungssystem ist bereits in Zeilenstufenform:

$$\left(\begin{array}{cc|c} 0 & 3 & 0 \\ 0 & 2 & 0 \end{array} \right).$$

*Die letzte Zeile ergibt $x_2 = 0$ und x_1 ist mit der ersten Zeile frei wählbar $x_1 = s$.
Die Eigenvektoren sind*

$$\left\{ \begin{pmatrix} s \\ 0 \end{pmatrix}, s \in \mathbb{R} \right\}.$$

*Um zu überprüfen, ob dies wirklich ein Eigenvektor ist, können wir Av_1 berech-
nen:*

$$Av_1 = \begin{pmatrix} 2 & 3 \\ 0 & 4 \end{pmatrix} \begin{pmatrix} s \\ 0 \end{pmatrix} = 2 \begin{pmatrix} s \\ 0 \end{pmatrix} = 2v_1.$$

Somit ist v_1 ein Eigenvektor mit Eigenwert $\lambda_1 = 2$ (wie erwartet).

Für $\lambda_2 = 4$ können wir ähnlich vorgehen:

1. *Es gilt*

$$A^* = A - 4E_2 = \begin{pmatrix} -2 & 3 \\ 0 & 0 \end{pmatrix}.$$

2. *Das Gleichungssystem ist, wie beim ersten Eigenwert, schon in Zeilenstufenform:*

$$\left(\begin{array}{cc|c} -2 & 3 & 0 \\ 0 & 0 & 0 \end{array} \right).$$

Wir können $x_2 = t$ frei wählen. Aus der ersten Zeile folgt dann $x_1 = \frac{3}{2}t$. Die Eigenvektoren sind also

$$\left\{ \begin{pmatrix} \frac{3}{2}t \\ t \end{pmatrix}, t \in \mathbb{R} \right\}.$$

Um zu überprüfen, ob dies wirklich ein Eigenvektor ist, können wir Av_2 berechnen:

$$Av_2 = \begin{pmatrix} 2 & 3 \\ 0 & 4 \end{pmatrix} \begin{pmatrix} \frac{3}{2}t \\ t \end{pmatrix} = \begin{pmatrix} 6t \\ 4t \end{pmatrix} = 4v_2.$$

Somit ist v_2 der zweite Eigenvektor mit Eigenwert $\lambda_2 = 4$.

Differentialgleichungen

6

6.1 Einführung

Allgemein betrachtet, ist eine Differentialgleichung eine mathematische Gleichung für eine Funktion $y(x)$, in welcher Ableitungen der Funktion enthalten sind. Die Gleichung stellt also einen Zusammenhang zwischen der Funktion, der Variablen der Funktion und den Ableitungen der Funktion auf. Beispielsweise ist

$$\frac{\mathrm{d}y(x)}{\mathrm{d}x} = xy(x)$$

eine Differentialgleichung. Wie wir sehen, können wir diese Gleichung nicht einfach integrieren, da auf der rechten Seite ebenfalls ein $y(x)$ steht. Wir brauchen also andere Mittel, diese Gleichung zu lösen. Diese Methoden werden wir in diesem Kapitel lernen. Wofür brauchen wir aber Differentialgleichungen? Schauen wir uns ein Beispiel aus der Physik an. Wir lassen einen Gegenstand mit der Masse m fallen (beispielsweise eine Tafel Schokolade). Nun gibt es einige Kräfte, die auf diese Tafel Schokolade wirken. Einmal wirkt die Gewichtskraft $F_g = mg$, mit der Gravitationsbeschleunigung $g = 9.81 \, m/s^2$. Weiter wirkt die entgegengesetzte Luftwiderstandskraft. Diese ist (sehr vereinfacht) gegeben durch $F_L = -N \cdot v(t)$ (dabei ist N eine Konstante). Sie ist also abhängig von der Geschwindigkeit des Gegenstandes (in Realität ist die Kraft abhängig vom Quadrat der Geschwindigkeit). Wir möchten nun zu jeder Zeit wissen, wo sich die Tafel Schokolade während des Fallens befindet. Dazu müssen wir das zweite Gesetz von Newton anwenden. Dieses besagt,

© Der/die Autor(en), exklusiv lizenziert an Springer-Verlag GmbH, DE, ein Teil von   171
Springer Nature 2024
H. Krizic, *Tutorium Mathematik für Naturwissenschaften*,
https://doi.org/10.1007/978-3-662-69221-9_6

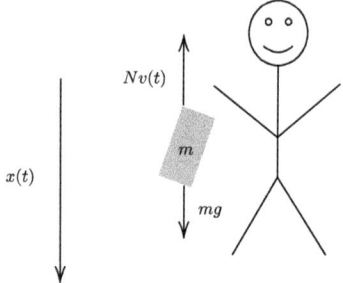

Abb. 6.1 Eine Person lässt eine Schokoladentafel herunterfallen. Auf die Tafel wirkt die Gewichtskraft ($F_g = mg$) und der in die entgegengesetzte Richtung wirkende Luftwiderstand (vereinfacht $F_L = -N \cdot v(t)$). Die Bewegung der Tafel lässt sich durch eine Differentialgleichung beschreiben

dass die Beschleunigung eines Gegenstandes multipliziert mit seiner Masse genau die Summe aller Kräfte ist, welche auf ihn wirken. In unserem Beispiel würde das bedeuten (Abb. 6.1)

$$m \cdot a(t) = mg - Nv(t).$$

Da aber $a(t) = x''(t)$ und $v(t) = x'(t)$ ist, können wir diese Gleichung zu einer Differentialgleichung, welche nur noch $x(t)$ als unbekannte Funktion hat, umschreiben zu

$$m \cdot x''(t) = mg - Nx'(t).$$

Wie wir später sehen werden, ist die Lösung dieser Differentialgleichung 2. Ordnung (die Ordnung ist die höchste Ableitung in der Gleichung) gegeben durch die Funktion

$$x(t) = \frac{m}{N}(Ce^{\frac{-Nt}{m}} + gt) + K.$$

Wie wir sehen, erhalten wir eine Lösung, welche von zwei verschiedenen Konstanten abhängt: C und K. Das ergibt nicht viel Sinn, denn wir möchten ein physikalisches Problem lösen, welches nur eine Lösung besitzt. Hier kommen sogenannte Anfangsbedingungen ins Spiel. In unserem Beispiel haben wir noch gar nicht erwähnt, aus welcher Höhe der Gegenstand fällt. Deswegen existiert auch noch keine eindeutige Lösung. Erst mit der Bedingung $x(0) = 10$ m erhalten wir zumindest eine der beiden Konstanten. Eine zweite Anfangsbedingung über die Anfangsgeschwindigkeit würde uns die zweite Konstante liefern. Die Ordnung gibt also auch an, wie viele Anfangsbedingungen wir benötigen, um eine eindeutige Lösung erhalten zu können. Ein physikalisches Problem besteht dann immer durch eine Differentialgleichung n-ter Ordnung mit n Anfangsbedingungen. Eine solche Differentialgleichung nennen wir in der Physik auch „Bewegungsgleichung". Sehr viele Probleme der Dynamik lassen sich durch solche Bewegungsgleichungen beschreiben. Es ist also sehr wichtig, dass wir nun so schnell wie möglich lernen, wie wir diese Gleichung lösen, damit wir die Bewegung in einem solchen Prozess ohne Probleme beschreiben können. Zurück zu Differentialgleichungen: Wir unterscheiden mehrere Arten von Differentialgleichungen.

6.2   Lineare Differentialgleichung 1. Ordnung

Bevor wir zum Lösen der Differentialgleichungen kommen, möchten wir eine andere Notation einführen. Wir schreiben statt $y(x)$ einfach y (da meist klar ist, was die Variable und was die Funktion ist) und wir schreiben statt $\frac{dy(x)}{dx}$ kurz y'. Damit erhalten wir beispielsweise die Differentialgleichung $y' = xy$, die wir vorhin angeschaut haben.

Die Ordnung einer Differentialgleichung ist gegeben durch die höchste Ableitung in der Gleichung. Wir befassen uns in diesem Abschnitt mit der linearen Differentialgleichung 1. Ordnung. Eine solche Gleichung ist immer vom Typ

$$y'(x) = p(x)y(x) + q(x).$$

Dabei sind $p(x)$ und $q(x)$ Funktionen, welche nur von x abhängen. Falls $q(x) = 0$ ist, sprechen wir von einer homogenen Differentialgleichung. Ansonsten nennen wir sie inhomogen. Wie lösen wir nun diese Differentialgleichung? Dazu schauen wir uns zunächst den homogenen Fall an.

6.2.1   Homogener Fall

Eine homogene lineare Differentialgleichung 1. Ordnung ist von der Form

$$y'(x) = p(x)y(x).$$

Wie wir später allgemeiner sehen werden, ist die allgemeine Lösung dieser Differentialgleichung $y(x) = Ce^{P(x)}$, wobei $P(x) = \int p(x)dx$ die Stammfunktion von $p(x)$ ist. C ist eine Konstante, welche wir durch weitere Bedingungen (sogenannte Anfangsbedingungen) bestimmen können (wir sind diesen Anfangsbedingungen schon in der Einführung begegnet). Wir veranschaulichen diese Art von Differentialgleichungen anhand eines Beispiels:

Beispiel. Bestimme alle Lösungen $y(x)$ der Differentialgleichung $y'(x) = xy(x)$ mit Anfangsbedingung $y(0) = 1$.

Lösung *Die Differentialgleichung ist von der Form $y'(x) = p(x)y(x)$ mit $p(x) = x$. Die Stammfunktion von $p(x)$ ist $P(x) = \frac{1}{2}x^2$ (ohne Konstante, da diese in C später enthalten ist). Somit ist die allgemeine Lösung dieser Differentialgleichung*

$$y(x) = Ce^{\frac{1}{2}x^2}$$

mit einer Konstante $C \in \mathbb{R}$. Diese Konstante lässt sich nun durch die Anfangsbedingung bestimmen. Es gilt

$$y(0) = Ce^{\frac{1}{2}0^2} = Ce^0 = C.$$

Da $y(0) = 1$ die Anfangsbedingung ist, muss $C = 1$ gelten. Die eindeutige Lösung der Differentialgleichung ist somit

$$y(x) = e^{\frac{1}{2}x^2}.$$

6.2.2 Inhomogener Fall

Im inhomogenen Fall können wir die Differentialgleichung mit der „Variation der Konstanten" lösen:

Rezept (Lösen von Differentialgleichungen der Form $y'(x) = p(x)y(x) + q(x)$)

1. Wir denken uns im ersten Schritt das $q(x)$ am Schluss weg und lösen die homogene Gleichung $y'(x) = p(x)y(x)$. Somit erhalten wir $y_h(x) = Ce^{P(x)}$.
2. Wir ersetzen jetzt das C durch eine Funktion $C(x)$ und erhalten $y(x) = C(x)e^{P(x)}$.
3. Nun setzen wir diese Lösung in unsere Gleichung oben ein und erhalten

$$y'(x) = p(x)y(x) + q(x) \iff C'(x)e^{P(x)} + P'(x)C(x)e^{P(x)}$$
$$= p(x)C(x)e^{P(x)} + q(x).$$

4. Da aber $P'(x) = p(x)$ gilt, kürzt sich dieser Term auf beiden Seiten weg und wir erhalten

$$C'(x)e^{P(x)} = q(x).$$

5. Wir lösen diese Differentialgleichung nach $C(x)$ und setzen sie in unsere Lösung ein, also

$$C'(x) = e^{-P(x)}q(x) \longrightarrow C(x) = \int e^{-P(x)}q(x)\mathrm{d}x,$$

wobei wir das $+C$ nicht vergessen dürfen!

Unsere Lösung ist dann gegeben durch $y(x) = C(x)e^{P(x)}$. Das Resultat lässt sich einfach überprüfen, indem man die Lösung wieder in die Differentialgleichung einsetzt und schaut, ob beide Seiten übereinstimmen.

Wir wenden nun dieses Verfahren in Beispielen an. Theoretisch kann man direkt die Formel aus dem Rezept nutzen. Wir werden in den Beispielen aber immer die gesamte Herleitung geben.

Beispiel Bestimme alle Lösungen $y(x)$ der Differentialgleichung $y'(x) = y(x) + 1$.

Lösung *Die Differentialgleichung ist von der Form $y'(x) = p(x)y(x) + q(x)$ mit $p(x) = 1$ und $q(x) = 1$.*

1. *Wir denken uns $q(x) = 1$ weg und erhalten die Differentialgleichung $y'(x) = y(x)$. Diese hat die Lösung $y_h(x) = Ce^x$.*
2. *Wir ersetzen das C durch $C(x)$ und erhalten $y(x) = C(x)e^x$.*
3. *Im nächsten Schritt setzen wir $y(x)$ wieder in unsere Differentialgleichung ein und erhalten*

$$y'(x) = y(x) + 1 \iff C'(x)e^x + C(x)e^x = C(x)e^x + 1.$$

4. *Wir lösen nun nach $C'(x)$ auf und erhalten*

$$C'(x) = e^{-x} \iff C(x) = \int e^{-x}\mathrm{d}x.$$

5. *Damit ergibt sich*

$$C(x) = -e^{-x} + C.$$

6. *Wir setzen nun wieder $C(x)$ in unsere Lösung ein und erhalten*

$$y(x) = (-e^{-x} + C)e^x = Ce^x - 1.$$

Beispiel Bestimme die Lösung $y(x)$ der Differentialgleichung $y'(x) = y(x) + x^2$ mit Anfangsbedingung $y(0) = -2$.

Lösung *Die Differentialgleichung ist von der Form $y'(x) = p(x)y(x) + q(x)$ mit $p(x) = 1$ und $q(x) = x^2$.*

1. *Wir denken uns den Term $q(x) = x^2$ weg und erhalten die Differentialgleichung $y'(x) = y(x)$. Diese hat die Lösung $y_h(x) = Ce^x$.*

2. Wir ersetzen das C durch $C(x)$ und erhalten $y(x) = C(x)e^x$.
3. Im nächsten Schritt setzen wir $y(x)$ wieder in unsere Differentialgleichung ein und erhalten

$$y'(x) = y(x) + x^2 \iff C'(x)e^x + C(x)e^x = C(x)e^x + x^2.$$

4. Wir lösen nun nach $C'(x)$ auf und erhalten

$$C'(x) = e^{-x}x^2 \iff C(x) = \int e^{-x}x^2 \mathrm{d}x.$$

5. Mit partieller Integration (DI-Methode 1. Fall) erhalten wir

$$C(x) = -e^{-x}(2 + 2x + x^2) + C.$$

6. Wir setzen nun $C(x)$ wieder in unsere Lösung ein und erhalten

$$y(x) = (-e^{-x}(2 + 2x + x^2) + C)e^x = Ce^x - 2 - 2x - x^2.$$

7. Um C zu bestimmen, setzen wir die Anfangsbedingung ein:

$$y(0) = Ce^0 - 2 - 2\cdot 0 - 0^2 = C - 2 = -2 \implies C = 0.$$

Die Lösung ist somit $y(x) = -2 - 2x - x^2$.

6.2.3   Konstante Koeffizienten

Ist unsere Differentialgleichung von der Form

$$y'(x) = ay(x) + b$$

mit Konstanten a und b, so ist die Lösung der Differentialgleichung (wie man leicht selbst überprüfen kann) gegeben durch

$$y(x) = Ce^{ax} - \frac{b}{a}.$$

6.2.4 Partikuläre Lösung

Haben wir eine inhomogene Differentialgleichung, deren Lösung (für ein beliebiges C) schon bekannt ist, so gilt

$$y(x) = y_h(x) + y_p(x),$$

wobei $y_h(x)$ die Lösung der homogenen Gleichung ist und $y_p(x)$ die gefundene partikuläre Lösung.

Beispiel Bestimme die Lösung $y(x)$ der Differentialgleichung $y'(x) = -y(x) + x + 1$.

Lösung *Die Differentialgleichung ist von der Form $y'(x) = p(x)y(x) + q(x)$ mit $p(x) = -1$ und $q(x) = x + 1$. Wir können diese Gleichung nun mithilfe unseres Rezeptes für inhomogene Differentialgleichungen 1. Ordnung lösen. Ein einfacherer Weg ist es aber, eine Lösung zu erraten. Beispielsweise ist in diesem Fall $y_p(x) = x$ eine Lösung, da $y'_p(x) = 1$ und $-y_p(x) + x + 1 = -x + x + 1 = 1$ ist. Die homogene Lösung ist die Lösung der Gleichung $y'(x) = -y(x)$, also $y(x) = Ce^{-x}$. Somit ist die Lösung der inhomogenen Differentialgleichung*

$$y(x) = y_h(x) + y_p(x) = Ce^{-x} + x.$$

6.3 Nichtlineare Differentialgleichung 1. Ordnung

In diesem Abschnitt kümmern wir uns um nichtlineare Differentialgleichungen 1. Ordnung. Diese sind von der Form

$$y'(x) = p(x)g(y(x)).$$

Wie wir sehen, haben wir jetzt eine Funktion von $y(x)$ auf der rechten Seite. Beispielsweise ist $y'(x) = xy^2(x)$ eine nichtlineare Differentialgleichung. Wir können diese Art von Gleichungen mithilfe der „Trennung der Variablen" lösen.

6.3.1 Trennung der Variablen

Bei der Trennung der Variablen wollen wir die Gleichung so umformen, dass auf der linken Seite nur Terme stehen, die $y(x)$ enthalten, und rechts nur Terme, die x enthalten. Anschließend integrieren wir einzeln auf beiden Seiten. Hierzu folgendes Rezept:

Rezept (Lösen von Differentialgleichungen der Form $y' = p(x)g(y)$)

1. Ersetze die Ableitung durch den Differentialquotienten $\frac{dy}{dx}$:

$$\frac{dy}{dx} = p(x)g(y).$$

2. Stelle nun die Gleichung so um, dass alle y-Terme auf einer Seite und alle x-Terme (inklusive dx) auf der anderen sind:

$$\frac{dy}{g(y)} = p(x)dx.$$

3. Integriere beide Seiten. Du erhältst auf beiden Seiten eine Konstante. Diese kannst du zu einer Konstanten zusammenfassen.
4. Stelle die Gleichung nach y um.

Das Resultat lässt sich einfach überprüfen, indem man die Lösung wieder in die Differentialgleichung einsetzt und schaut, ob beide Seiten übereinstimmen.

Um das Rezept zu veranschaulichen, wenden wir es in den nächsten zwei Beispielen an.

Beispiel Bestimme die Lösung y der Differentialgleichung $y' = p(x)y$ mit $p(x)$ beliebig.

Lösung *Dies ist genau die Lösung der homogenen linearen Differentialgleichung. Wir wollen jedoch nun das Resultat mithilfe der Trennung der Variablen herleiten.*

1. *Wir ersetzen die Ableitung durch den Differentialquotienten $\frac{dy}{dx}$ und erhalten*

$$\frac{dy}{dx} = p(x)y.$$

2. *Nun trennen wir die Variablen x und y und erhalten*

$$\frac{dy}{dx} = p(x)y \iff \frac{1}{y}dy = p(x)dx.$$

3. *Wir integrieren beide Seiten und erhalten*

$$\int \frac{1}{y} \mathrm{d}y = \int p(x) \mathrm{d}x$$
$$\Longrightarrow \log|y| + C_1 = P(x) + C_2.$$

4. *Schlussendlich stellen wir die Gleichung nach y um, wobei wir die Konstanten zu $C_0 = C_2 - C_1$ zusammenfassen:*

$$\log|y| = P(x) + C_0$$
$$y = e^{P(x)+C_0}$$
$$y = e^{P(x)}e^{C_0}$$

und da e^{C_0} eine Konstante ist, können wir mit $C = e^{C_0}$ die Lösung auch als $y = Ce^{P(x)}$ schreiben.[1]

Beispiel Bestimme die Lösung y der Differentialgleichung $y' = \sqrt{y}$ (mit der Annahme, dass y stets positiv ist).

Lösung *Wir lösen die Differentialgleichung mit der Trennung der Variablen.*

1. *Wir ersetzen die Ableitung durch den Differentialquotienten $\frac{\mathrm{d}y}{\mathrm{d}x}$ und erhalten*

$$\frac{\mathrm{d}y}{\mathrm{d}x} = \sqrt{y}.$$

2. *Nun trennen wir die Variablen x und y und erhalten*

$$\frac{\mathrm{d}y}{\mathrm{d}x} = \sqrt{y} \iff \frac{1}{\sqrt{y}} \mathrm{d}y = \mathrm{d}x.$$

3. *Wir integrieren beide Seiten und erhalten*

$$\int \frac{1}{\sqrt{y}} \mathrm{d}y = \int \mathrm{d}x$$
$$2\sqrt{y} = x + C.$$

---

[1] Wir haben hier bei der zweiten Gleichheit die Betragsstriche weggelassen. Mit den Betragsstrichen würden wir $y = \pm e^{P(x)}e^{C_0}$ erhalten. Wir können dann $\pm e^{C_0}$ (also mit dem Vorzeichen) zur Konstanten $C = \pm e^{C_0}$ zusammenfassen und erhalten das gleiche Ergebnis. Da dies häufiger der Fall ist, lassen wir diese hier einfachheitshalber einfach weg.

4. *Schlussendlich stellen wir die Gleichung nach y um:*

$$2\sqrt{y} = x + C$$
$$\implies y = \left(\frac{x+C}{2}\right)^2.$$

6.3.2 Substitution

Wie schon bei den Integralen kann es auch bei Differentialgleichungen nützlich sein, Substitution anzuwenden. Die zwei wichtigsten Arten von Differentialgleichungen, welche mit Substitution gelöst werden, sind

$$y' = h\left(\frac{y}{x}\right) \quad \text{und} \quad y' = h(ax + by + c).$$

Wir führen dann die Substitution $z(x) = \frac{y(x)}{x}$ für das erste Beispiel und $z(x) = ax + by + c$ für das zweite Beispiel ein. Anschließend leiten wir $z(x)$ ab und erhalten eine neue Differentialgleichung für $z(x)$, welche wir lösen. Schlussendlich rücksubstituieren wir wieder und erhalten $y(x)$. Folgendes Beispiel sollte dies veranschaulichen:

Beispiel Bestimme die Lösung y der Differentialgleichung $y' = 2x - y$.

Lösung *Wir haben hier den Fall $y' = h(ax + by + c)$ und substituieren $z(x) = 2x - y(x)$. Wir erhalten dann die Differentialgleichung*

$$z' = 2 - y' = 2 - (2x - y) = 2 - z.$$

Mit unseren bekannten Methoden erhalten wir dann die Lösung $z = 2 - Ce^{-x}$. Durch Einsetzen in die Substitution erhalten wir $y = 2x - z = Ce^{-x} + 2x - 2$.

6.4   Zusammenfassung 1. Ordnung

Im folgenden Schema wird nochmals das Lösen der Differentialgleichungen 1. Ordnung zusammengefasst:

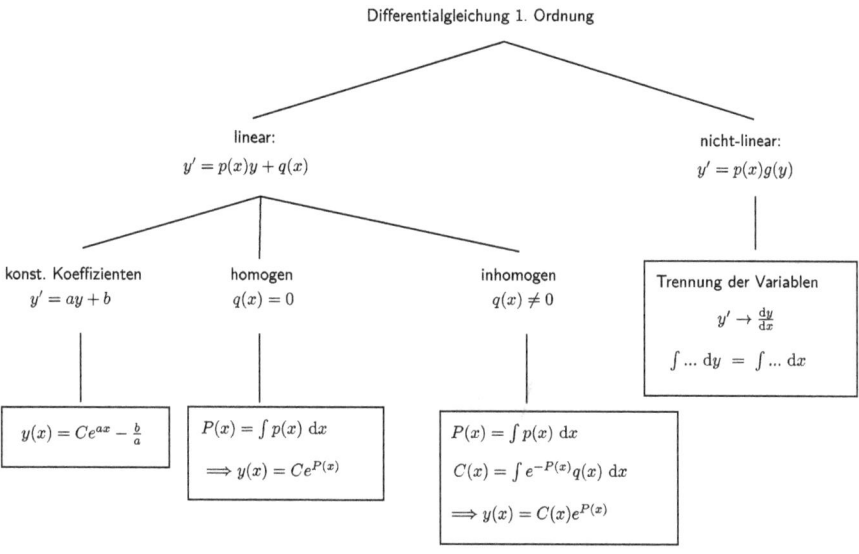

6.5   Lineare Differentialgleichung 2. Ordnung

Bis jetzt haben wir immer nur Differentialgleichungen mit der ersten Ableitung von y betrachtet. Wir wollen nun aber die lineare Differentialgleichung 2. Ordnung verstehen. Allgemeine Differentialgleichungen 2. Ordnung sind – wenn überhaupt analytisch – meist nur mit großem Aufwand lösbar. Deswegen konzentrieren wir uns hier auf lineare Differentialgleichungen 2. Ordnung mit konstanten Koeffizienten. Diese hat die Form

$$ay'' + by' + cy = g(x),$$

wobei a, b und c (wie es der Name schon sagt) konstante Koeffizienten sind und $g(x)$ eine Funktion in Abhängigkeit von x. Wir betrachten wieder zunächst den homogenen Fall $g(x) = 0$ und anschließend den inhomogenen Fall.

6.5.1   Homogener Fall

Im homogenen Fall ist die Differentialgleichung gegeben durch

$$ay'' + by' + cy = 0.$$

Wir können diese Gleichung mit dem folgenden Rezept lösen:

Rezept (Lösen von Differentialgleichungen der Form $ay'' + by' + cy = 0$)

1. Beginne mit dem Ansatz $y = e^{\lambda x}$ und setze diesen direkt in die Gleichung ein:

$$a\lambda^2 e^{\lambda x} + b\lambda e^{\lambda x} + ce^{\lambda x} = 0.$$

2. Anschließend müssen wir alles durch $e^{\lambda x}$ teilen und erhalten die charakteristische Gleichung

$$a\lambda^2 + b\lambda + c = 0.$$

Die ersten beiden Schritte können somit vereinfacht werden, indem man direkt y'' durch λ^2, y' durch λ und y durch 1 ersetzt.

3. Wir können nun λ bestimmen und müssen drei Fälle unterscheiden:

   i. $b^2 - 4ac > 0$: Es gilt dann $\lambda_1 \neq \lambda_2$ (beide reell) und die Lösung ist gegeben durch

   $$C_1 e^{\lambda_1 x} + C_2 e^{\lambda_2 x}.$$

   ii. $b^2 - 4ac = 0$: Es gilt $\lambda_1 = \lambda_2 = \alpha \in \mathbb{R}$ und die Lösung ist gegeben durch

   $$C_1 e^{\alpha x} + C_2 x e^{\alpha x},$$

   wobei das x im zweiten Term hinzugekommen ist.

   iii. $b^2 - 4ac < 0$: Es gilt $\overline{\lambda_1} = \lambda_2 = \alpha + i\beta$ (beide also komplex) und die Lösung ist gegeben durch

   $$e^{\alpha x}(C_1 \cos(\beta x) + C_2 \sin(\beta x)).$$

Das Resultat lässt sich einfach überprüfen, indem man die Lösung wieder in die Differentialgleichung einsetzt und schaut, ob beide Seiten übereinstimmen.

Welches β wählen wir aber im dritten Schritt? Da sich der Imaginärteil bei den zwei Eigenwerten nur im Vorzeichen unterscheidet, ist es aufgrund von $\cos(-\beta x) = \cos(\beta x)$ und $\sin(-\beta x) = -\sin(\beta x)$ egal, welchen Imaginärteil wir für β auswählen (beim Sinus fließt das Vorzeichen in die Konstante). Um Vorzeichenfehler zu vermeiden, setzen wir den positiven Imaginärteil gleich β. Wir möchten das Rezept nun an zwei Beispielen anwenden.

Beispiel Bestimme die Lösung y der Differentialgleichung $y'' + 3y' - 4y = 0$.

Lösung

1. Die charakteristische Gleichung ist gegeben durch

$$\lambda^2 + 3\lambda - 4 = 0.$$

2. Die Lösungen dieser Gleichung sind $\lambda_1 = 1$ und $\lambda_2 = -4$. Somit haben wir den ersten Fall.
3. Die allgemeine Lösung ist gegeben durch $y = C_1 e^x + C_2 e^{-4x}$.

Beispiel Bestimme die Lösung y der Differentialgleichung $y'' + 4y' + 20y = 0$.

Lösung

1. Die charakteristische Gleichung ist gegeben durch

$$\lambda^2 + 4\lambda + 20 = 0.$$

2. Die Lösungen dieser Gleichung sind $\lambda_{1,2} = -2 \pm 4i$, was dem dritten Fall entspricht.
3. Die allgemeine Lösung ist gegeben durch (wir wählen $\beta = 4$):

$$y = e^{-2x}(C_1 \cos(4x) + C_2 \sin(4x)).$$

6.5.2 Inhomogener Fall

Beim inhomogenen Fall der Differentialgleichungen 2. Ordnung funktioniert die Variation der Konstanten nicht so simpel wie im Falle der Differentialgleichung 1. Ordnung. Man benutzt daher meist die Methode der partikulären Lösung. Bei linearen Differentialgleichungen 1. Ordnung empfiehlt es sich, die Variation der Konstanten zu benutzen. Für inhomogene lineare Differentialgleichungen 2. Ordnung benutzen wir folgendes Rezept:

Rezept (Lösen inhomogener Differentialgleichungen der Form $y'' + ay' + by = g(x)$)

1. Löse zunächst die homogene Differentialgleichung (setze dafür $g(x) = 0$) mit dem Rezept aus dem letzten Abschnitt und erhalte somit y_h.
2. Finde eine partikuläre Lösung y_p mithilfe der Lösungsansätze in der Tabelle weiter unten, wobei du die unbekannten Koeffizienten mithilfe vom Koeffizientenvergleich finden kannst.
3. Die Lösung ist

$$y = y_p + y_h.$$

Im Folgenden findest du die Tabelle für die Lösungsansätze, dabei ist

$$y''(x) + ay'(x) + by(x) = g(x)$$

die Differentialgleichung, $g(x)$ die Störfunktion und das charakteristische Polynom ist $p(\lambda) = \lambda^2 + a\lambda + b$. Falls also „... ist Nullstelle des charakteristischen Polynoms" steht, so ist dieser Term, eingesetzt für λ, eine Lösung der Gleichung

$$\lambda^2 + a\lambda + b = 0.$$

A, B, C... sind Koeffizienten, die dann mithilfe vom Koeffizientenvergleich bestimmt werden müssen.

Störfunktion $g(x)$	Lösungsansatz $y_p(x)$
	DGL: $y'' + ay' + by = g(x)$ $\qquad$ char. Polynom: $p(\lambda) = \lambda^2 + a\lambda + b$
Polynom vom Grad n	<ul><li>$b \neq 0: y_p = Ax^n + Bx^{n-1} + \ldots + Cx + D$</li><li>$a \neq 0, b = 0: y_p = Ax^{n+1} + Bx^n + \ldots + Cx^2 + Dx$</li><li>$a = 0, b = 0: y_p = Ax^{n+2} + Bx^{n+1} + \ldots + Cx^3 + Dx^2$</li></ul> Dabei sind a, b von $y'' + ay' + by = g(x)$ zu entnehmen. $A, B, C, \ldots$ sind die, durch Koeffizienten-vergleich zu bestimmenden, Koeffizienten
$g(x) = ke^{cx}$	<ul><li>c ist **keine** Nullstelle des charakteristischen Polynoms: $$y_p = A \cdot e^{cx}$$</li><li>c ist eine **einfache** Nullstelle des charakteristischen Polynoms: $$y_p = Ax \cdot e^{cx}$$</li><li>c ist eine **doppelte** Nullstelle des charakteristischen Polynoms: $$y_p = Ax^2 \cdot e^{cx}$$</li></ul> Dabei ist c von der Störfunktion $g(x)$ zu entnehmen. A ist der zu bestimmende Koeffizient. Tipp: die Nullstellen des charakteristischen Polynoms hast du schon bestimmt: λ_1, λ_2. Falls beide gleich sind und c entsprechen, ist es beispielsweise eine doppelte Nullstelle
$g(x) = \sin(\beta x)$ oder $g(x) = \cos(\beta x)$ oder $g(x) = n \cdot \sin(\beta x) + m \cdot \cos(\beta x)$ wobei $n \in \mathbb{R}$ und $m \in \mathbb{R}$	<ul><li>$i\beta$ ist **keine** Nullstelle des charakteristischen Polynoms: $$y_p = A \cdot \sin(\beta x) + B \cdot \cos(\beta x)$$</li><li>$i\beta$ ist eine Nullstelle des charakteristischen Polynoms: $$y_p = Ax \cdot \sin(\beta x) + Bx \cdot \cos(\beta x)$$</li></ul> Dabei ist β von der Störfunktion $g(x)$ zu entnehmen. A und B sind die zu bestimmenden Koeffizienten. Alternativ kann auch $y_p = C \cdot \sin(\beta x + \phi)$, respektive $y_p = Cx \cdot \sin(\beta x + \phi)$ als Ansatz gebraucht werden, wobei C und ϕ die zu bestimmenden Koeffizienten sind
$g(x) = P_n \cdot e^{cx} \cdot \sin(\beta x)$ oder $g(x) = P_n \cdot e^{cx} \cdot \cos(\beta x)$ Dabei ist P_n ein Polynom n-ten Grades	<ul><li>$c + i\beta$ ist **keine** Nullstelle des charakteristischen Polynoms: $$y_p = e^{cx}(Q_n \cdot \sin(\beta x) + R_n \cdot \cos(\beta x))$$</li><li>$c + i\beta$ ist eine Nullstelle des charakteristischen Polynoms: $$y_p = x \cdot e^{cx}(Q_n \cdot \sin(\beta x) + R_n \cdot \cos(\beta x))$$</li></ul> Dabei sind c und β von der Störfunktion $g(x)$ zu entnehmen. Die Polynome n-ten Grades Q_n und R_n enthalten die zu bestimmenden Koeffizienten. Man setze also beispielsweise $Q_n = Ax^n + Bx^{n-1} \ldots + Cx + D$ und bestimme die Koeffizienten $A, B, C\ldots$ mithilfe dem Koeffizientenvergleich

Wir wenden das Rezept an einem Beispiel an:

Bestimme die Lösung der inhomogenen DGL 2. Ordnung:

$$y'' + 9y = \sin(5x).$$

Lösung   *Die homogene Differentialgleichung lautet*

$$y'' + 9y = 0.$$

Das charakteristische Polynom ist

$$\lambda^2 + 9 = 0$$

und somit $\lambda = \pm 3i$. *Wir erhalten also die homogene Lösung (mit* $\alpha = 0, \beta = 1$)

$$y_h = C_1 \cos(3x) + C_2 \sin(3x).$$

Nun zur partikulären Lösung. Die Störfunktion ist in der Form $\sin(\beta x)$ *mit* $\beta = 5$. *Da* $5i$ *keine Nullstelle des charakteristischen Polynoms bildet, müssen wir den Ansatz*

$$y_p = A \sin(5x) + B \cos(5x)$$

wählen. Einsetzen in die Differentialgleichung 2. Ordnung ergibt

$$-25A \sin(5x) - 25B \cos(5x) + 9(A \sin(5x) + B \cos(5x)) = \sin(5x)$$
$$\implies -16A \sin(5x) - 16B \cos(5x) = \sin(5x)$$

und somit $B = 0$ *und* $A = -\frac{1}{16}$. *Wir erhalten die partikuläre Lösung*

$$y_p = -\frac{1}{16} \sin(5x)$$

und damit die Gesamtlösung

$$y = y_h + y_p = C_1 \cos(3x) + C_2 \sin(3x) - \frac{1}{16} \sin(5x).$$

6.6   Systeme von Differentialgleichungen 1. Ordnung

In diesem Abschnitt studieren wir *lineare Systeme* von Differentialgleichungen 1. Ordnung. Das bedeutet, wir haben mehr als nur eine unbekannte Funktion und dementsprechend mehrere Gleichungen. Wir behandeln zunächst den Fall, bei dem wir zwei Funktionen und zwei Differentialgleichungen haben, und anschließend den allgemeinen Fall mit n Funktionen.

6.6.1   Lösung eines (2 × 2)-DGL-Systems mit konstanten Koeffizienten

Sei ein 2×2-System gegeben, mit konstanten Koeffizienten:

$$y_1'(x) = a y_1(x) + b y_2(x)$$
$$y_2'(x) = c y_1(x) + d y_2(x),$$

wobei a, b, c und d Konstanten sind. Wir können nun dieses System, ähnlich zu linearen Gleichungssystemen, in eine Matrix schreiben. Wir erhalten dabei

$$\begin{pmatrix} y_1'(x) \\ y_2'(x) \end{pmatrix} = \begin{pmatrix} a & b \\ c & d \end{pmatrix} \begin{pmatrix} y_1(x) \\ y_2(x) \end{pmatrix}$$

oder kürzer

$$y'(x) = Ay(x)$$

mit

$$y'(x) = \begin{pmatrix} y_1'(x) \\ y_2'(x) \end{pmatrix}, \quad y(x) = \begin{pmatrix} y_1(x) \\ y_2(x) \end{pmatrix} \quad \text{und} \quad A = \begin{pmatrix} a & b \\ c & d \end{pmatrix}.$$

Falls die Matrix A linear unabhängige Eigenvektoren hat, so kann folgender Abschnitt beim Lösen des Systems helfen.

Lösen mit Eigenwerten und Eigenvektoren

Wir können das System mithilfe der Eigenwerte und Eigenvektoren von A lösen. Seien dazu $\lambda_{1,2}$ die Eigenwerte und $v_{1,2}$ die dazugehörigen Eigenvektoren. Das Lösen mit den Eigenwerten λ_1, λ_2 und den Eigenvektoren v_1 und v_2 funktioniert nur, wenn die Eigenvektoren linear unabhängig voneinander sind. Wir erinnern uns dabei an folgenden Satz aus dem Kapitel der linearen Algebra:

Satz Eigenvektoren zu verschiedenen Eigenwerten sind linear unabhängig voneinander.

Wenn wir also zwei verschieden Eigenwerte mit je einem Eigenvektor erhalten, dann sind diese automatisch linear unabhängig. Ansonsten müssen wir die lineare Unabhängigkeit mit der Determinanten prüfen. Für linear unabhängige Eigenvektoren ist die Lösung des Systems gegeben durch

$$y(x) = C_1 e^{\lambda_1 x} v_1 + C_2 e^{\lambda_2 x} v_2.$$

Beispiel Bestimme die Lösungen y_1 und y_2 des Systems

$$y_1' = -y_1 + 3y_2$$
$$y_2' = 2y_1 - 2y_2.$$

Lösung *Wir schreiben das System in Matrixschreibweise und erhalten*

$$\begin{pmatrix} y_1' \\ y_2' \end{pmatrix} = \begin{pmatrix} -1 & 3 \\ 2 & -2 \end{pmatrix} \begin{pmatrix} y_1 \\ y_2 \end{pmatrix}.$$

Wir erhalten die Eigenwerte $\lambda_1 = -4$ und $\lambda_2 = 1$. Damit müssen die dazugehörigen Eigenvektoren linear unabhängig sein. Wir finden beispielsweise die Eigenvektoren

$$v_1 = \begin{pmatrix} -1 \\ 1 \end{pmatrix},$$

$$v_2 = \begin{pmatrix} \frac{3}{2} \\ 1 \end{pmatrix}.$$

Wir können auch ein Vielfaches von v_1 oder v_2 wählen, da dies auch Eigenvektoren sind. Für die letztendliche Lösung ist das aber egal, da diese Skalare in die Konstanten einfließen. Die Lösung ist

$$\begin{pmatrix} y_1 \\ y_2 \end{pmatrix} = C_1 e^{-4x} \begin{pmatrix} -1 \\ 1 \end{pmatrix} + C_2 e^{x} \begin{pmatrix} \frac{3}{2} \\ 1 \end{pmatrix}.$$

Ausgeschrieben erhalten wir die Lösungen y_1 und y_2, indem wir die obere Zeile für y_1 und die untere Zeile für y_2 aufschreiben:

$$y_1(x) = -C_1 e^{-4x} + \frac{3}{2} C_2 e^{x},$$
$$y_2(x) = C_1 e^{-4x} + C_2 e^{x}.$$

Beispiel Bestimme die Lösungen y_1 und y_2 des Systems

$$y_1' = 3y_1 + y_2$$
$$y_2' = y_1 + 3y_2.$$

Lösung *Wir schreiben das System in Matrixschreibweise und erhalten*

$$\begin{pmatrix} y_1' \\ y_2' \end{pmatrix} = \begin{pmatrix} 3 & 1 \\ 1 & 3 \end{pmatrix} \begin{pmatrix} y_1 \\ y_2 \end{pmatrix}.$$

Wir erhalten die Eigenwerte $\lambda_1 = 2$ und $\lambda_2 = 4$. Damit müssen die dazugehörigen Eigenvektoren linear unabhängig sein. Wir finden die Eigenvektoren

$$v_1 = \begin{pmatrix} -1 \\ 1 \end{pmatrix},$$

$$v_2 = \begin{pmatrix} 1 \\ 1 \end{pmatrix}.$$

Somit erhalten wir für den Lösungsvektor $y(x)$

$$\begin{pmatrix} y_1 \\ y_2 \end{pmatrix} = C_1 e^{2x} \begin{pmatrix} -1 \\ 1 \end{pmatrix} + C_2 e^{4x} \begin{pmatrix} 1 \\ 1 \end{pmatrix}.$$

Ausgeschrieben sind die Lösungen

$$y_1(x) = -C_1 e^{2x} + C_2 e^{4x},$$
$$y_2(x) = C_1 e^{2x} + C_2 e^{4x}.$$

Teilweise entkoppelte Systeme

Das 2×2-System

$$y_1'(x) = ay_1(x) + by_2(x)$$
$$y_2'(x) = cy_1(x) + dy_2(x)$$

ist besonders einfach zu lösen, wenn $b = c = 0$ oder $b = 0, c \neq 0$ (oder umgekehrt) gilt. In diesem Fall lässt sich das System mit Differentialgleichungen 1. Ordnung lösen. Dazu folgendes Rezept:

Rezept (Lösen von (2×2)-DGL-Systemen der Form $y' = Ay$)

1. Fall 1: $b = c = 0$. Dann haben wir genau zwei homogene lineare Differentialgleichungen 1. Ordnung, nämlich

$$y_1'(x) = ay_1(x),$$
$$y_2'(x) = dy_2(x).$$

2. Fall 2: $b = 0, c \neq 0$. Dann reduziert sich das Problem für $y_1(x)$ auf eine homogene lineare Differentialgleichung 1. Ordnung $y_1'(x) = ay_1(x)$. Wir bestimmen anschließend $y_2(x)$, indem wir die gefundene Lösung für $y_1(x)$ in das System einsetzen.

3. Fall 3: $b \neq 0, c = 0$. Dann reduziert sich das Problem für $y_2(x)$ auf eine homogene lineare Differentialgleichung 1. Ordnung $y_2'(x) = dy_2(x)$. Wir bestimmen anschließend $y_1(x)$, indem wir die gefundene Lösung für $y_2(x)$ in das System einsetzen.

6.6.2 Lösung eines $(n \times n)$-DGL-Systems

Die erste Methode mit den Eigenwerten und Eigenvektoren können wir auf eine $(n \times n)$-Matrix verallgemeinern. Sei also $y' = Ay$ ein homogenes, lineares $n \times n$-DGL-System mit

$$y' = \begin{pmatrix} y_1' \\ y_2' \\ \vdots \\ y_n' \end{pmatrix}, y = \begin{pmatrix} y_1 \\ y_2 \\ \vdots \\ y_n \end{pmatrix}.$$

Seien nun $\lambda_1, \lambda_2, ..., \lambda_n$ (nicht unbedingt verschieden) die Eigenwerte von A und $v_1, v_2, ..., v_n$ die entsprechenden Eigenvektoren. Sind nun $v_1, v_2, ..., v_n$ linear unabhängig, so ist die allgemeine Lösung mit n Konstanten $C_1, C_2, ..., C_n$ gegeben durch

$$y(x) = C_1 e^{\lambda_1 x} v_1 + C_2 e^{\lambda_2 x} v_2 + ... + C_n e^{\lambda_n x} v_n.$$

6.7   Richtungsfeld

Ein Richtungsfeld ist eine grafische Darstellung einer Differentialgleichung. Wir betrachten hierbei Differentialgleichungen 1. Ordnung der allgemeinen Form

$$y' = f(x, y).$$

Um das Richtungsfeld dieser Differentialgleichung zu erstellen, wird an jedem Punkt (x_0, y_0) eine kurze Strecke mit der Steigung $y' = f(x_0, y_0)$ eingezeichnet. Jede Lösung der Differentialgleichung wird sich dann an dieses Richtungsfeld richten. Wir fassen das Zeichnen des Richtungsfelds in einem Rezept zusammen:

Rezept (Richtungsfeld einer Differentialgleichung 1. Ordnung zeichnen)

1. Führe die Differentialgleichung auf die Form $y' = f(x, y)$ zurück.
2. Wähle nun Punkte in einem Koordinatensystem, welche möglichst gleichmäßig im gewählten Bereich des Koordinatensystems verteilt sind.
3. Werte an diesen gleichmäßig verteilten Punkten $f(x, y)$ aus und zeichne an diesem Punkt einen Pfeil ein, der genau die Steigung $f(x, y)$ besitzt.

Das Richtungsfeld von $y' = x^2 + y^2$ ist beispielsweise

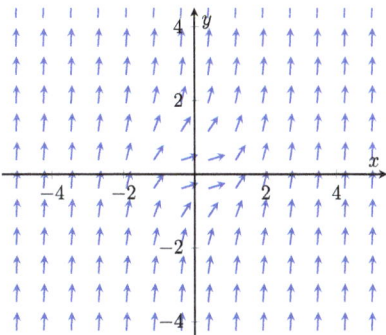

Es lässt sich nun erahnen, wie die Funktion $y(x)$ etwa aussehen könnte. Die Funktion durch $(0, 0)$ (also mit Anfangsbedingung $y(0) = 0$) würde etwa so aussehen:

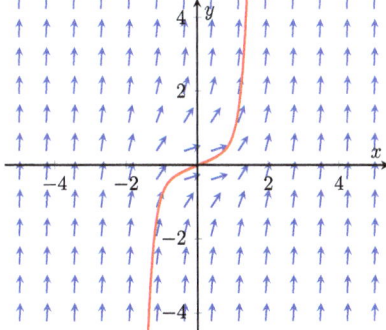

Mehrdimensionale Funktionen

7

7.1 Einführung

Wir beginnen dieses Kapitel mit einem kurzen Beispiel aus der Physik. Wir betrachten einen Speerwerfer. Dieser wirft seinen Speer genau am Ort $x = 0$ ab. Folgende Skizze veranschaulicht diese Situation

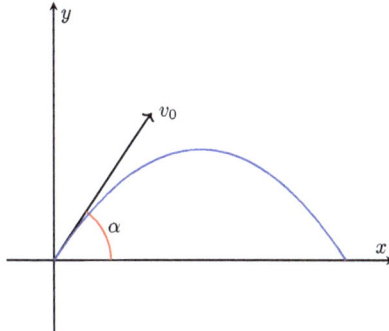

Die Wurfweite hängt nun von genau zwei Parametern ab (wir vernachlässigen hier den Luftwiderstand):

© Der/die Autor(en), exklusiv lizenziert an Springer-Verlag GmbH, DE, ein Teil von Springer Nature 2024
H. Krizic, *Tutorium Mathematik für Naturwissenschaften*,
https://doi.org/10.1007/978-3-662-69221-9_7

1. Geschwindigkeit: Je schneller der Speer fliegt, desto weiter fliegt er.
2. Winkel: Je nachdem in welchem Winkel der Speerwerfer den Speer abwirft, fliegt der Speer unterschiedlich weit.

Die Formel für die Wurfweite ist also abhängig von zwei Variablen. Sie ist gegeben durch[1]

$$W(v_0, \alpha) = \frac{v_0^2 \sin(2\alpha)}{g},$$

wobei $g \approx 9.81$ die Gravitationskonstante ist, v_0 die Anfangsgeschwindigkeit und α der Abwurfwinkel. Wir können nun diese Funktion in ein 3D-Koordinatensystem zeichnen und erhalten folgendes Bild:

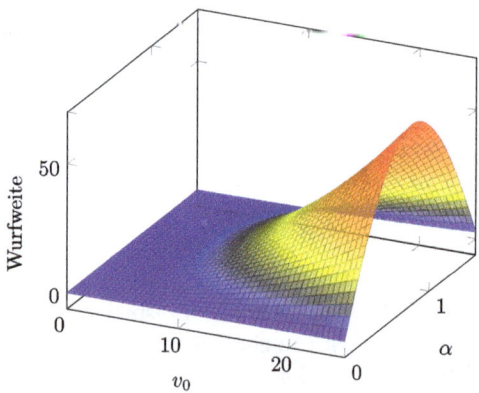

Beachte hierbei, dass physikalisch nur α zwischen 0 und $\frac{\pi}{2}$ Sinn ergibt. Wie wir an der Grafik sehen, haben wir genau dann den weitesten Wurf, wenn wir den Speer mit der Höchstgeschwindigkeit und einem Abwurfwinkel von $\frac{\pi}{4}$ (bzw. 45°) abwerfen.

7.2   Funktionen $f : \mathbb{R}^n \to \mathbb{R}$

Bis jetzt haben wir jeweils Funktionen der Art $f : D \to \mathbb{R}$ betrachtet, welche jedem Wert aus $D \subseteq \mathbb{R}$ einen Wert in $\mathbb{R}$ zuweist. Die Werte aus $\mathbb{R}$, welche dann wirklich getroffen wurden, waren Werte aus der Teilmenge $W \subseteq \mathbb{R}$. Diese Menge nannten wir Wertebereich.

---

[1] Diese Formel kann mittels der grundlegenden Kinematik eines schiefen Wurfs hergeleitet werden. Wir verzichten in diesem Buch auf die Herleitung.

In der Einführung dieses Kapitels haben wir aber bemerkt, dass es Funktionen gibt, welche von mehr als nur einer Variable abhängen. Können wir nun den Fall von einer Variable auf mehrere verallgemeinern? Um es etwas zu vereinfachen, untersuchen wir eine Funktion, die nur von zwei Variablen x_1 und x_2 abhängt. Diese ordnet dann den zwei Zahlen einen Wert $f(x_1, x_2)$ zu. Wir nennen (x_1, x_2) ein Tupel. Wir haben also einen Definitionsbereich, der nicht einzelne reelle Zahlen beinhaltet, sondern ganz viele solcher Tupel. Der Definitionsbereich ist demnach zweidimensional und somit $D \subseteq \mathbb{R}^2$. Die Funktion ist dann gegeben durch

$$f : D \subseteq \mathbb{R}^2 \to \mathbb{R}, \qquad (x_1, x_2) \mapsto f(x_1, x_2).$$

Wir können das Ganze nun auf n Variablen verallgemeinern. Wir erhalten einen Definitionsbereich mit lauter n-Tupel $(x_1, x_2, \ldots, x_n)$. Die Funktion ist gegeben durch

$$f : D \subseteq \mathbb{R}^n \to \mathbb{R}, \qquad (x_1, x_2, \ldots, x_n) \mapsto f(x_1, x_2, \ldots, x_n).$$

7.2.1 Graphen und Niveaulinien

Um einen Graph $x \mapsto f(x)$ zu zeichnen, setzt man jeden Punkt x in die Funktion $f(x)$ ein und erhält die Koordinaten der Punkte im Koordinatensystem $(x, f(x))$. Für Funktionen mit zwei Variablen kann man analog vorgehen. Man setzt jedes Tupel (x, y) in $f(x, y)$ ein und erhält die Koordinaten der Punkte im Koordinatensystem $(x, y, f(x, y))$. Der Unterschied zwischen dem Graphen einer Funktion $f(x)$ und der Funktion mit zwei Variablen ist die Dimension des Koordinatensystems, in dem sich der Graph befindet. Für $f(x, y)$ befindet sich der Graph in einem dreidimensionalen Raum. Wir können sagen, dass (x, y) jeweils einen Punkt in der Fläche bildet und $f(x, y)$ der Höhe an diesem Punkt entspricht. Als Beispiel kann man sich eine Bodenheizung vorstellen. Der Boden bildet eine Fläche. Für jeden Punkt (x, y) auf dieser Fläche können wir eine Temperatur $T(x, y)$ zuordnen, die wir dann entlang der z-Achse darstellen, um die Funktion in einem 3D-Koordinatensystem zu visualisieren. In der Einführung haben wir schon den Graphen für $f(x, y) = \frac{x^2 \sin(2y)}{9.81}$ gesehen. Ein weiteres Beispiel ist der Graph der Funktion $f(x, y) = x^2 + y^2$. Dieser sieht wie folgt aus:

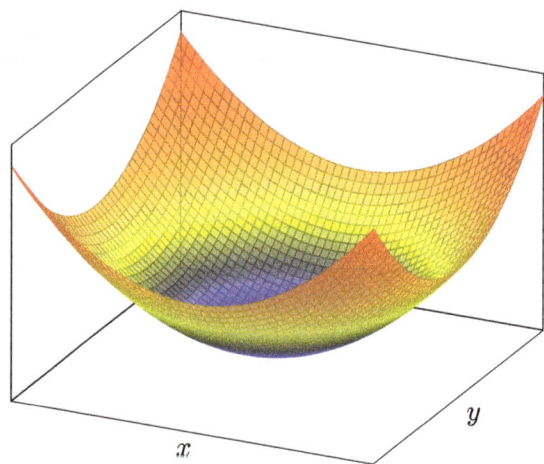

Man bemerke hier aber, dass es nicht möglich ist, eine Funktion $f(x, y, z)$ zu zeichnen, da man dafür ein vierdimensionales Koordinatensystem benötigen würde.

Spannend an einem dreidimensionalen Graphen sind sogenannte Niveaulinien. Niveaulinien sind Linien, auf welchen Punkte liegen, die denselben Funktionswert $f(x, y) = c$ haben. Beispielsweise haben im zweiten Graphen $f(x, y) = x^2 + y^2$ die Tupel $(-4, 1)$, $(4, 1)$, $(1, 4)$ und noch unendlich viele andere Tupel das exakt gleiche $f(x, y)$. In diesem Fall ist es $f(x, y) = 17$. Diese Punkte liegen alle auf einer Niveaulinie. Wie kommen wir nun aber auf die Niveaulinien einer allgemeinen Funktion $f(x, y)$? Dazu setzen wir $f(x, y) = c$. In unserem Beispiel also $x^2 + y^2 = c$. Daraus ergibt sich dann $y = \pm\sqrt{c - x^2}$. Alle Tupel, welche diese Gleichung erfüllen, liegen auf derselben c-Niveaulinie (in diesem Fall auf einem Kreis). Wir können verschiedene Niveaulinien aufzeichnen (beispielsweise für $c = 0, 1, 2, 3, \ldots$), um das „Höhenprofil" des Graphen besser zu erkennen. Das Ergebnis ist in unserem Fall

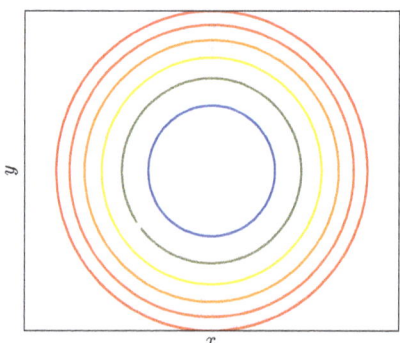

Die Niveaulinien aus unserem Beispiel in der Einführung sehen wie folgt aus:

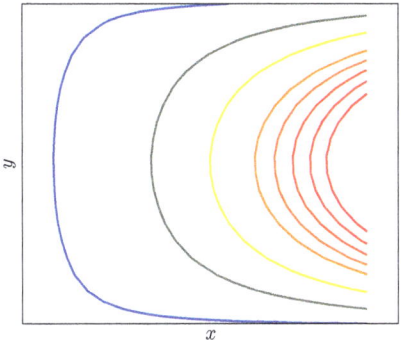

Da man $f(x, y)$ auch als Höhe am Punkt (x, y) sehen kann, werden Niveaulinien auch Höhenlinien genannt. Die Höhe ist dort konstant. Wir wollen das in einem kurzen Rezept zusammenfassen.

Rezept (Niveaulinien von $f(x, y)$ zeichnen)

1. Setze $f(x, y) = c$ (wobei wir c zunächst als eine Variable auffassen, für die wir später dann mehrere Zahlen einsetzen können).
2. Löse nach y auf und erhalte $y = g(x, c)$.
3. Setze $c = -3, -2, -1, 0, 1, 2, 3$ und zeichne den Graphen $(x, g(x))$. Beachte dabei, dass du bei deinen Umformungen im zweiten Schritt keine Division durch 0 gemacht hast, ansonsten musst du $c = 0$ separat betrachten.

Beispiel Skizziere die Niveaulinien von

(a) $f(x, y) = y - x^2$ und
(b) $f(x, y) = x + y$.

Lösung *Es gilt*

(a) $f(x, y) = y - x^2 = c \implies y = x^2 + c$. *Das sind Parabeln, welche die y-Achse in c schneiden. Also sind die Niveaulinien grafisch:*

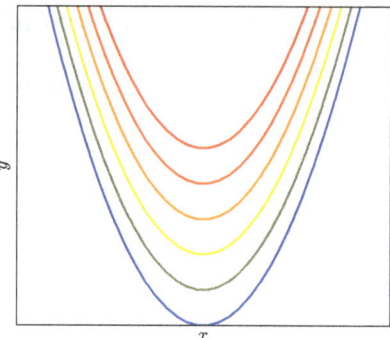

(b) $f(x, y) = x + y = c \implies y = c - x$ *und somit alle Geraden mit Steigung* -1
und Ordinatenabschnitt c. *Wir erhalten*

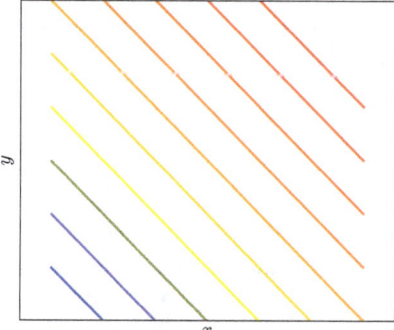

Wir erinnern uns wieder an unser Beispiel mit dem Speerwerfer. Der optimale
Wurf des Speerwerfers geschieht dann, wenn der Winkel 45° und die Abwurf-
geschwindigkeit möglichst hoch ist. Dies konnten wir anhand des Graphen ablesen (die Mitte ist genau 45°). Häufig wissen wir aber nicht direkt, wie der Graph
aussehen wird. Ebenfalls konnten wir in der Einführung nur vermuten, dass es so ist.
Die Berechnung folgt in den nächsten Abschnitten.

7.3   Partielle Ableitungen

Wenn wir eine Funktion haben, welche nur von einer Variable abhängt, dann können
wir Maxima und Minima bestimmen. Solche Punkte nennen wir Extrema. Dabei
müssen wir jeweils die Ableitung der Funktion bilden und diese gleich 0 setzen.
Wir müssen nun einen Weg finden, wie wir dies auf Funktionen mit mehreren Variablen übertragen können. Dazu könnte man sich die Frage stellen, wie wir beim
Graphen in der Einleitung erkennen konnten, wo das Maximum dieses Graphen ist.
Das Maximum war genau dort, wo es in beiden Variablen maximal war. Das ist der
ausschlaggebende Punkt für die Ableitungen von Funktionen mehrerer Variablen.
Wir müssen also zuerst nach einer Variable ableiten (und die andere als konstant

betrachten) und danach nach der anderen Variable ableiten. Wenn beide Ableitungen 0 sind, so haben wir einen möglichen Kandidaten für ein Extrema gefunden.

Wenn wir eine Funktion mit mehreren Variablen nur nach einer Variable ableiten, dann nennen wir dies eine partielle Ableitung. Die partielle Ableitung nach x ist also gleich definiert wie die „normale" Ableitung einer Funktion, die von einer Variable x abhängt. Die restlichen Variablen nehmen wir als konstant an. Partielle Ableitung nach x an der Stelle (x_0, y_0) definieren wir also als

$$\frac{\partial f(x_0, y_0)}{\partial x} = \partial_x f(x_0, y_0) = \lim_{x \to x_0} \frac{f(x, y_0) - f(x_0, y_0)}{x - x_0}$$

und die partielle Ableitung nach y an der Stelle (x_0, y_0) als

$$\frac{\partial f(x_0, y_0)}{\partial y} = \partial_y f(x_0, y_0) = \lim_{y \to y_0} \frac{f(x_0, y) - f(x_0, y_0)}{y - y_0}.$$

Wir nennen die Funktion nach x (oder y) partiell differenzierbar, wenn der Grenzwert existiert. Wir können alle bekannten Rechenregeln anwenden, welche wir bereits kennengelernt haben.

Beispiel Sei $f(x, y) = x^2 + y^2$. Berechne $\partial_x f(x_0, y_0)$ und $\partial_y f(x_0, y_0)$.

Lösung *Wir berechnen zunächst $\partial_x f(x_0, y_0)$. Dazu denken wir uns, dass y eine Konstante ist, und leiten nach x ab:*

$$\partial_x f(x_0, y_0) = \frac{\partial}{\partial x} x^2 + \frac{\partial}{\partial x} y^2 \bigg|_{(x,y)=(x_0,y_0)} = 2x_0.$$

Der Strich mit dem $(x, y) = (x_0, y_0)$ bedeutet, dass wir den Ausdruck anschließend an der Stelle (x_0, y_0) auswerten. Wir bemerken ebenfalls, dass der letzte Term wegfällt, da y^2 eine Konstante ist und somit die Ableitung 0 ergibt. Für die partielle Ableitung nach y denken wir uns x als Konstante und erhalten analog

$$\partial_y f(x_0, y_0) = \frac{\partial}{\partial y} x^2 + \frac{\partial}{\partial y} y^2 \bigg|_{(x,y)=(x_0,y_0)} = 2y_0.$$

Beispiel Sei $f(x, y) = \sin(x^2) \cos(y)$. Berechne $\partial_x f(x_0, y_0)$ und $\partial_y f(x_0, y_0)$.

Lösung *Wir berechnen zunächst $\partial_x f(x_0, y_0)$:*

$$\partial_x f(x_0, y_0) = \frac{\partial}{\partial x} \sin(x^2) \cos(y) \Bigg|_{(x,y)=(x_0,y_0)} = 2x_0 \cos(x_0^2) \cos(y_0).$$

Bei solchen Aufgaben kann man auch Terme wie $\cos(y)$ durch C ersetzen, da sie konstant sind, und am Schluss den eigentlichen Term wieder für C einfügen. Für die partielle Ableitung nach y denken wir uns x als Konstante und erhalten

$$\begin{aligned}
\partial_y f(x_0, y_0) &= \frac{\partial}{\partial y} \sin(x^2) \cos(y) \Bigg|_{(x,y)=(x_0,y_0)} \\
&= \frac{\partial}{\partial y} C \cos(y) \Bigg|_{(x,y)=(x_0,y_0)} \\
&= -C \sin(y_0) = -\sin(x_0^2) \sin(y_0).
\end{aligned}$$

7.3.1   n-te partielle Ableitungen

Wenn wir zweimal ableiten wollen, können wir das auf zwei Arten tun. Wir können wieder nach der gleichen Variable ableiten oder nach einer anderen. Ab jetzt betrachten wir immer eine Funktion $f(x, y)$, die von den zwei Variablen x und y abhängt. Es sei aber zu bemerken, dass das ganze Kapitel auch auf n Variablen verallgemeinert werden kann. Wenn wir nun $f(x, y)$ zweimal partiell ableiten wollen, so haben wir vier Möglichkeiten, dies zu tun. Wir können $\partial_x(\partial_x f)$, $\partial_y(\partial_x f)$, $\partial_x(\partial_y f)$ oder $\partial_y(\partial_y f)$ berechnen. Ab jetzt schreiben wir jeweils die zweiten partiellen Ableitungen ohne Klammern und verwenden die Schreibweise $\partial_{xy} f = \partial_x(\partial_y f)$. Wir bemerken hierbei, dass im allgemeinen Fall nicht unbedingt $\partial_{xy} f = \partial_{yx} f$ gilt. Wenn wir also zuerst nach x ableiten und dann nach y, dann erhalten wir in einigen Einzelfällen nicht immer das Gleiche, wie wenn wir zuerst nach y und dann nach x ableiten. Glücklicherweise gilt $\partial_{xy} f \neq \partial_{yx} f$ nur selten, wie es der folgende Satz zeigt:

Satz Falls die n-ten partiellen Ableitungen alle existieren und stetig sind, dann dürfen wir die Reihenfolge der einzelnen Differentiationsschritte beliebig vertauschen.

In der Praxis erfüllen Funktionen fast immer diese Eigenschaften. Deswegen können wir $\partial_{xy} f = \partial_{yx} f$ in vielen Fällen trotzdem verwenden.

Beispiel Sei $f(x, y) = \sin(x^2 y^2)$. Berechne $\partial_{xy} f$ und $\partial_{yx} f$.

Lösung *Wir berechnen zunächst $\partial_{yx} f$. Die partielle Ableitung nach x ergibt*

$$\partial_x f = 2xy^2 \cos(x^2 y^2).$$

Anschließend rechnen wir $\partial_y(\partial_x f)$ aus, genauer gesagt die Ableitung von $\partial_x f$ nach y:

$$\partial_{yx} f = \frac{\partial}{\partial y} 2xy^2 \cos(x^2 y^2) = 4xy \cos(x^2 y^2) - 4x^3 y^3 \sin(x^2 y^2).$$

Wir bemerken nun, dass die partiellen Ableitungen stetig sind (Kompositionen von stetigen Funktionen) und somit gilt

$$\partial_{yx} f = \partial_{xy} f = 4xy \cos(x^2 y^2) - 4x^3 y^3 \sin(x^2 y^2).$$

7.3.2   Implizite Differentiation

Sei eine Funktion $F(x, y) = 0$ gegeben. Ein Beispiel einer solchen Funktion ist $F(x, y) = x + y - 1 = 0$. Wir können diese Funktion als Graph zeichnen, indem wir zunächst nach y auflösen. Es gilt $y = 1 - x$ und somit ist der Graph der Funktion eine Gerade. Die Steigung dieser Gerade ist -1, wie sich aus der Ableitung ermitteln lässt. Sei nun die Funktion $F(x, y) = xye^{x+y} - 2 = 0$ gegeben. Diese Funktion lässt sich nicht nach x oder y auflösen. Es gibt aber einen einfachen Weg, wie wir die Ableitung $y'(x)$ finden können, ohne $F(x, y)$ explizit nach $y(x)$ aufzulösen. Ohne einen Beweis zu geben, gilt folgende Formel:

$$y'(x) = -\frac{\partial_x F(x, y)}{\partial_y F(x, y)}.$$

Es sei zu bemerken, dass $F(x, y)$ unbedingt $= 0$ sein muss. Ansonsten funktioniert dieser Trick nicht. Ebenfalls muss darauf geachtet werden, dass $\partial_y F(x, y) \neq 0$.

7.3.3   Totales Differential

Das sogenannte *totale Differential* ist in der Mathematik definiert als

$$\mathrm{d}f = \sum_{i=1}^{n} \frac{\partial f}{\partial x_i} \mathrm{d}x_i,$$

wobei $f = f(x_1, x_2, ..., x_n)$ von n Variablen abhängig ist. Haben wir es also mit einer Funktion $f(x, y)$ zu tun, so ist das totale Differential

$$\mathrm{d}f = \frac{\partial f}{\partial x} \mathrm{d}x + \frac{\partial f}{\partial y} \mathrm{d}y.$$

Das totale Differential beinhaltet somit jede Information über die Steigung an einem Punkt von $f(x, y)$. Es fasst beide partiellen Ableitungen zusammen und ist geometrisch das infinitesimale Element auf $f(x, y)$ (ähnlich wie dx ein infinitesimales Element auf der x-Achse beschreibt).

Verallgemeinerte Kettenregel

Das Gute an totalen Differentialen ist die einfache Kettenregel, welche daraus folgt. Sei beispielsweise $f(x, y, z)$ von den Raumkoordinaten abhängig. Ein Beispiel wäre die Temperatur in jedem Punkt in einem Raum. Nun befinden wir uns aber mit unserem Temperaturmessgerät auf einem Zug, der sich bewegt. Also sind $x(t)$, $y(t)$ und $z(t)$ alle von t (der Zeit) abhängig (dabei beschreiben x, y, z die Raumkoordinaten der Erde, nicht des Zuges). Möchte ich nun wissen, wie sich die Temperatur in dieser Zeit ändert, so kann ich beide Seiten „durch" dt teilen und erhalte mit dem totalen Differential

$$df = \frac{\partial f}{\partial x} dx + \frac{\partial f}{\partial y} dy + \frac{\partial f}{\partial z} dz$$

die totale Ableitung

$$\frac{df}{dt} = \frac{\partial f}{\partial x}\frac{dx}{dt} + \frac{\partial f}{\partial y}\frac{dy}{dt} + \frac{\partial f}{\partial z}\frac{dz}{dt}.$$

Die Temperaturänderung kann also als Summe einzelner Terme aufgefasst werden, welche nur Ableitungen nach einer der drei Raumkoordinaten enthalten.

7.4   Extrema

Wir wollen nun zurück zur Frage kommen, wie wir Maxima und Minima einer Funktion bestimmen können. Dazu müssen wir die kritischen Punkte (Sattelpunkte oder Extrema) der mehrdimensionalen Funktion bestimmen und klassifizieren.

7.4.1   Bestimmung der kritischen Punkte

Extrema und Sattelpunkte haben eine Sache gemeinsam: Die ersten partiellen Ableitungen nach jeder Variable sind gleich 0. Genauer gesagt gilt $\partial_x f(x_0, y_0) = \partial_y f(x_0, y_0) = 0$. Extrema und Sattelpunkte nennen wir *kritische Punkte*. Diese lassen sich ähnlich bestimmen wie im eindimensionalen Fall. Das Vorgehen bei mehrdimensionalen Funktionen wird im folgenden Rezept zusammengefasst. Wir nehmen im gesamten Rezept an, dass alle Ableitungen existieren und stetig sind.

Rezept (Bestimmung kritischer Punkte)

1. Wir berechnen die partiellen Ableitungen und setzen beide 0. Daraus ergeben sich zwei Gleichungen. Mithilfe dieser zwei Gleichungen können wir
   x_0 und y_0 bestimmen und erhalten die kritischen Punkte.
2. Bestimme $\partial_{xx}f$, $\partial_{yy}f$ und $\partial_{xy}f$.
3. Sei $D = \partial_{xx}f \cdot \partial_{yy}f - (\partial_{xy}f)^2$. Berechne $D(x_0, y_0)$ (kritische Punkte
   einsetzen) und unterscheide folgende Fälle:

   i. $D(x_0, y_0) > 0$: Der Punkt ist eine lokale Extremstelle. Falls $\partial_{xx}f < 0$
      gilt, so handelt es sich um ein lokales Maximum, und falls $\partial_{xx}f > 0$
      gilt, handelt es sich um ein lokales Minimum.
   ii. $D(x_0, y_0) < 0$: Der Punkt ist ein Sattelpunkt und keine Extremstelle.

Im Spezialfall von $D = 0$ müssen wir anders vorgehen. Dies sprengt aber den
Rahmen dieses Buches. Wir fokussieren uns auf das Anwenden des Rezeptes in
einigen Beispielen stattdessen.

Beispiel Untersuche kritische Punkte von $f(x, y) = x^2 - y^2$.

Lösung *Wir gehen wie im Rezept vor:*

1. *Wir setzen die partiellen Ableitungen gleich 0:*

$$\partial_x f = 2x \overset{!}{=} 0,$$

$$\partial_y f = -2y \overset{!}{=} 0.$$

*Aus $2x = 0$ folgt $x = 0$ und aus $-2y = 0$ folgt auch $y = 0$. Somit ist $(0, 0)$ unser
Kandidat.*
2. *Die zweiten partiellen Ableitungen sind*

$$\partial_{xx}f = 2, \quad \partial_{yy}f = -2, \quad \partial_{xy}f = 0.$$

Sie sind alle konstant und daher stetig.
3. *Wir bestimmen nun $D(0, 0)$. Es gilt*

$$D(0, 0) = (2) \cdot (-2) - 0^2 = -4 < 0.$$

Somit haben wir einen Sattelpunkt in $(0, 0)$.

Beispiel Untersuche kritische Punkte von $f(x, y) = xy - x^2 - y^2 - x$.

Lösung *Wir gehen nach dem Rezept vor:*

1. *Wir setzen die partiellen Ableitungen gleich 0:*

$$\partial_x f = y - 2x - 1 \overset{!}{=} 0,$$

$$\partial_y f = x - 2y \overset{!}{=} 0.$$

Aus der zweiten Gleichung folgt $x = 2y$. Eingesetzt in die erste Gleichung ergibt dies $x = -\frac{2}{3}$. Somit ist $\left(-\frac{2}{3}, -\frac{1}{3}\right)$ unser Kandidat.

2. *Die zweiten partiellen Ableitungen sind*

$$\partial_{xx} f = -2, \quad \partial_{yy} f = -2, \quad \partial_{xy} f = 1.$$

Sie sind alle konstant und somit auch stetig.

3. *Wir bestimmen nun $D\left(-\frac{2}{3}, -\frac{1}{3}\right)$. Es gilt*

$$D\left(-\frac{2}{3}, -\frac{1}{3}\right) = (-2) \cdot (-2) - 1^2 = 3 > 0.$$

Somit haben wir ein lokales Maximum in $\left(-\frac{2}{3}, -\frac{1}{3}\right)$.

Es ist noch zu bemerken, dass wir im Rezept beim ersten Fall nur $\partial_{xx} f$ betrachten. Tatsächlich können wir aber auch $\partial_{yy} f$ untersuchen und haben genau die gleichen Bedingungen. Wieso? Wenn $\partial_{xx} f$ und $\partial_{yy} f$ umgekehrte Vorzeichen haben, dann ist das Produkt der beiden negativ. Da $(\partial_{xy} f)^2$ immer positiv ist, ist somit $D =$ negativ − positiv = negativ. Wenn die Vorzeichen unterschiedlich sind, haben wir also einen Sattelpunkt. Wenn die Vorzeichen hingegen gleich sind, so können beide Fälle auftreten. Da uns beim Unterscheiden zwischen Minima und Maxima nur das Vorzeichen von $\partial_{xx} f$ interessiert, ist es egal, ob wir $\partial_{xx} f$ oder $\partial_{yy} f$ betrachten, da im ersten Fall beide das gleiche Vorzeichen haben. Dazu also folgender Trick:

Trick Falls die Vorzeichen von $\partial_{xx} f(x_0, y_0)$ und $\partial_{yy} f(x_0, y_0)$ unterschiedlich sind, so ist (x_0, y_0) ein Sattelpunkt.

7.4.2 Extrema mit Nebenbedingungen

In der Praxis sind Extremwertprobleme meist verbunden mit sogenannten Nebenbedingungen. Wir hatten beispielsweise in unserem einführenden Beispiel die Variable v_0, welche die Anfangsgeschwindigkeit des abgeworfenen Speers beschreibt. Es ist klar, dass bei einer größeren Anfangsgeschwindigkeit der Gegenstand weiter fliegt als bei einer geringeren Anfangsgeschwindigkeit. Leider ist aber die Anfangsgeschwindigkeit beschränkt, denn kein Mensch kann ein Objekt mit einer Anfangsgeschwindigkeit von 100 km/s abwerfen. Wir führen also Nebenbedingungen ein. Diese Nebenbedingungen können immer in die Form $\phi(x, y) = 0$ gebracht werden. Wollen wir als Beispiel das Maximum der Funktion $f(x, y) = x^2 - y^2$ finden, aber nur Werte betrachten, welche auf dem Ring $x^2 + y^2 = 1$ liegen, so ist $\phi(x, y) = x^2 + y^2 - 1$. Wie berechnen wir nun die Extremwerte? Dazu verwenden wir sogenannte Lagrange-Multiplikatoren:

Rezept (Extremwertprobleme mit Nebenbedingungen)

1. Schreibe eine neue Funktion $\Lambda(x, y, \lambda)$ hin (Lagrange-Funktion). Diese ist gegeben durch

$$\Lambda(x, y, \lambda) = f(x, y) + \lambda \cdot \phi(x, y).$$

Setze die Nebenbedingung und die Funktion ein. Achte darauf, dass du die Nebenbedingung zuerst in die Form $\phi(x, y) = 0$ bringst.

2. Berechne die partiellen Ableitungen $\partial_x \Lambda(x, y, \lambda), \partial_y \Lambda(x, y, \lambda), \partial_\lambda \Lambda(x, y, \lambda)$ und setze sie alle gleich 0. Finde dann alle Lösungen $(x_0, y_0, \lambda_0)^T$ des Gleichungssystems. Dies sind die Kandidaten.

3. Die Hesse-Matrix ist gegeben durch

$$H(x, y, \lambda) = \begin{pmatrix} \partial_{xx}\Lambda & \partial_{xy}\Lambda & \partial_{x\lambda}\Lambda \\ \partial_{yx}\Lambda & \partial_{yy}\Lambda & \partial_{y\lambda}\Lambda \\ \partial_{\lambda x}\Lambda & \partial_{\lambda y}\Lambda & \partial_{\lambda\lambda}\Lambda \end{pmatrix}.$$

Setze für (x, y, λ) die Kandidaten (x_0, y_0, λ_0) ein. Unterscheide folgende Fälle:

  i. $\det(H(x_0, y_0, \lambda_0)) > 0$: lokales Maximum in (x_0, y_0).
  ii. $\det(H(x_0, y_0, \lambda_0)) < 0$: lokales Minimum in (x_0, y_0).
 iii. $\det(H(x_0, y_0, \lambda_0)) = 0$: keine Aussage möglich mit diesem Ansatz (wir werden nicht weiter darauf eingehen).

Beispiel Finde die Kandidaten für die Extremwerte der Funktion $f(x, y) = x^2 + 2y^2$ unter der Nebenbedingung $y = x^2 - 1$. Klassifiziere dann den „einfachsten" der Kandidaten.

Lösung

1. *Die Nebenbedingung lautet* $\phi(x, y) = y - x^2 + 1 = 0$. *Unsere Lagrange-Funktion ist*

$$\Lambda(x, y, \lambda) = x^2 + 2y^2 + \lambda \cdot (y - x^2 + 1).$$

2. *Die partiellen Ableitungen sind*

$$\partial_x \Lambda(x, y, \lambda) = 2x - 2\lambda x = 2x(1 - \lambda) \overset{!}{=} 0,$$

$$\partial_y \Lambda(x, y, \lambda) = 4y + \lambda \overset{!}{=} 0,$$

$$\partial_\lambda \Lambda(x, y, \lambda) = y - x^2 + 1 \overset{!}{=} 0.$$

Aus der ersten Gleichung haben wir entweder $\lambda = 1$ *oder* $x = 0$. *Wir unterscheiden also zwei Fälle:*

(i) $x = 0$: *Die dritte Gleichung ergibt* $y = -1$ *und aus der zweiten Gleichung erhalten wir* $\lambda = 4$. *Somit haben wir*

$$(0, -1), \quad \lambda = 4$$

als unseren ersten Kandidaten.

(ii) $\lambda = 1$: *Aus der zweiten Gleichung haben wir* $y = -\frac{1}{4}$. *Einsetzen in die dritte Gleichung ergibt*

$$x = \pm\sqrt{\frac{3}{4}}.$$

Somit sind unsere Kandidaten

$$\left(\sqrt{\frac{3}{4}}, -\frac{1}{4}\right), \quad \lambda = 1,$$

$$\left(-\sqrt{\frac{3}{4}}, -\frac{1}{4}\right), \quad \lambda = 1.$$

3. *Wir klassifizieren nun* $(0, -1)$. *Die Hesse-Matrix ist gegeben durch*

$$H(x, y, \lambda) = \begin{pmatrix} 2(1 - \lambda) & 0 & -2x \\ 0 & 4 & 1 \\ -2x & 1 & 0 \end{pmatrix}.$$

Mit $(0, -1)$ *(und* $\lambda = 4$) *eingesetzt also*

$$H(x, y, \lambda) = \begin{pmatrix} -6 & 0 & 0 \\ 0 & 4 & 1 \\ 0 & 1 & 0 \end{pmatrix}.$$

Die Determinante davon ist $\det(H) = 6 > 0$ *und somit haben wir ein lokales Maximum in* $(0, -1)$.

7.5 Tangentialebene

Wir haben bei eindimensionalen Funktionen gelernt, dass wir an jeder differenzierbaren Stelle eine Tangente anlegen können. Die Tangente am Punkt x_0 war dann gegeben durch $g(x) = f(x_0) + f'(x_0)(x - x_0)$. Bei mehrdimensionalen Funktionen sind diese Tangenten Tangentialebenen. Also Ebenen, welche den Graphen nur berühren, aber nicht schneiden. Die Tangentialebene am Punkt (x_0, y_0) ist gegeben durch[2]

$$E(x, y) = f(x_0, y_0) + \partial_x f(x_0, y_0) \cdot (x - x_0) + \partial_y f(x_0, y_0) \cdot (y - y_0).$$

Für einen kritischen Punkt gilt aus $\partial_x f(x_0, y_0) = \partial_y f(x_0, y_0) = 0$ dann $E(x, y) = f(x_0, y_0)$ (also $E(x, y)$ konstant und somit horizontal). Eine Tangentialebene für $f(x, y) = -x^2 - y^2$ im Punkt $(1, 1)$ ist beispielsweise gegeben durch

$$E(x, y) = -2(x + y - 1).$$

---

[2]Es ist wichtig zu beachten, dass allein die Existenz von partiellen Ableitungen nicht ausreicht, um sicherzustellen, dass eine Tangentialebene existiert. Insbesondere kann es vorkommen, dass die Funktion $f(x, y)$ an einem Punkt (x_0, y_0) in beiden Variablen partiell differenzierbar ist, jedoch an dieser Stelle unstetig ist.

$E(x, y)$ und $f(x, y)$ sind in der folgenden Grafik abgebildet:

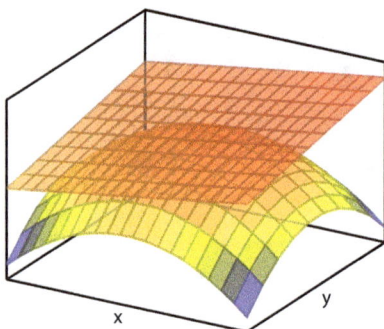

Mehrdimensionale Integrale

8

8.1 Gebietsintegrale

Die Integrale, welche wir bis jetzt kennengelernt haben, können wir gebrauchen, um Flächen unter Kurven zu berechnen. Beispielsweise ist die Fläche unter der Kurve von $f(x) = x^2$ zwischen 0 und 1 gegeben durch $\int_0^1 x^2 \mathrm{d}x = \frac{1}{3}$. Können wir dies irgendwie verallgemeinern und auch auf Volumen anwenden? Dafür schauen wir uns unser Beispiel mit dem Speerwerfer aus der Einführung des letzten Kapitels an. Wie kann ich das Volumen unter diesem Graphen berechnen? Während wir im eindimensionalen Fall jeweils die Fläche in schmale Rechtecke mit Höhe $f(x)$ zerlegt haben, können wir hier das Volumen in viele Quader mit Höhe $f(x, y)$ zerlegen. Das Integral ist dann gegeben durch

$$\iint_B f(x, y)\mathrm{d}A,$$

wobei $\mathrm{d}A = \mathrm{d}x \cdot \mathrm{d}y$ ein infinitesimales Flächenstück ist. Das Volumen unter der Funktion aus der Einführung des letzten Kapitels ist dann gegeben durch

$$V = \frac{1}{9.81} \int_0^{\frac{\pi}{2}} \int_0^{25} x^2 \sin(2y)\mathrm{d}x\mathrm{d}y.$$

In diesem Fall beschränken wir uns auf den Bereich $B = \{(x, y) \in \mathbb{R}^2 \mid 0 \le x \le 25, 0 \le y \le \frac{\pi}{2}\}$. Wir haben hier die Anfangsgeschwindigkeit x also auf 25 und

© Der/die Autor(en), exklusiv lizenziert an Springer-Verlag GmbH, DE, ein Teil von Springer Nature 2024
H. Krizic, *Tutorium Mathematik für Naturwissenschaften*,
https://doi.org/10.1007/978-3-662-69221-9_8

den Winkel y auf $\frac{\pi}{2}$ beschränkt. Nun stellt sich die Frage, wie wir ein solches Integral lösen. Dazu folgendes Rezept, welches für Integrale auf rechteckig begrenzten Gebieten funktioniert:

Rezept (Bestimmen des Gebietsintegrals $\iint_B f(x,y)\mathrm{d}A$ über ein Rechteck $B = \{(x,y) \in \mathbb{R}^2 \mid a \leq x \leq b, c \leq y \leq d\}$)

1. Ersetze $\mathrm{d}A$ durch $\mathrm{d}x\mathrm{d}y$ und schreibe die Grenzen für B hin (zuerst für y, dann für x, wenn die Reihenfolge $\mathrm{d}A = \mathrm{d}x\mathrm{d}y$ gewählt wird):

$$\iint_B f(x,y)\mathrm{d}A = \int_c^d \int_a^b f(x,y)\mathrm{d}x\mathrm{d}y.$$

2. Wir können das Integral als ein verschachteltes Integral betrachten:

$$\int_c^d \left(\int_a^b f(x,y)\mathrm{d}x \right)\mathrm{d}y.$$

Ob wir zuerst das Integral mit $\mathrm{d}y$ oder $\mathrm{d}x$ berechnen, ist in diesem Fall egal.

3. Löse das innere Integral:

$$\int_a^b f(x,y)\mathrm{d}x =: I(y).$$

Dabei kannst du y als eine Konstante betrachten.

4. Löse nun das äußere Integral:

$$\int_c^d I(y)\mathrm{d}y.$$

Die Lösung entspricht dem Volumen unter dem Graphen.

Wenn a, b, c und d Konstanten sind (also B ein Rechteck ist), macht es keinen Unterschied, ob man zuerst das „x-Integral" oder das „y-Integral" betrachtet. Man kommt schlussendlich auf die gleiche Lösung. Was geschieht nun, wenn B kein Rechteck ist, sondern ein Gebiet der Form

$$B = \{(x,y) \in \mathbb{R}^2 \mid a \leq x \leq b, g(x) \leq y \leq h(x)\}.$$

Ein solches Gebiet nennen wir ein *einfaches Gebiet*. Hierbei ist y von Funktionen von x beschränkt. Wie müssen wir dann vorgehen? Hierfür gibt es ein fast identisches Rezept zu vorhin.

Rezept Bestimmen des Gebietsintegrals $\iint_B f(x, y)\mathrm{d}A$ für

$$B = \{(x, y) \in \mathbb{R}^2 \mid a \leq x \leq b, g(x) \leq y \leq h(x)\}$$

1. Schreibe das Integral wie folgt auf:

$$\iint_B f(x, y)\mathrm{d}A = \int_a^b \int_{g(x)}^{h(x)} f(x, y)\mathrm{d}y\mathrm{d}x.$$

2. Wir können das Integral als ein verschachteltes Integral betrachten:

$$\int_a^b \left(\int_{g(x)}^{h(x)} f(x, y)\mathrm{d}y \right)\mathrm{d}x.$$

3. Löse das innere Integral

$$\int_{g(x)}^{h(x)} f(x, y)\mathrm{d}y =: I(x).$$

   Dabei kannst du x als eine Konstante betrachten.
4. Löse nun das äußere Integral

$$\int_a^b I(x)\mathrm{d}x.$$

Die Lösung entspricht dem Volumen unter dem Graphen.

Bemerke hier aber, dass im Unterschied zu vorhin, die Integrale nicht andersherum berechnet werden können. Zuerst wird also das Integral mit den Funktionen als Grenzen berechnet, und erst danach das äußere Integral mit konstanten Grenzen. Ist x durch Grenzen beschränkt, welche von y abhängig sind, so müssen wir $\mathrm{d}A = \mathrm{d}x\mathrm{d}y$ wählen und die Grenzen dementsprechend anpassen. Wir erhalten dann für den Bereich

$$B = \{(x, y) \in \mathbb{R}^2 \mid g(y) \leq x \leq h(y), a \leq y \leq b\}$$

das Integral

$$\iint_B f(x,y)\mathrm{d}A = \int_a^b \int_{g(y)}^{h(y)} f(x,y)\mathrm{d}x\mathrm{d}y.$$

Wie wir später noch sehen werden, ist das Integral nicht nur nützlich, um Volumina zu berechnen. Das Integral ist auch ein Zeichen für eine unendliche Summe winziger Fragmente. Im Kapitel zu Volumenintegralen werden wir dazu ein schönes Beispiel aus der Physik sehen.

Beispiel Sei B das folgende Gebiet:

$$B = \{(x,y) \in \mathbb{R}^2 \mid 0 \le x \le y \le 2x \le 1\}.$$

Bestimme das Integral $\iint_B xy\mathrm{d}A$.

Lösung *Damit wir das Integral mit dem Rezept lösen können, müssen wir zunächst das Gebiet in unsere bekannte Form bringen. Dazu schauen wir uns an, wie x begrenzt ist (wir vergessen das y) und erhalten aus $0 \le x \le 2x \le 1$ das Gebiet $0 \le x \le \frac{1}{2}$. Die Grenzen von y können dann einfach abgelesen werden: $x \le y \le 2x$. Unser Gebiet ist also*

$$B = \{(x,y) \in \mathbb{R}^2 \mid 0 \le x \le \frac{1}{2}, x \le y \le 2x\}.$$

Wir können nun das Integral gemäß Rezept berechnen:

$$\iint_B xy\mathrm{d}A = \int_0^{\frac{1}{2}} \int_x^{2x} xy\mathrm{d}y\mathrm{d}x.$$

Wir erhalten für das innere Integral (x setzen wir konstant)

$$\int_x^{2x} xy\mathrm{d}y = x \cdot \left[\frac{y^2}{2}\right]_x^{2x} = \frac{x}{2}\cdot(4x^2 - x^2) = \frac{3}{2}x^3.$$

Nun können wir das äußere Integral lösen und erhalten

$$\int_0^{\frac{1}{2}} \frac{3}{2}x^3\mathrm{d}x = \frac{3}{2}\cdot\left[\frac{x^4}{4}\right]_0^{\frac{1}{2}} = \frac{3}{8}\left(\frac{1}{16}\right) = \frac{3}{128}.$$

Beispiel Sei B das folgende Gebiet:

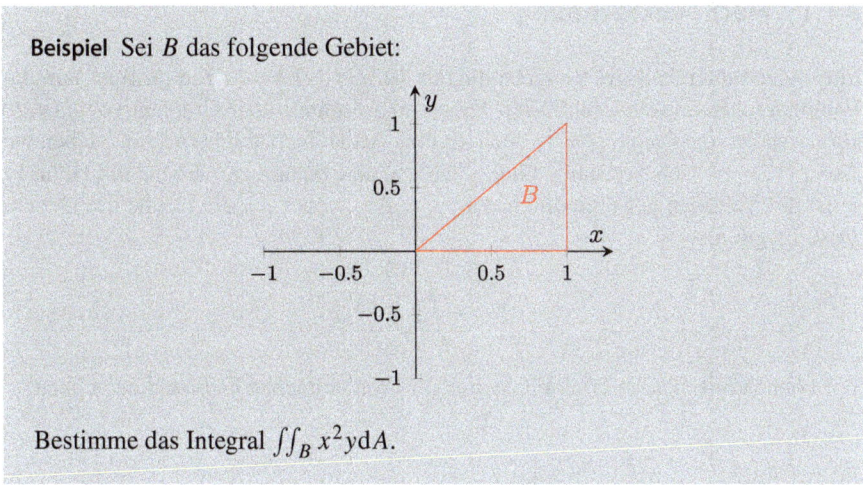

Bestimme das Integral $\iint_B x^2 y \, \mathrm{d}A$.

Lösung *Damit wir das Integral mit dem Rezept lösen können, müssen wir zunächst das Gebiet in unsere bekannte Form bringen. Die Variable x muss dabei durch zwei Konstanten beschränkt sein. In unserem Fall ist x von 0 und 1 beschränkt. y sollte nun von Funktionen von x oder Konstanten beschränkt sein. Wir sehen, dass die y Koordinate genau von 0 bis zur Schräge läuft. Die Funktion der Schrägen ist gegeben durch $f(x) = x$. Somit ist y durch $0 \le y \le x$ beschränkt und wir erhalten das Gebiet*

$$B = \{(x, y) \in \mathbb{R}^2 \mid 0 \le x \le 1, 0 \le y, \le x\}.$$

Wir können das Integral berechnen, indem wir dem Rezept folgen:

$$\iint_B x^2 y \, \mathrm{d}A = \int_0^1 \int_0^x x^2 y \, \mathrm{d}y \, \mathrm{d}x.$$

Wir erhalten für das innere Integral (x setzen wir konstant)

$$\int_0^x x^2 y \, \mathrm{d}y = x^2 \cdot \left[\frac{y^2}{2}\right]_0^x = \frac{x^2}{2} \cdot (x^2 - 0^2) = \frac{1}{2} x^4.$$

Das äußere Integral ergibt

$$\int_0^1 \frac{1}{2} x^4 \mathrm{d}x = \frac{1}{2} \cdot \left[\frac{x^5}{5}\right]_0^1 = \frac{1}{10}.$$

8.1.1 Flächenberechnung

Ein interessanter Fall des Gebietsintegrals ist $f(x, y) = 1$. Wie groß ist nun das Volumen unter diesem Graph? Wir haben im Abschnitt über Graphen von $f(x, y)$ kurz erwähnt, dass man $f(x, y)$ auch als eine Art Höhe betrachten kann. Haben wir also $f(x, y) = 1$ als konstante Funktion (bzw. eine waagrechte Ebene mit Höhe 1), so ist das Volumen gegeben durch $A_B \cdot 1 = A_B$, wobei A_B die Fläche des Gebiets B ist. Es gilt also

$$A_B = \iint_B 1 \mathrm{d}A.$$

Wir können mit diesem Trick Flächeninhalte von einfachen Gebieten berechnen.[1]

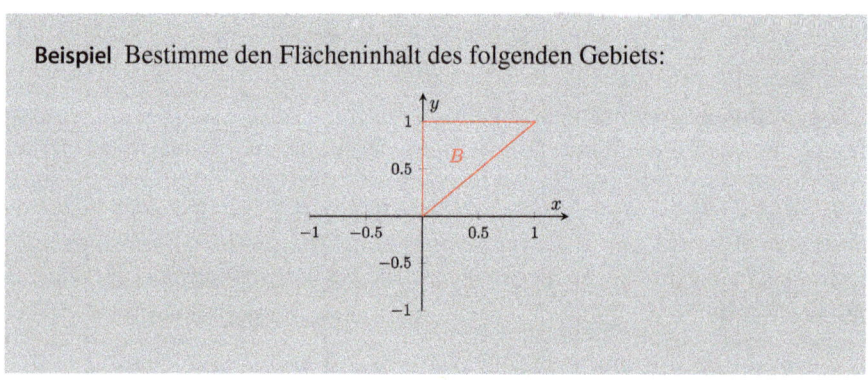

Beispiel Bestimme den Flächeninhalt des folgenden Gebiets:

Lösung *Wir wollen zunächst das Gebiet in unsere bekannte Form bringen. In unserem Fall ist x von 0 und 1 beschränkt. Wir sehen, dass die y Koordinate genau von der Schräge bis 1 läuft. Die Funktion der Schräge ist gegeben durch $f(x) = x$. Also ist y beschränkt durch $x \le y \le 1$ und wir erhalten unser Gebiet*

$$B = \{(x, y) \in \mathbb{R}^2 \mid 0 \le x \le 1, x \le y, \le 1\}.$$

Wir können nun das Integral berechnen, wie wir es im Rezept getan haben:

$$\iint_B 1 \mathrm{d}A = \int_0^1 \int_x^1 1 \mathrm{d}y \mathrm{d}x.$$

---

[1]Beachte, dass Gebietsintegrale die Flächenberechnung des Gebiets deutlich vereinfachen. Der Nachteil von eindimensionalen Integralen (mit denen wir ja bis jetzt Flächen berechnet haben) ist die Beschränkung der x-Achse für die Fläche (wir haben unten, links und rechts immer vertikale, bzw. horizontale Geraden). Hier können wir aber selbst angeben, wie die Fläche oben, unten, links und rechts beschränkt ist.

Wir erhalten für das innere Integral

$$\int_x^1 1 \mathrm{d}y = [y]_x^1 = 1 - x.$$

Nun können wir das äußere Integral lösen und erhalten

$$\int_0^1 1 - x \mathrm{d}x = \left[x - \frac{x^2}{2}\right]_0^1 = \frac{1}{2}.$$

Das Resultat lässt sich leicht überprüfen, da die Fläche auch mit der Flächenformel des Dreiecks berechnet werden kann.

8.1.2 Polarkoordinaten

Häufig ist es einfacher ein Gebiet in Polarkoordinaten anzugeben. Ein einfaches Gebiet in Polarkoordinaten ist von der Form

$$B = \{(r, \varphi) \in \mathbb{R}^2 \mid \varphi_1 \leq \varphi \leq \varphi_2, r_1(\varphi) \leq r \leq r_2(\varphi)\}.$$

Um die Variablen besser zu verstehen, hilft folgende Skizze:

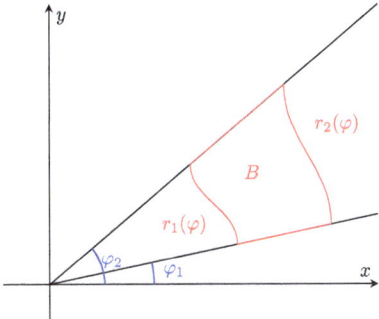

Polarkoordinaten haben wir schon im Kapitel zu komplexen Zahlen gesehen. Das Gebietsintegral kann in Polarkoordinaten wie folgt gelöst werden:

$$\iint_B f(x, y) \mathrm{d}A = \int_{\varphi_1}^{\varphi_2} \int_{r_1(\varphi)}^{r_2(\varphi)} f(r\cos(\varphi), r\sin(\varphi)) \cdot \mathbf{r} \mathrm{d}r \mathrm{d}\varphi.$$

Wir ersetzen also alle x durch $r\cos(\varphi)$ und alle y durch $r\sin(\varphi)$. Bei Polarkoordinaten müssen wir unbedingt auf das r vor dA (bzw. vor drdφ) achten! Haben wir die Transformation in Polarkoordinaten erledigt, können wir wie im Rezept für kartesische Koordinaten fortfahren.

Beispiel Beweise, dass die Fläche eines Kreises gegeben ist durch $A = \pi R^2$, wobei R dem Radius des Kreises entspricht.

Lösung *Da wir einen Kreis haben, ist es einfacher in Polarkoordinaten zu rechnen. Der Radius des Kreises ist beschränkt durch $0 \leq r \leq R$. Der Winkel φ geht genau von 0 bis 2π, da $2\pi = 360°$, was genau einer Kreisumdrehung entspricht. Das Integral ist gegeben durch*

$$\iint_B f(x, y)\mathrm{d}A = \int_0^{2\pi} \int_0^R r\,\mathrm{d}r\,\mathrm{d}\varphi.$$

Wir berechnen nun wieder das innere Integral

$$\int_0^R r\,\mathrm{d}r = \frac{1}{2}\left[r^2\right]_0^R = \frac{1}{2}R^2.$$

Das äußere Integral ergibt

$$\int_0^{2\pi} \frac{1}{2}R^2\,\mathrm{d}\varphi = \frac{1}{2}R^2 \int_0^{2\pi}\mathrm{d}\varphi = \frac{1}{2}R^2\,[\varphi]_0^{2\pi} = \pi R^2.$$

Beispiel Sei das folgende Gebiet gegeben:

$$B = \{(x, y) \in \mathbb{R}^2 \mid x^2 + y^2 \leq 4, x \geq 0, y \geq 0\}.$$

Berechne das Integral

$$\iint_B \sqrt{4 - x^2 - y^2}\,\mathrm{d}A.$$

Lösung *Das Gebiet ist der Viertelkreis um $(0, 0)$ mit Radius $r = 2$ im ersten Quadranten:*

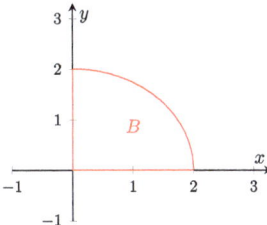

Wir können Polarkoordinaten verwenden und erhalten

$$\iint_B \sqrt{4 - x^2 - y^2}\, \mathrm{d}A = \int_0^{\frac{\pi}{2}} \int_0^2 \sqrt{4 - r^2}\, r\, \mathrm{d}r\, \mathrm{d}\varphi.$$

Für das innere Integral verwenden wir die Substitution $u = 4 - r^2$ (das r kürzt sich mit der Ableitung nach u weg). Wir erhalten

$$\int_0^2 \sqrt{4 - r^2}\, r\, \mathrm{d}r = -\frac{1}{2} \int_4^0 \sqrt{u}\, \mathrm{d}u = \frac{8}{3}.$$

Wir berechnen nun noch das äußere Integral und erhalten

$$\int_0^{\frac{\pi}{2}} \frac{8}{3}\, \mathrm{d}\varphi = \frac{4\pi}{3}.$$

8.2 Volumenintegral

Da Volumenintegrale etwas weniger intuitiv sind, möchten wir hier ein Beispiel aus der Physik anschauen. Sei B ein Körper, dessen Masse wir herausfinden möchten. Die Dichte dieses Körpers ist nicht schön homogen und wir definieren die Dichte daher nur für kleine Volumenstücke. Die Dichte am Punkt (x_i, y_i, z_i) ist gegeben durch die Funktion $\rho(x_i, y_i, z_i)$. Um nun die Masse des gesamten Körpers zu bestimmen, schauen wir uns die Definition der Dichte an:

$$\rho(x_i, y_i, z_i) = \frac{\text{Masse von } \Delta V_i}{\Delta V_i}.$$

Das ΔV_i in der Formel ist das kleine Volumenstück um den Punkt (x_i, y_i, z_i) herum. Umgeformt erhalten wir nun die Masse des kleinen Volumenstücks durch die Formel

$$\text{Masse von } \Delta V_i = \rho(x_i, y_i, z_i) \cdot \Delta V_i.$$

Möchten wir nun die Masse des gesamten Körpers bestimmen, müssen wir also alle kleinen Masse-Stückchen zusammenzählen. Wir erhalten eine unendliche Summe von infinitesimalen Masse-Stückchen. Die Masse von B ist dann

$$
m_B = \lim_{\Delta V_i \to 0} \left(\sum_{\text{alle } i} \rho(x_i, y_i, z_i) \cdot \Delta V_i \right) \implies m_B = \iiint_B \rho(x, y, z) \mathrm{d}V.
$$

Hier haben wir nun ein infinitesimales Volumenstück $\mathrm{d}V$ anstelle eines infinitesimalen Flächenstücks. Das Lösen des Integrals erfolgt gleich wie beim Gebietsintegral. Ein einfacher Körper ist von der Form

$$
B = \{(x, y, z) \in \mathbb{R}^3 \mid a \le x \le b, g(x) \le y \le h(x), s(x, y) \le z \le t(x, y)\}.
$$

Dann ist das dazugehörige Volumenintegral

$$
\iiint_B f(x, y, z) \mathrm{d}V = \int_a^b \int_{g(x)}^{h(x)} \int_{s(x,y)}^{t(x,y)} f(x, y, z) \mathrm{d}z\mathrm{d}y\mathrm{d}x.
$$

Wir lösen das Integral wieder von innen nach außen. Wollen wir das Volumen von B berechnen, lösen wir das Integral mit $f(x, y, z) = 1$:

$$
V_B = \iiint_B 1 \mathrm{d}V.
$$

Beispiel Bestimme für den Körper

$$
B = \{(x, y, z) \in \mathbb{R}^3 \mid x \ge 0, y \ge 0, z \ge 0, x + y + z \le 1\}
$$

das Integral

$$
\iiint_B \frac{1}{1 - x - y} \mathrm{d}V.
$$

Lösung *Wir bringen den Körper in die einfache Form. Die unteren Grenzen von x, y und z sind uns bekannt. Da alle Variablen positiv sind, gilt auch $x, y, z \le 1$ aus der letzten Voraussetzung. Wir wollen x durch zwei Konstanten begrenzen. Seien diese also 0 und 1. Die Variable y muss durch Funktionen von x beschränkt werden. In unserem Fall wird also y durch $1 - x$ beschränkt, da ansonsten $x + y \ge 1$ gelten würde, was im Widerspruch zur letzten Voraussetzung steht. Schlussendlich gilt es*

*noch z zu beschränken. Die obere Schranke ist $z = 1 - x - y$, indem wir $x + y + z \le 1$
umformen. Unser Körper ist also gegeben durch*

$$B = \{(x, y, z) \in \mathbb{R}^3 \mid 0 \le x \le 1, 0 \le y \le 1 - x, 0 \le z \le 1 - x - y\}$$

und somit berechnen wir das Integral

$$\iiint_B \frac{1}{1 - x - y} \, dV = \int_0^1 \int_0^{1-x} \int_0^{1-x-y} \frac{1}{1 - x - y} \, dz \, dy \, dx.$$

Das innere Integral ergibt

$$\int_0^{1-x-y} \frac{1}{1 - x - y} \, dz = \frac{1}{1 - x - y} \, [z]_0^{1-x-y} = 1.$$

Es bleibt noch folgendes Gebietsintegral auszurechnen:

$$\int_0^1 \int_0^{1-x} 1 \, dy \, dx.$$

Wir bemerken aber, dass dies genau der Flächeninhalt von

$$B = \{(x, y) \in \mathbb{R}^2 \mid 0 \le x \le 1, 0 \le y \le 1 - x\}$$

ist. Dieses Gebiet entspricht jedoch genau dem folgenden Dreieck

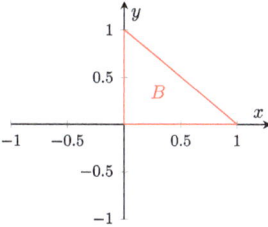

Das Integral ist also genau der Flächeninhalt dieses Dreiecks:

$$\int_0^1 \int_0^{1-x} 1 \, dy \, dx = \frac{1}{2}$$

und somit auch

$$\iiint_B \frac{1}{1 - x - y} \, dV = \frac{1}{2}.$$

*Alternativ hätte man das Gebietsintegral auch mit den bekannten Methoden lösen
können.*

Vektoranalysis

9

> *„But in the new math approach, the important thing is to understand what you're doing, rather than to get the right answer."*
>
> *Tom Lehrer*

Die Vektoranalysis ist ein Teilgebiet der Mathematik, welches die lineare Algebra mit der Analysis verbindet. Vor allem in der Physik (spezifischer in der Elektrodynamik) braucht man Integrale, die ohne die Vektoranalysis nur schwer analytisch lösbar wären. In diesem letzten Kapitel werden wir Begriffe wie Vektorfelder (in der Physik beispielsweise Kraftfelder) und Gradienten lernen. Teilchen werden in der Physik durch parametrisierte Kurven beschrieben. Wie das genau geht, erfahren wir im folgenden Abschnitt.

9.1   Parametrisierung

Wir benötigen Kurven in der Mathematik, um etwa ein bewegtes Teilchen zu beschreiben. Kurven werden in der Mathematik durch Vektoren beschrieben. Diese geben den Ortsvektor des Teilchens zu jeder Zeit t an. Eine Kurve ist also ein Vektor $\gamma(t) = \begin{pmatrix} x(t) \\ y(t) \end{pmatrix}$. Die Geschwindigkeit eines Teilchens ist dann die Ableitung des Ortvektors, also $\gamma'(t)$. Ein Beispiel sieht wie folgt aus:

H. Krizic, *Tutorium Mathematik für Naturwissenschaften*,
https://doi.org/10.1007/978-3-662-69221-9_9

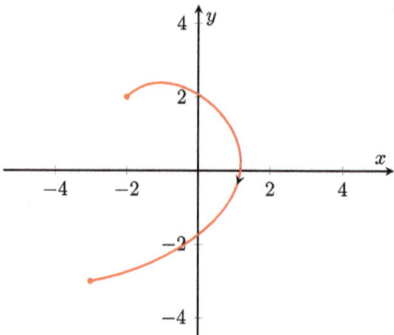

Das Teilchen bewegt sich von $P_1(-2, 2)$ bis $P_2(-3, -3)$. Wir wollen nun lernen, wie wir eine Kurve parametrisieren, also einen Vektor $\gamma(t)$ finden, der genau die gegebene Kurve beschreibt. Das Ganze wollen wir an folgendem Beispiel demonstrieren:

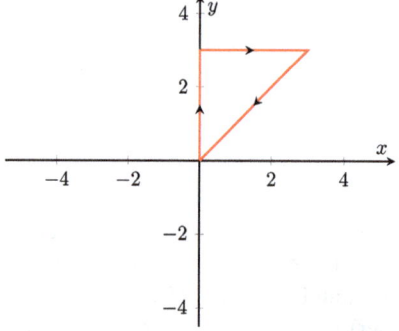

Wir möchten diesen Weg parametrisieren. Das bedeutet, wir wollen eine Funktion $\gamma : I = [a, b] \rightarrow \mathbb{R}^2 \ \ t \mapsto \gamma(t)$ finden, sodass $\gamma(a) = \begin{pmatrix} x(a) \\ y(a) \end{pmatrix}$ der Anfangspunkt und $\gamma(b) = \begin{pmatrix} x(b) \\ y(b) \end{pmatrix}$ der Endpunkt ist. In unserem Beispiel sehen wir, dass der Weg in drei (stetige) „Teilwege" aufgeteilt ist. Alle drei Teilwege sind Geraden. I ist dabei das „Zeitintervall", in dem das Teilchen den Weg zurücklegt.

9.1.1 Geraden parametrisieren

Sei nun (x_1, y_1) der Anfangspunkt einer Gerade und (x_2, y_2) der Endpunkt. Dann ist die Parametrisierung dieser Gerade wie folgt gegeben:

$$\gamma : [0, 1] \rightarrow \mathbb{R}^2 \quad t \mapsto \gamma(t) = \begin{pmatrix} x_1 + t(x_2 - x_1) \\ y_1 + t(y_2 - y_1) \end{pmatrix}.$$

Wir haben dabei $I = [0, 1]$ gewählt. Wollen wir aber stattdessen beispielsweise $I = [1, \frac{3}{2}]$ wählen, so können wir die folgende allgemeinere Formel verwenden:

$$\gamma : [a, b] \to \mathbb{R}^2 \quad t \mapsto \gamma(t) = \begin{pmatrix} x_1 + \frac{t-a}{b-a}(x_2 - x_1) \\ y_1 + \frac{t-a}{b-a}(y_2 - y_1) \end{pmatrix}.$$

Man beachte, dass immer $a < b$ gelten sollte. Ansonsten hätten wir eine Zeit t, welche rückwärts läuft. Dies ist physikalisch natürlich nicht wirklich sinnvoll. Wir wollen nun unser Dreieck aus dem Beispiel so parametrisieren:

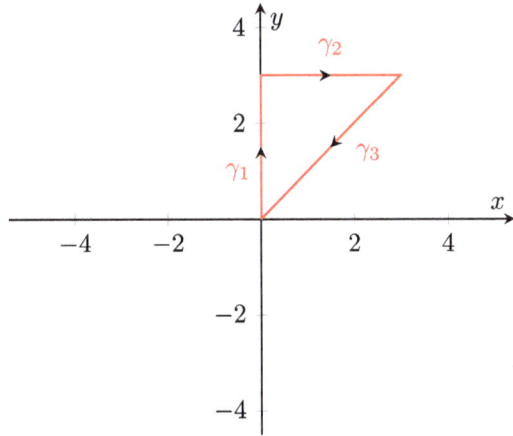

Zuerst parametrisieren wir γ_1 mit der Formel von vorhin. Wir erhalten

$$\gamma_1 : [0, 1] \to \mathbb{R}^2 \quad t \mapsto \gamma_1(t) = \begin{pmatrix} 0 \\ 0 + t(3 - 0) \end{pmatrix} = \begin{pmatrix} 0 \\ 3t \end{pmatrix},$$

wobei wir den Anfangspunkt $\gamma(0) = \begin{pmatrix} 0 \\ 0 \end{pmatrix}$ und Endpunkt $\gamma(1) = \begin{pmatrix} 0 \\ 3 \end{pmatrix}$ eingesetzt haben. Wir erhalten für die restlichen Wege mit der vorhin angegebenen Formel jeweils:

$$\gamma_2 : [0, 1] \to \mathbb{R}^2 \quad t \mapsto \gamma_2(t) = \begin{pmatrix} 0 + t(3 - 0) \\ 3 + t(3 - 3) \end{pmatrix} = \begin{pmatrix} 3t \\ 3 \end{pmatrix},$$

$$\gamma_3 : [0, 1] \to \mathbb{R}^2 \quad t \mapsto \gamma_3(t) = \begin{pmatrix} 3 + t(0 - 3) \\ 3 + t(0 - 3) \end{pmatrix} = \begin{pmatrix} 3 - 3t \\ 3 - 3t \end{pmatrix}$$

und zusammengefasst:

$$\gamma(t) = \begin{cases} \begin{pmatrix} 0 \\ 3t \end{pmatrix} & t \in [0, 1] \\ \begin{pmatrix} 3t \\ 3 \end{pmatrix} & t \in [0, 1] \\ \begin{pmatrix} 3 - 3t \\ 3 - 3t \end{pmatrix} & t \in [0, 1] \end{cases} \ .$$

9.1.2 Funktionen parametrisieren

Wir haben gelernt, wie wir Geraden parametrisieren. Nun wollen wir folgende Kurve parametrisieren:

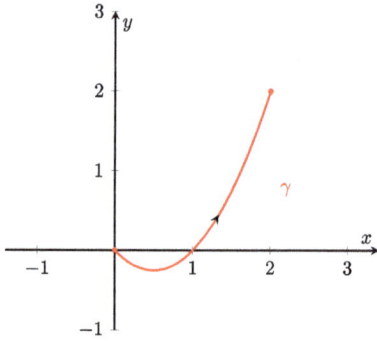

wobei die Funktion im Intervall $[0, 2]$ genau $f(x) = x^2 - x$ entspricht. Falls die Kurve in positive x-Richtung verläuft, ist die Parametrisierung allgemein durch

$$\gamma : [x_1, x_2] \to \mathbb{R}^2 \quad t \mapsto \gamma(t) = \begin{pmatrix} t \\ f(t) \end{pmatrix}$$

gegeben. Dabei sind x_1 und x_2 jeweils die x-Werte, von wo bis wo die Funktion geht. In unserem Beispiel von vorhin würden wir also

$$\gamma : [0, 2] \to \mathbb{R}^2 \quad t \mapsto \gamma(t) = \begin{pmatrix} t \\ t^2 - t \end{pmatrix}$$

erhalten. Falls t allgemeiner zwischen a und b ist, so ist die Formel:

$$\gamma : [a, b] \to \mathbb{R}^2 \quad t \mapsto \gamma(t) = \begin{pmatrix} t^* \\ f(t^*) \end{pmatrix}$$

mit

$$t^* = x_1 + \frac{t - a}{b - a}(x_2 - x_1),$$

also wie die erste Komponente bei den Geraden. Dies ist besonders dann hilfreich, wenn man die Parametrisierung in die andere Richtung wählen möchte (also von x_1 nach x_2 mit $x_1 > x_2$). In diesem Fall funktioniert die Formel auch ($a < b$ muss aber weiterhin gelten).

9.1.3 Kreise und Ellipsen

Kreise werden durch folgende Parametrisierung beschrieben (vergleiche mit dem Einheitskreis der Trigonometrie):

$$\gamma : [0, 2\pi] \to \mathbb{R}^2 \quad t \mapsto \gamma(t) = \begin{pmatrix} R \cos(t) \\ R \sin(t) \end{pmatrix}.$$

Dabei ist R der Radius des Kreises. Will man nur ein Stück des Kreises parametrisieren, so kann man als Intervall $I = [\alpha, \beta]$ den gewünschten „Winkelsektor" wählen. Man beachte auch, dass wir theoretisch $f(x) = \pm\sqrt{R^2 - x^2}$ als Funktion des Kreises wählen und die Methode im letzten Abschnitt anwenden könnten. Dies ist jedoch ziemlich umständlich.

Eine Ellipse wird durch die Gleichung $\frac{x^2}{a^2} + \frac{y^2}{b^2} = 1$ beschrieben. Die Parametrisierung ist gegeben durch

$$\gamma : [0, 2\pi] \to \mathbb{R}^2 \quad t \mapsto \gamma(t) = \begin{pmatrix} a \cos(t) \\ b \sin(t) \end{pmatrix}.$$

Wenn wir $a = b =: R$ wählen, so vereinfacht sich die Parametrisierung zur Parametrisierung des Kreises von vorhin.

Richtungsänderung

Sei eine Kurve

$$\gamma : [a, b] \to \mathbb{R}^2 \quad t \mapsto \gamma(t) = \begin{pmatrix} x(t) \\ y(t) \end{pmatrix}$$

gegeben. Diese hat den Anfangspunkt $\gamma(a)$ und Endpunkt $\gamma(b)$. Wie kehren wir die Kurve um, sodass deren Anfangspunkt $\gamma(b)$ und Endpunkt $\gamma(a)$ ist? Dazu müssen wir t in $\gamma(t)$ durch den folgenden Term ersetzen:

$$t \overset{\text{Richtung ändern}}{\longrightarrow} a + b - t.$$

Bei $t = a$ gilt dann $a + b - a = b$ und bei $t = b$ gilt $a + b - b = a$. Dies ist also genau die Richtungsänderung der Kurve:

$$\gamma^* : [a, b] \longrightarrow \mathbb{R}^2 \quad t \mapsto \gamma^*(t) = \begin{pmatrix} x(a + b - t) \\ y(a + b - t) \end{pmatrix}.$$

9.2 Kurvenintegrale

Kurvenintegrale sind Integrale entlang einer parametrisierten Kurve. Wir stellen uns eine Kurve auf einer Fläche vor. Nun sei eine Funktion $f(x, y)$ gegeben. Für jeden Punkt auf der Kurve zeichnen wir die Höhe $f(x, y)$ ein. Es entsteht eine Kurve im 3D-Koordinatensystem. Das Kurvenintegral ist dann die Fläche unter dieser Kurve (wir können uns dies als Gardine vorstellen, welche von dieser Kurve herunterhängt).

Sei also γ eine Kurve, die wie folgt definiert ist:

$$\gamma : [a, b] \to \mathbb{R}^2, t \mapsto (x(t), y(t)).$$

Dann ist das Kurvenintegral einer Funktion $f : B \subseteq \mathbb{R}^2$ entlang γ:

$$\int_\gamma f(x, y)\mathrm{d}s = \int_a^b f(\gamma(t))|\gamma'(t)|\mathrm{d}t = \int_a^b f(x(t), y(t))\sqrt{x'(t)^2 + y'(t)^2}\mathrm{d}t.$$

Wir können das auch auf den dreidimensionalen Raum anwenden. Das Kurvenintegral der Funktion $f : B \subseteq \mathbb{R}^3$ entlang einer Kurve

$$\gamma : [a, b] \to \mathbb{R}^3, t \mapsto (x(t), y(t), z(t))$$

ist

$$\int_\gamma f(x, y, z)\mathrm{d}s = \int_a^b f(\gamma(t))|\gamma'(t)|\mathrm{d}t = \int_a^b f(x(t), y(t), z(t))\sqrt{x'(t)^2 + y'(t)^2 + z'(t)^2}\mathrm{d}t.$$

Wir nennen dabei $\mathrm{d}s$ das Linienelement. Haben wir eine Kurve γ, für die $\gamma(a) = \gamma(b)$ gilt (geschlossene Kurve), so schreiben wir

$$\oint_\gamma f\mathrm{d}s.$$

Wir fassen das Lösen eines Kurvenintegrals im folgenden Rezept zusammen:

Rezept (Kurvenintegral $\int_\gamma f(x, y)\mathrm{d}s$ lösen)

1. Parametrisiere die Kurve $\gamma : [a, b] \to \mathbb{R}^2$ bzw. $\mathbb{R}^3$.
2. Berechne den Betrag der Ableitung der Kurve, also

$$|\gamma'(t)| = \sqrt{x'(t)^2 + y'(t)^2}.$$

3. Wir ersetzen nun jedes x in $f(x, y)$ durch $x(t)$ (aus der Parametrisierung der Kurve) und jedes y ersetzen wir durch $y(t)$. Wir erhalten dann $f(x(t), y(t))$.
4. Berechne

$$\int_a^b f(x(t), y(t))|\gamma'(t)|\mathrm{d}t.$$

Wir können das Rezept für $\mathbb{R}^3$ verallgemeinern, indem wir noch die dritte Variable $z(t)$ hinzunehmen. Das Vorgehen bleibt gleich.

Beispiel Berechne das Kurvenintegral von $f(x, y) = y$ entlang des Halbkreises um $(0, 0)$ mit Radius 1.

Lösung *Wir finden zunächst die Parametrisierung für den Halbkreis. Diese kann über die Parametrisierung des Kreises hergeleitet werden und es gilt*

$$\gamma : [0, \pi] \to \mathbb{R}^2 \quad t \mapsto \gamma(t) = \begin{pmatrix} \cos(t) \\ \sin(t) \end{pmatrix}.$$

Nun berechnen wir den Betrag der Ableitung. Es gilt

$$\gamma'(t) = \begin{pmatrix} -\sin(t) \\ \cos(t) \end{pmatrix}$$

und somit

$$|\gamma'(t)| = \sqrt{(-\sin(t))^2 + \cos(t)^2} = 1.$$

Wir setzen nun $y = \sin(t)$ in die Funktion ein und erhalten

$$\int_a^b f(x(t), y(t))|\gamma'(t)|\mathrm{d}t = \int_0^\pi \sin(t) \cdot 1\mathrm{d}t$$
$$- \cos(\pi) - (-\cos(0)) = 2.$$

9.2.1 Länge der Kurve

Wir können (ähnlich zur Flächenberechnung mit Gebietsintegralen) die Funktion $f(x, y) = 1$ setzen. So haben wir eine „Gardine", die genau die Höhe 1 hat. Die Breite ist die Länge der Kurve. Wir erhalten

$$\text{Länge der Kurve } \gamma = \int_\gamma 1 \mathrm{d}s = \int_a^b 1 \cdot |\gamma'(t)| \mathrm{d}t$$

und das entspricht genau der Formel, die wir bereits bei der Parametrisierung der Funktionen gesehen haben.

9.2.2 Zusammengesetzte Kurven

Wir haben in diesem Kapitel gesehen, dass wir manchmal nicht differenzierbare Stellen in unserer Kurve haben (Ecken). Wir mussten also die Kurve auf mehrere einzelne Kurven aufteilen. Dies ist aber kein Problem, denn es gilt für $\gamma =$ Aneinanderreihung von Teilkurven $\gamma_1, \gamma_2, ..., \gamma_n$:

$$\int_\gamma f \mathrm{d}s = \int_{\gamma_1} f \mathrm{d}s + \int_{\gamma_2} f \mathrm{d}s + ... + \int_{\gamma_n} f \mathrm{d}s.$$

Beispiel Berechne das Kurvenintegral von $f(x, y) = x + y$ entlang des folgenden Wegs:

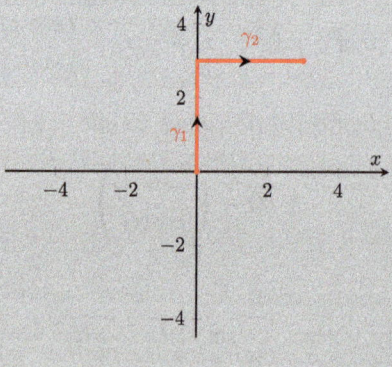

Lösung *Wir bestimmen zunächst die Parametrisierungen. Es gilt:*

$$\gamma_1 : [0, 1] \to \mathbb{R}^2 \quad t \mapsto \gamma(t) = \begin{pmatrix} 0 \\ 3t \end{pmatrix},$$

$$\gamma_2 : [0, 1] \to \mathbb{R}^2 \quad t \mapsto \gamma(t) = \begin{pmatrix} 3t \\ 3 \end{pmatrix}.$$

Nun berechnen wir die Beträge der Ableitungen der Kurven:

$$|\gamma_1'(t)| = |\begin{pmatrix} 0 \\ 3 \end{pmatrix}| = 3,$$

$$|\gamma_2'(t)| = |\begin{pmatrix} 3 \\ 0 \end{pmatrix}| = 3.$$

Wir berechnen nun das Kurvenintegral, indem wir zuerst das Kurvenintegral der ersten Kurve berechnen und dann das Kurvenintegral der zweiten Kurve dazuaddieren. Es gilt

$$\int_{\gamma_1} f(x(t), y(t)) \cdot |\gamma_1'(t)| \mathrm{d}t = \int_0^1 (3t + 0) \cdot 3\mathrm{d}t = \frac{9}{2}$$

$$\int_{\gamma_2} f(x(t), y(t)) \cdot |\gamma_2'(t)| \mathrm{d}t = \int_0^1 (3 + 3t) \cdot 3\mathrm{d}t = \frac{9}{2} + 9 = \frac{27}{2}$$

und somit

$$\int_{\gamma} x + y \mathrm{d}s = \frac{9}{2} + \frac{27}{2} = 18.$$

9.3 Vektorfelder

Bevor wir sogenannte *Vektorfelder* einführen, möchten wir zunächst den *Gradienten* kennenlernen.

9.3.1 Gradient

Der *Nabla-Operator* in $\mathbb{R}^2$ ist definiert als

$$\nabla := \begin{pmatrix} \frac{\partial}{\partial x} \\ \frac{\partial}{\partial y} \end{pmatrix}.$$

Analog kann dieser für $\mathbb{R}^n$ definiert werden als

$$\nabla := \begin{pmatrix} \frac{\partial}{\partial x_1} \\ \frac{\partial}{\partial x_2} \\ \vdots \\ \frac{\partial}{\partial x_n} \end{pmatrix}.$$

Der *Gradient* einer Funktion $f(x, y)$ ist die Anwendung des Nabla-Operators an diese Funktion f. Wir erhalten also alle partiellen Ableitungen von $f(x, y)$ in einem Vektor:

$$\operatorname{grad}(f) := \nabla f(x, y) = \begin{pmatrix} \partial_x f(x, y) \\ \partial_y f(x, y) \end{pmatrix}.$$

Der Gradient einer Funktion hat auch eine geometrische Bedeutung. Am Punkt (x_0, y_0) zeigt der Gradient (Vektor) in die Richtung des größten Funktionswertes in der Umgebung des Punktes. Wenn wir die Funktion $f(x, y)$ als Höhe auffassen würden, so sagt uns also der Gradient, in welche Richtung der Anstieg am größten ist.

Beispiel Berechne den Gradienten der Funktion (genauer gesagt des Skalarfeldes)

$$f(x, y, z) = x^2 + y^2 + z^2 - R^2$$

im Punkt $P_0 = (1, 0, 1)$.

Lösung *Wir berechnen die partiellen Ableitungen und erhalten*

$$\partial_x f(x, y) = 2x,$$
$$\partial_y f(x, y) = 2y,$$
$$\partial_z f(x, y) = 2z.$$

Somit ist der Gradient der Funktion an der Stelle $(1, 0, 1)$

$$\nabla f(1, 0, 1) = \begin{pmatrix} 2 \\ 0 \\ 2 \end{pmatrix}.$$

Beispiel Berechne den Gradienten der Funktion (genauer gesagt des Skalarfeldes)

$$f(x, y) = 3x^2 - \sin(xy).$$

Lösung *Wir berechnen die partiellen Ableitungen und erhalten*

$$\partial_x f(x, y) = 6x - y\cos(xy),$$
$$\partial_y f(x, y) = -x\cos(xy).$$

Somit ist der Gradient der Funktion

$$\nabla f(x, y) = \begin{pmatrix} 6x - y\cos(xy) \\ -x\cos(xy) \end{pmatrix}.$$

9.3.2 Definition

In der Vektoranalysis unterscheiden wir zwischen zwei Arten von Feldern. Einmal das Vektorfeld und einmal das Skalarfeld.

Skalarfeld

Ein Skalarfeld ist eine Funktion $f : \mathbb{R}^n \to \mathbb{R}$, welche jedem Punkt x eine Zahl (Skalar) zuordnet. Ein Skalarfeld ist somit nichts anderes als eine Funktion, wie wir sie bis jetzt kennen. Im letzten Abschnitt haben wir uns mit Gradienten beschäftigt, welche nur mit Skalarfeldern definiert sind. Beispielsweise ist die Temperaturverteilung in einem Körper ein Skalarfeld:

$$T : (x, y, z) \mapsto T(x, y, z).$$

Vektorfeld

Ein ebenes Vektorfeld ist eine Funktion

$$\vec{F} : \mathbb{R}^2 \to \mathbb{R}^2, \ (x, y) \mapsto (F_1(x, y), F_2(x, y))^T,$$

welche jedem Punkt in $\mathbb{R}^2$ einen Vektor zuweist. Wir können ebenfalls das räumliche Vektorfeld definieren, wobei wir statt $\mathbb{R}^2$ Punkte aus $\mathbb{R}^3$ wählen. Es gilt also

$$\vec{F} : \mathbb{R}^3 \to \mathbb{R}^2, \ (x, y, z) \mapsto (F_1(x, y, z), F_2(x, y, z), F_3(x, y, z))^T.$$

Dabei sind F_i die Komponenten vom Vektor $\vec{F}$. In der Physik spricht man häufig von Kraftfeldern, da die Kraft sowohl durch ihre Richtung als auch durch ihren Betrag festgelegt ist. Mit einem Kraftfeld beschreiben wir also den Kraftvektor, der auf einen beliebigen Punkt (x, y, z) im Raum wirkt. Man kann sich als Beispiel ein Gravitationsfeld als Kraftfeld vorstellen. Platzieren wir einen Körper in diesem Gravitationsfeld, so fällt es in eine Richtung, welche das Kraftfeld vorschreibt. Wir führen zwei weitere Begriffe ein:

1. Wir nennen $\vec{F}$ ein *konservatives* Vektorfeld, falls eine Funktion f existiert, welche $\vec{F} = \nabla f$ erfüllt.
2. Die Funktion f mit $\vec{F} = \nabla f$ nennen wir das *Potential* von $\vec{F}$.

9.3.3   Arbeitsintegral – das Kurvenintegral von Vektorfeldern

Wir möchten nun wieder ein Beispiel aus der Physik anschauen, um Kurvenintegrale von Vektorfeldern besser zu verstehen. Sei ein Gravitationsfeld $\vec{F}$ (Vektorfeld) gegeben, das die Kraft für jeden einzelnen Punkt im Raum auf einen Satelliten beschreibt (sowohl Richtung als auch Größe). Der Satellit soll nun mit Treibstoff von A nach B (über einen bestimmten Weg γ) gebracht werden. Man möchte die benötigte Energie (Arbeit) herausfinden, welche man aufwenden muss, um den Satelliten von A nach B zu bringen. Die Arbeit ist gegeben durch $W = F \cdot r$, wobei F die Kraft und r der Weg ist. Wollen wir nun die Arbeit für einen Weg in einem Kraftfeld $\vec{F}$ berechnen, teilen wir diesen in kleine Teilwege auf und erhalten das Integral

$$W = \int_{\gamma} \vec{F}\, d\vec{r}.$$

Dieses Integral ist definiert als das Arbeitsintegral und es gilt

$$\int_{\gamma} \vec{F}\, d\vec{r} = \int_a^b \vec{F}(\gamma(t)) \cdot \gamma'(t)\, dt.$$

Da $\vec{F}$ und $\gamma'(t)$ Vektoren sind, haben wir ein Skalarprodukt im Integral.

Rezept (Berechnung eines Arbeitsintegrals $\int_{\gamma} \vec{F}\, d\vec{r}$)

1. Parametrisiere die Kurve γ. Bestimme also

$$\gamma : [a, b] \to \mathbb{R}^n,\ t \to \gamma(t).$$

2. Berechne $\gamma'(t) = \frac{d}{dt}\gamma(t)$ (jede Komponente einzeln nach dem Parameter t ableiten).

3. Benutze die Formel

$$\int_\gamma \vec{F}\, d\vec{r} = \int_a^b \vec{F}(\gamma(t)) \cdot \gamma'(t)\, dt.$$

Ersetze dazu jedes x in den Komponenten von $\vec{F}$ durch $x(t)$ aus der Parametrisierung und mache das Gleiche mit den anderen Variablen.

Beispiel Berechne das Arbeitsintegral für das Kraftfeld $\vec{F} = (y^2, -x^2)^T$ entlang der Gerade von $(0,0)$ nach $(1,0)$.

Lösung *Wir machen dasselbe, wie im Rezept gegeben.*

1. *Wir parametrisieren die Gerade und erhalten*

$$\gamma : [0,1] \to \mathbb{R}^2 \quad t \mapsto \gamma(t) = \begin{pmatrix} t \\ 0 \end{pmatrix}.$$

2. *Wir berechnen nun den Geschwindigkeitsvektor (die Ableitung) der Geraden:*

$$\gamma'(t) = \begin{pmatrix} 1 \\ 0 \end{pmatrix}.$$

3. *Nun setzen wir alles in die Formel ein und erhalten*

$$\int_a^b \vec{F}(\gamma(t)) \cdot \gamma'(t)\, dt = \int_0^1 \begin{pmatrix} 0 \\ -t^2 \end{pmatrix} \cdot \begin{pmatrix} 1 \\ 0 \end{pmatrix} dt = 0.$$

Beispiel Berechne das Arbeitsintegral für das Kraftfeld $\vec{F} = (x-y, x+y, z)^T$ entlang der Spirale

$$\gamma : [0, 2\pi] \to \mathbb{R}^3 \quad t \mapsto \gamma(t) = \begin{pmatrix} \cos(t) \\ \sin(t) \\ t \end{pmatrix}.$$

Lösung *Wir wenden wiederum das Rezept an.*

1. *Die Parametrisierung ist schon gegeben. Wir fahren also direkt mit dem zweiten Schritt fort.*
2. *Wir berechnen den Geschwindigkeitsvektor der Spirale:*

$$\gamma'(t) = \begin{pmatrix} -\sin(t) \\ \cos(t) \\ 1 \end{pmatrix}.$$

3. *Nun setzen wir alles in die Formel ein und erhalten*

$$\int_a^b \vec{F}(\gamma(t)) \cdot \gamma'(t)\, dt = \int_0^{2\pi} \begin{pmatrix} \cos(t) - \sin(t) \\ \cos(t) + \sin(t) \\ t \end{pmatrix} \cdot \begin{pmatrix} -\sin(t) \\ \cos(t) \\ 1 \end{pmatrix} dt$$

$$= \int_0^{2\pi} (-\sin(t)\cos(t) + \sin(t)^2 + \cos(t)^2 + \sin(t)\cos(t) + t)\, dt$$

$$= \int_0^{2\pi} 1 + t\, dt = 2\pi(1 + \pi).$$

Arbeitsintegral für konservative Kraftfelder

Das Arbeitsintegral kann vereinfacht werden, wenn das Kraftfeld konservativ ist. Dazu wenden wir die Kettenregel komponentenweise an:

$$f(\gamma(t))' = f(x(t), y(t))' = \nabla f(\gamma(t)) \cdot \gamma'(t).$$

Nun schauen wir uns das Arbeitsintegral nochmals an. Weil für ein konservatives Vektorfeld $\vec{F}$ ein Potential f existiert, für das $\vec{F} = \nabla f$ gilt, können wir es einfach durch ∇f ersetzen und erhalten

$$\int_\gamma \vec{F} d\vec{r} = \int_\gamma \nabla f d\vec{r} = \int_a^b \nabla f(\gamma(t)) \cdot \gamma'(t) dt.$$

Aus der verallgemeinerten Kettenregel folgt nun

$$\int_a^b \nabla f(\gamma(t)) \cdot \gamma'(t) dt = \int_a^b f(\gamma(t))' dt$$

und mit dem Hauptsatz der Integralrechnung schlussendlich

$$\int_\gamma \vec{F} d\vec{r} = \int_\gamma \nabla f d\vec{r} = f(\gamma(b)) - f(\gamma(a)).$$

Für konservative Vektorfelder spielt also die Kurve zwischen den Punkten $\gamma(a)$ und $\gamma(b)$ keine Rolle. Das Endresultat ist nur von den Endpunkten abhängig. Es gilt für konservative Vektorfelder und geschlossene Kurven

$$\oint_\gamma \vec{F}\,d\vec{r} = 0,$$

da Anfangs- und Endpunkt gleich sind.

Beispiel Sei γ die Strecke von $(0, 0)$ nach $\left(\frac{\pi}{2}, 0\right)$ entlang der Funktion $g(x) = \sin(86x)x^5$ und sei

$$\vec{F} = \begin{pmatrix} \cos(x) + \cos(y) \\ -(\sin(y) + \sin(x)) \end{pmatrix}.$$

Bestimme das Arbeitsintegral $\int_\gamma \vec{F}\,d\vec{r}$.

Lösung *Das Vektorfeld ist konservativ, denn es existiert das Potential $f(x, y) = \cos(y) - \sin(x)$. Da $\vec{F}$ konservativ ist, ist das Arbeitsintegral unabhängig vom Weg und nur vom Anfangs- und Endpunkt abhängig. Wir erhalten mit dem Hauptsatz:*

$$\int_\gamma \vec{F}\,d\vec{r} = f(\gamma(b)) - f(\gamma(a)) = f\left(\frac{\pi}{2}, 0\right) - f(0, 0) = -1.$$

9.3.4 Konservative Vektorfelder

Bis jetzt haben wir nur die Existenz des Potentials als Bedingung für ein konservatives Vektorfeld betrachtet. Wollen wir also beweisen, dass ein Vektorfeld konservativ ist, müssen wir eine Funktion f suchen, welche $\vec{F} = \nabla f$ erfüllt. Diese Variante ist aber sehr mühsam. Wir können aber mit zwei (fast immer gegebenen) Bedingungen einfacher untersuchen, ob $\vec{F}$ konservativ ist.

Wegzusammenhängend

Wir haben im Abschnitt davor gezeigt, dass die Implikation

$$\vec{F} \text{ konservativ} \implies \int_\gamma \vec{F}\,d\vec{r} \text{ unabhängig von } \gamma$$

gilt. Mit einer kleinen Bedingung an $\vec{F}$ können wir die Implikation auch umdrehen. Für das Vektorfeld $\vec{F} : B \subseteq \mathbb{R}^2 \to \mathbb{R}^2$ muss dafür B wegzusammenhängend sein. Dabei nennen wir einen Bereich B wegzusammenhängend, wenn wir beliebige zwei Punkte in B so verbinden können, dass die Verbindungslinie vollständig in B ist. Etwas anschaulicher: Man stelle sich B als eine Insel vor. B ist genau dann wegzusammenhängend, wenn wir von jedem Punkt P_1 zu einem beliebigen Punkt P_2 laufen können, ohne nass zu werden. Hat B also diese Bedingung erfüllt, haben wir die Implikation

$$\int_\gamma \vec{F}\mathrm{d}\vec{r} \text{ unabhängig von } \gamma \implies \vec{F} \text{ konservativ}$$

gegeben.

Einfach zusammenhängend

Einen Bereich B nennen wir einfach zusammenhängend, falls wir jede geschlossene Kurve stetig zu einem Punkt in B zusammenziehen können. Ein Donut-förmiges Gebiet ist demnach nicht einfach zusammenhängend, da wir um das Loch herum eine kreisförmige Kurve bilden können, welche wir nicht zu einem Punkt zusammenziehen können. Einfach zusammenhängende Gebiete sind also Gebiete „ohne Löcher". Ist ein einfach zusammenhängendes Gebiet gegeben, gilt die folgende (sehr wichtige) Äquivalenz für zweidimensionale Vektorfelder $\left(\text{dabei ist } \vec{F} = \begin{pmatrix} F_1 \\ F_2 \end{pmatrix}\right)$

$$\partial_y F_1 = \partial_x F_2 \iff \vec{F} \text{ konservativ.}$$

Wir müssen somit die erste Komponente von $\vec{F}$ nach y ableiten und die zweite nach x. Sind die beiden Ableitungen gleich, ist $\vec{F}$ konservativ (falls B einfach zusammenhängend ist). Diese Bedingung nennen wir auch Integrabilitätsbedingung.

Beispiel Ist das folgende Vektorfeld konservativ?

$$\vec{F}(x, y) = \begin{pmatrix} 4x^3y^2 \\ 2x^4y + 2y \end{pmatrix}$$

Lösung *Wir sehen, dass wir sowohl für x als auch y jeden beliebigen Wert aus $\mathbb{R}$ einsetzen können. Das Vektorfeld hat somit die Definitionsmenge $B = \mathbb{R}^2$, welche sicherlich einfach zusammenhängend ist. Wir berechnen also $\partial_y F_1$ und $\partial_x F_2$ und erhalten*

$$\partial_y F_1 = 8x^3 y,$$

$$\partial_x F_2 = 8x^3 y.$$

Beide partiellen Ableitungen sind gleich. Somit ist das Vektorfeld konservativ.

Beispiel Ist das folgende Vektorfeld konservativ?

$$\vec{F}(x, y) = \begin{pmatrix} -y \\ \log x \end{pmatrix}$$

Lösung *Die Definitionsmenge ist $B = (0, \infty] \times \mathbb{R}$. Diese ist einfach zusammenhängend. Wir erhalten mit der Integrabilitätsbedingung*

$$\partial_y F_1 = -1,$$

$$\partial_x F_2 = \frac{1}{x}.$$

Diese ist nicht für jedes x erfüllt. Somit ist $\vec{F}$ kein konservatives Vektorfeld.

9.4 Divergenz

Die Divergenz eines Vektorfeldes ist die Funktion

$$\operatorname{div}(\vec{F}) := \nabla \cdot \vec{F} = \frac{\partial F_1}{\partial x} + \frac{\partial F_2}{\partial y} + \frac{\partial F_3}{\partial z}.$$

Die Divergenz existiert nur, wenn auch die partiellen Ableitungen der Komponenten existieren. Wir bemerken, dass die Divergenz eines Vektorfeldes ein Skalarfeld ist. Berechnen wir also die Divergenz an einem Punkt, erhalten wir eine Zahl und keinen Vektor. Geometrisch bedeutet diese Zahl Folgendes:

1. $\nabla \cdot \vec{F} > 0$: Es existiert eine Quelle (die Vektorpfeile „fließen" aus einem oder mehreren Punkten heraus):

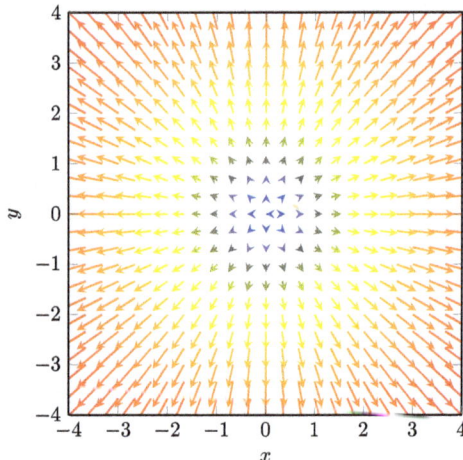

2. $\nabla \cdot \vec{F} < 0$: Es existiert eine Senke (die Vektorpfeile „fließen" in einen oder mehreren Punkten hinein):

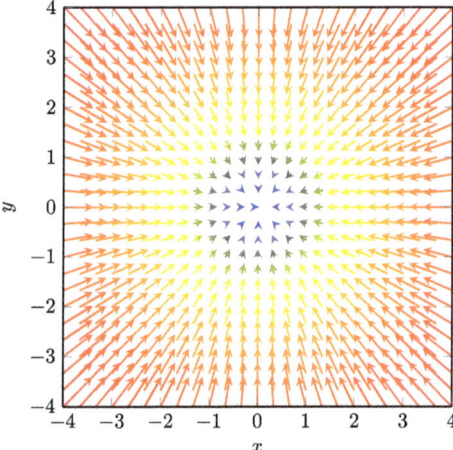

3. $\nabla \cdot \vec{F} = 0$: Das Vektorfeld ist quellenfrei. Es hat also keine Senken oder Quellen:

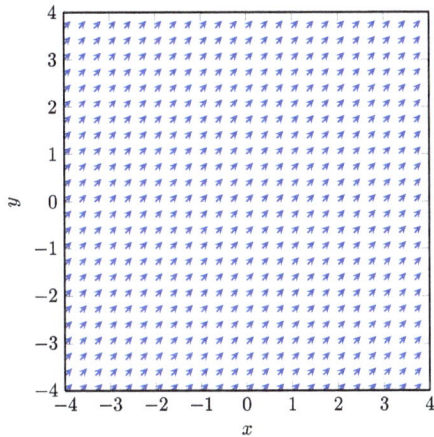

Beispiel Berechne die Divergenz des Vektorfeldes

$$\vec{F} = \begin{pmatrix} xy^2 \\ 2x^2yz \\ 3yz^2 \end{pmatrix}.$$

Lösung *Es gilt*

$$\nabla \cdot \vec{F} = \frac{\partial F_1}{\partial x} + \frac{\partial F_2}{\partial y} + \frac{\partial F_3}{\partial z} = y^2 + 2x^2z + 6yz.$$

Beispiel Ist das folgende Vektorfeld quellenfrei?

$$\vec{F} = \begin{pmatrix} \frac{-y}{x^2+y^2} \\ \frac{x}{x^2+y^2} \end{pmatrix}.$$

Lösung *Es gilt*

$$\nabla \cdot \vec{F} = \frac{\partial F_1}{\partial x} + \frac{\partial F_2}{\partial y} = \frac{2xy - 2xy}{(x^2 + y^2)^2} = 0.$$

Das Vektorfeld ist also quellenfrei, da es die Divergenz 0 für jeden Punkt (x, y) hat.

9.5 Satz von Green

Wir lernen nun zwei wichtige Sätze aus der Vektoranalysis kennen. Einer davon ist
der Satz von Green. Sei dabei B ein Gebiet (wie wir es schon kennen). Wir wählen
eine Parametrisierung vom Rand dieses Gebietes γ. Die Kurve γ ist also geschlossen
(da sie ja das Gebiet umrandet).

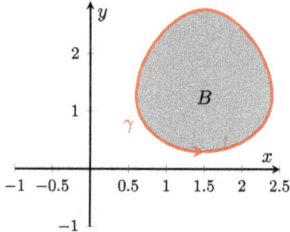

Nun besagt der Satz von Green, dass folgende Gleichung für ein (stetig differenzier-
bares) Vektorfeld $\vec{F} = \begin{pmatrix} F_1 \\ F_2 \end{pmatrix}$ gilt:

$$\oint_\gamma \vec{F} d\vec{r} = \iint_B \partial_x F_2 - \partial_y F_1 \, dA.$$

Wir können also anstelle des Arbeitsintegrals auch das Gebietsintegral $\iint_B \partial_x F_2 -
\partial_y F_1 \, dA$ berechnen. Manchmal ist Letzteres deutlich einfacher, wie wir es in den
folgenden Beispielen sehen werden.

Beispiel Berechne das Arbeitsintegral von

$$\vec{F} = \begin{pmatrix} x + y \\ y \end{pmatrix}$$

und γ dem Einheitskreis in positiv mathematischer Richtung. Berechne das
Arbeitsintegral einmal direkt und einmal mit dem Satz von Green.

Lösung *Arbeitsintegral: Wir kennen die Parametrisierung des Kreises:*

$$\gamma : [0, 2\pi] \to \mathbb{R}^2 \quad t \mapsto \gamma(t) = \begin{pmatrix} \cos(t) \\ \sin(t) \end{pmatrix}.$$

Wir berechnen den Geschwindigkeitsvektor

$$\gamma'(t) = \begin{pmatrix} -\sin(t) \\ \cos(t) \end{pmatrix}$$

und benutzen die Formel für Wegintegrale. Wir erhalten

$$\int_{\gamma} \vec{F}\,\mathrm{d}\vec{r} = \int_0^{2\pi} \begin{pmatrix} \cos(t) + \sin(t) \\ \sin(t) \end{pmatrix} \cdot \begin{pmatrix} -\sin(t) \\ \cos(t) \end{pmatrix} \mathrm{d}t$$

$$= - \int_0^{2\pi} \sin^2(t)\mathrm{d}t = -\pi,$$

wobei das letzte Integral als Übung überlassen wird.
***Satz von Green:** Wir berechnen zunächst*

$$\partial_x F_2 - \partial_y F_1 = 0 - 1 = -1.$$

Somit ist das Integral

$$\int_{\gamma} \vec{F}\,\mathrm{d}\vec{r} = \iint_B (-1)\mathrm{d}A = - \iint_B 1\mathrm{d}A.$$

Da B genau die Fläche ist, welche von der Kurve umschlossen wird, erhalten wir mit dem letzten Integral die Fläche des Kreises. Diese ist bekanntlich $\pi \cdot r^2$ mit $r = 1$:

$$\int_{\gamma} \vec{F}\,\mathrm{d}\vec{r} = - \underbrace{\iint_B 1\mathrm{d}A}_{=\pi \cdot 1^2} = -\pi.$$

Notation

Eine weitverbreitete Notation des Arbeitsintegrals für $\vec{F} = \begin{pmatrix} F_1 \\ F_2 \end{pmatrix}$ ist

$$\int_{\gamma} \vec{F} \cdot \mathrm{d}\vec{r} = \int F_1\mathrm{d}x + F_2\mathrm{d}y.$$

Wie kommt diese Notation zustande? Der infinitesimale Linienvektor $\mathrm{d}\vec{r}$ ist definiert als

$$\mathrm{d}\vec{r} = \begin{pmatrix} \mathrm{d}x \\ \mathrm{d}y \end{pmatrix}.$$

Einsetzen in das Arbeitsintegral ergibt

$$\int_{\gamma} \vec{F} \cdot \mathrm{d}\vec{r} = \int_{\gamma} \begin{pmatrix} F_1 \\ F_2 \end{pmatrix} \cdot \begin{pmatrix} \mathrm{d}x \\ \mathrm{d}y \end{pmatrix} = \int F_1 \mathrm{d}x + F_2 \mathrm{d}y.$$

Wir werden trotzdem weiterhin mit der Notation $\int_{\gamma} \vec{F} \cdot \mathrm{d}\vec{r}$ arbeiten.

9.6   Satz von Gauß – das Flussintegral

Der zweite Satz, den wir nun kennenlernen wollen, ist der Satz von Gauß. Dieser ist praktisch, um sogenannte Flussintegrale zu berechnen. Was genau ist ein Flussintegral? Um diese Frage beantworten zu können, brauchen wir den Normalenvektor.

9.6.1   Normalenvektor und Fluss

Ein Normalenvektor in der Ebene ist der Vektor, welcher senkrecht zur Kurve steht und den Betrag $|\vec{n}| = 1$ hat. Für eine gegebene Kurve $\gamma(t) = (x(t), y(t))$ lässt sich dieser Vektor (ohne Herleitung) mit der folgenden Formel berechnen:

$$\vec{n}(t) = \frac{1}{|\gamma'(t)|} \begin{pmatrix} y'(t) \\ -x'(t) \end{pmatrix}.$$

Der Normalenvektor eines Punktes sieht wie folgt aus:

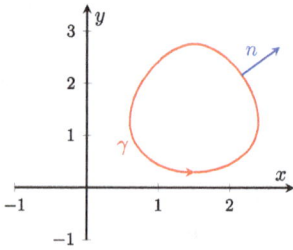

Den Normalenvektor $\vec{n}$ können wir mit dem Vektorfeld $\vec{F}$ multiplizieren (Skalarprodukt). Das Kurvenintegral ist dann gegeben durch

$$\oint_{\gamma} \vec{F} \cdot \vec{n} \mathrm{d}s.$$

Dieses Kurvenintegral hat eine spezielle Bedeutung. Sei dazu $\vec{F}$ ein Vektorfeld, welches einen Fluss beschreibt. Dieser Fluss kann beispielsweise ein Wärmefluss oder ein Strom sein. Das Integral beschreibt nun die Gesamtmenge an Flüssigkeit (kann auch, wie zuvor erwähnt, Wärme sein), welche pro Zeiteinheit durch die Randkurve γ fließt. Ist das Integral negativ, so fließt mehr von außen nach innen, also in Richtung des negativen Normalenvektors $-\vec{n}$, und wenn das Integral positiv ist, so fließt mehr von innen nach außen (in Richtung $\vec{n}$). Ist das Integral gleich 0, so fließt gleich viel durch γ hinein wie heraus. Um das Integral zu berechnen, müssen wir das Kurvenintegral der Funktion $f = \vec{F} \cdot \vec{n}$ berechnen. Dies rechnen wir wie folgt aus:

$$\int_a^b (\vec{F} \cdot \vec{n}) \cdot |\gamma'(t)| \mathrm{d}t = \int_a^b \vec{F} \cdot \frac{1}{|\gamma'(t)|} \begin{pmatrix} y'(t) \\ -x'(t) \end{pmatrix} \cdot |\gamma'(t)| \mathrm{d}t = \int_a^b \vec{F} \cdot \begin{pmatrix} y'(t) \\ -x'(t) \end{pmatrix} \mathrm{d}t,$$

wobei das $|\gamma'(t)|$ gekürzt werden kann. Wir fassen dies in einem Rezept zusammen:

Rezept (Flussintegral berechnen)

1. Parametrisiere die Kurve γ.
2. Bestimme den Vektor $\tilde{\vec{n}}$ mit der Formel

$$\tilde{\vec{n}}(t) = \begin{pmatrix} y'(t) \\ -x'(t) \end{pmatrix}.$$

3. Falls der Vektor nicht gegen außen zeigt, so benötigst du noch ein negatives Vorzeichen vor dem $\tilde{\vec{n}}(t)$.
4. Berechne das Skalarprodukt $\vec{F}(x(t), y(t)) \cdot \tilde{\vec{n}}$ und bestimme das Integral

$$\int_a^b \vec{F}(x(t), y(t)) \cdot \tilde{\vec{n}} \mathrm{d}t.$$

Wir wollen das Rezept an einem Beispiel illustrieren:

Beispiel Berechne den Fluss des Vektorfeldes $\vec{F} = (x, y)^T$ durch den Rand des Kreises mit Radius 2 und Mittelpunkt $(0, 0)$.

Lösung

1. *Die Parametrisierung der Kurve ist*

$$\gamma : [0, 2\pi] \to \mathbb{R}^2, \quad t \mapsto \gamma(t) = \begin{pmatrix} 2\cos(t) \\ 2\sin(t) \end{pmatrix}.$$

2. *Der Vektor $\tilde{\vec{n}}$ ist dann*

$$\tilde{\vec{n}} = \begin{pmatrix} 2\cos(t) \\ 2\sin(t) \end{pmatrix}.$$

3. *Wir erhalten mit der Formel aus dem Rezept*

$$\oint_\gamma \vec{F} \cdot \vec{n}\,ds = \int_0^{2\pi} 4\cos^2(t) + 4\sin^2(t)dt = 8\pi.$$

9.6.2 Herleitung

Allgemein können wir das Flussintegral mit der Formel des Normalenvektors berechnen. Es gilt

$$\oint_\gamma \vec{F} \cdot \vec{n}\,ds = \int_a^b \begin{pmatrix} F_1(x(t), y(t)) \\ F_2(x(t), y(t)) \end{pmatrix} \cdot \frac{1}{|\gamma'(t)|} \begin{pmatrix} y'(t) \\ -x'(t) \end{pmatrix} |\gamma'(t)|dt.$$

Wie wir im Rezept gesehen haben, können wir $|\gamma'(t)|$ kürzen und erhalten

$$\int_a^b \begin{pmatrix} F_1(x(t), y(t)) \\ F_2(x(t), y(t)) \end{pmatrix} \cdot \begin{pmatrix} y'(t) \\ -x'(t) \end{pmatrix} dt = \int_a^b F_1(x(t), y(t))y'(t) + (-F_2(x(t), y(t))x'(t)dt$$

$$= \int_a^b \begin{pmatrix} -F_2(x(t), y(t)) \\ F_1(x(t), y(t)) \end{pmatrix} \cdot \begin{pmatrix} x'(t) \\ y'(t) \end{pmatrix} dt.$$

Definieren wir nun ein Kraftfeld $\tilde{\vec{F}} = \begin{pmatrix} -F_2 \\ F_1 \end{pmatrix}$, so erhalten wir

$$\int_a^b \begin{pmatrix} -F_2(x(t), y(t)) \\ F_1(x(t), y(t)) \end{pmatrix} \cdot \begin{pmatrix} x'(t) \\ y'(t) \end{pmatrix} dt = \int_a^b \tilde{\vec{F}}(\gamma(t)) \cdot \gamma'(t)dt.$$

Das ist genau unser Arbeitsintegral! Wir können nun den Satz von Green anwenden und erhalten

$$\int_a^b \tilde{\vec{F}}(\gamma(t)) \cdot \gamma'(t)dt = \iint_B (\partial_x F_1 - (-\partial_y F_2))dA = \iint_B \partial_x F_1 + \partial_y F_2 dA.$$

Aber $\partial_x F_1 + \partial_y F_2$ ist genau die Divergenz von $\vec{F}$. Somit erhalten wir die folgende Gleichung, welche auch Satz von Gauß genannt wird:

$$\oint \vec{F} \cdot \vec{n}\mathrm{d}s = \iint_B \nabla \cdot \vec{F}\mathrm{d}A.$$

Der Fluss durch die geschlossene Randkurve γ ist also gleich dem Gebietsintegral der Divergenz über dem Gebiet B, welches durch γ abgegrenzt wird.

Beispiel Berechne das Flussintegral vom letzten Beispiel mit dem Satz von Gauß.

Lösung *Wir erhalten die Divergenz*

$$\nabla \cdot \vec{F} = 1 + 1 = 2$$

und somit das Integral

$$\oint \vec{F} \cdot \vec{n}\mathrm{d}s = \iint_B 2\mathrm{d}A = 2 \cdot \iint_B 1\mathrm{d}A,$$

wobei B die Kreisfläche ist. Da das Integral genau zweimal die Fläche des Kreises B ist, erhalten wir

$$2 \cdot \iint_B 1\mathrm{d}A = 2 \cdot \pi \cdot 2^2 = 8\pi,$$

was genau dem Resultat vom letzten Beispiel entspricht.

Vorkenntnisse

A.1 Potenzen

Wichtige Potenzgesetze sind:

1. $a^n \cdot a^m = a^{n+m}$
2. $\frac{a^n}{a^m} = a^{n-m}$
3. $(a^n)^m = a^{n \cdot m}$
4. $a^n \cdot b^n = (a \cdot b)^n$
5. $\frac{a^n}{b^n} = \left(\frac{a}{b}\right)^n$
6. $a^{-m} = \frac{1}{a^m}$

Wir möchten zeigen, dass diese Potenzgesetze der Definition der Potenz nicht widersprechen. Das 1. Gesetz folgt direkt aus der Definition der Potenz, denn

$$a^n \cdot a^m = \underbrace{a \cdot a \cdot \ldots \cdot a}_{n-\text{Mal}} \cdot \underbrace{a \cdot a \cdot \ldots \cdot a}_{m-\text{Mal}} = a^{n+m}.$$

Auch das 2. Gesetz folgt direkt, denn wir können in diesem Fall kürzen:

$$\frac{a^n}{a^m} = \frac{\overbrace{a \cdot a \cdot \ldots \cdot a}^{m-\text{Mal}} \overbrace{a \cdot a \cdot \ldots \cdot a \cdot a}^{(n-m)-\text{Mal}}}{\underbrace{a \cdot a \cdot \ldots \cdot a}_{m-\text{Mal}}} = \underbrace{a \cdot \ldots \cdot a \cdot a}_{(n-m)-\text{Mal}} = a^{n-m}.$$

Wir überlassen hier die Beweise der 3.–5. Gesetze als Übung. Diese lassen sich alle ebenfalls mit der Definition beweisen. Das 6. Gesetz folgt aus dem 2. Gesetz. Wir wählen dazu $n = 0$ und erhalten:

$$a^{n-m} = a^{0-m} = a^{-m} \overset{2.}{=} \frac{a^0}{a^m} = \frac{1}{a^m}.$$

H. Krizic, *Tutorium Mathematik für Naturwissenschaften*, https://doi.org/10.1007/978-3-662-69221-9

Wir haben hier die folgende Eigenschaft für $a \neq 0$ verwendet:

$$a^0 = 1.$$

Wir bemerken, dass 0^0 nicht definiert ist. Für $n \neq 0$ gilt

$$0^n = 0.$$

A.2   Wurzeln

Was haben Wurzeln mit Potenzen zu tun? Tatsächlich sind Wurzeln nichts anderes als Potenzen. Denn es gilt

$$\sqrt[n]{a} = a^{\frac{1}{n}}.$$

Wurzeln sind rationale Exponenten! Genauso sollten wir auch mit Wurzeln umgehen. Bei Ableitungen, Integralen und Folgen müssen wir Wurzeln immer als Potenzen mit rationalen Exponenten betrachten.

A.3   Logarithmus

Der Logarithmus ist die Umkehrfunktion von e^x. Es gilt also

$$b = e^a \iff \log(b) = a.$$

Wir bemerken hier, dass wir die Notation $\log(x) = \ln(x)$ benutzen. In diesem Buch verwenden wir keinen Logarithmus zu einer anderen Basis als e. Es gelten die folgenden Eigenschaften:

1. $\log(a \cdot b) = \log(a) + \log(b)$,
2. $\log\left(\frac{a}{b}\right) = \log(a) - \log(b)$,
3. $\log(a^b) = b \cdot \log(a)$.

Wir können die zweite Eigenschaft mit der ersten und dritten beweisen. Es gilt $\frac{a}{b} = a \cdot b^{-1}$ und somit

$$\log\left(\frac{a}{b}\right) = \log(a \cdot b^{-1}) \overset{1.}{=} \log(a) + \log(b^{-1}) \overset{3.}{=} \log(a) - \log(b).$$

Wie zuvor erwähnt, werden wir neben der natürlichen e-Basis keine andere Basis verwenden. Möchten wir jedoch trotzdem eine andere Basis nutzen, so gilt

$$\log_b(x) = \frac{\log(x)}{\log(b)},$$

wobei b die gewünschte Basis ist.

A.4 Trigonometrie

A.4.1 Definition und Einheitskreis

Die Funktionen $\sin(x)$ und $\cos(x)$ sind aus der Uni-Mathematik nicht wegzudenken. Es ist daher essenziell, die Grundlagen der Trigonometrie gut zu verstehen. Wir erinnern uns, dass in einem rechtwinkligen Dreieck folgende Definitionen für den Sinus und Kosinus gelten:

$$\sin(x) = \frac{\text{Gegenkathete}}{\text{Hypotenuse}}, \quad \cos(x) = \frac{\text{Ankathete}}{\text{Hypotenuse}}.$$

Die Begriffe Ankathete, Gegenkathete und Hypotenuse sind in der folgenden Grafik dargestellt:

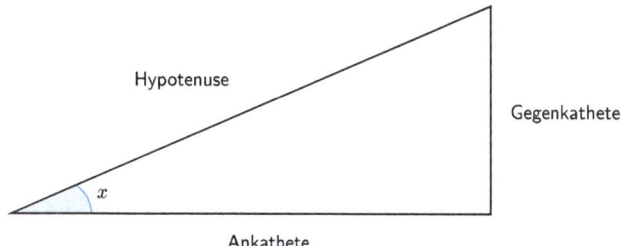

Es ist deutlich einfacher (und besser), sich den Sinus und Kosinus anhand des Einheitskreises vorzustellen. Der Einheitskreis ist ein Kreis mit Mittelpunkt $(0, 0)$ und Radius $r = 1$. Wir beschriften die Achsen in unserem Koordinatensystem mit $\sin(x)$ und $\cos(x)$:

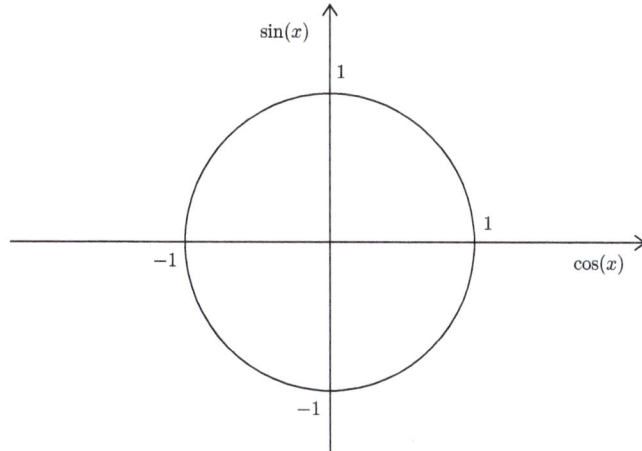

Wir beginnen bei der 1 auf der Kosinusachse. Möchten wir beispielsweise $\sin(90°)$ bestimmen, so drehen wir uns im *Gegenuhrzeigersinn* um $90°$ und lesen die $\sin(x)$-

Achse ab. Wir erhalten in unserem Bild:

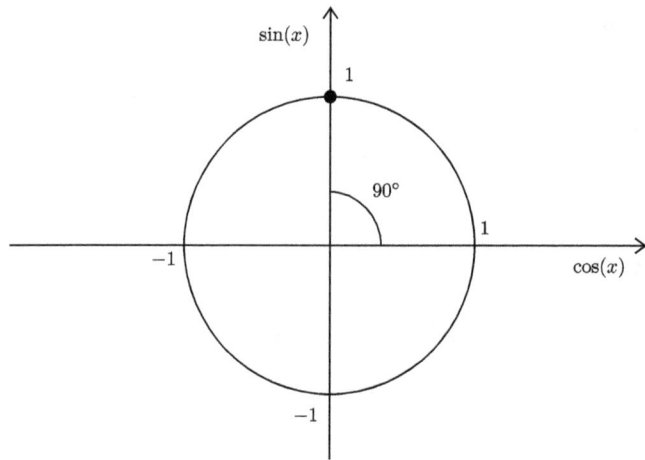

Also ist $\sin(90°) = 1$. Ein weiteres Beispiel: Wir möchten $\cos(-270°)$ bestimmen. Da wir nun ein Minus davor haben, beginnen wir zwar wieder bei der 1 auf der Kosinusachse, drehen aber im *Uhrzeigersinn* um 270°. Wir erhalten wieder genau den gleichen Punkt wie im Bild vorhin. Jetzt wollen wir aber den Kosinus ablesen. Auf der Kosinusachse sind wir genau bei $\cos(-270°) = 0$.

A.4.2 Bogenmaß

Bevor wir zu den Eigenschaften von $\sin(x)$ und $\cos(x)$ kommen, lernen wir eine bessere Einheit für Winkel kennen. Bis jetzt haben wir Winkel in Grad angegeben. Für komplexe Zahlen und viele weitere mathematische Berechnungen ist es aber deutlich einfacher, das Bogenmaß zu verwenden. Es gilt folgende Beziehung:

$$1° = \frac{\pi}{180} \text{ rad}.$$

Wir lassen aber das „rad" (kurz für Radian) in den meisten Fällen weg und schreiben einfach beispielsweise $180° = \pi$. Einige wichtige Winkel in Bogenmaß sind in der folgenden Tabelle gegeben:

Grad	0°	30°	45°	60°	90°	180°	360°
Bogenmaß	0	$\frac{\pi}{6}$	$\frac{\pi}{4}$	$\frac{\pi}{3}$	$\frac{\pi}{2}$	π	2π

A.4.3 Eigenschaften

Es gelten folgende wichtige Eigenschaften von Sinus und Kosinus. Als Übung sollte man versuchen, alle mit dem Einheitskreis zu verstehen:

$$\sin\left(\frac{\pi}{2} - x\right) = \cos(x),$$
$$\cos\left(\frac{\pi}{2} - x\right) = \sin(x),$$
$$\sin^2(x) + \cos^2(x) = 1.$$

Die letzte Eigenschaft ist der trigonometrische Pythagoras. Weiter gilt, sowohl für Sinus als auch Kosinus, dass sie 2π-periodisch sind, also $\sin(x + 2\pi) = \sin(x)$ und $\cos(x + 2\pi) = \cos(x)$. Betrachten wir den Einheitskreis, so haben wir mit 2π eine 360°-Drehung, also ändert sich der Wert der beiden Funktionen nicht.

A.4.4 Additionstheoreme

Die Additionstheoreme sind ebenfalls eine wichtige Eigenschaft von $\sin(x)$ und $\cos(x)$. Es gilt ohne Herleitung:

$$\sin(x \pm y) = \sin(x)\cos(y) \pm \cos(x)\sin(y),$$
$$\cos(x \pm y) = \cos(x)\cos(y) \mp \sin(x)\sin(y).$$

Mit $y = x$ folgen direkt die Doppelwinkel-Sätze:

$$\sin(2x) = 2\sin(x)\cos(x),$$
$$\cos(2x) = \cos^2(x) - \sin^2(x).$$

A.4.5 Symmetrien

Die Funktionen $\sin(x)$ und $\cos(x)$ weisen wichtige Symmetrien auf. Es gilt

$$\sin(-x) = -\sin(x),$$
$$\cos(-x) = \cos(x).$$

Wir sehen, dass $\cos(x)$ also symmetrisch an der y-Achse ist und wir nennen die Funktion deswegen gerade. Die Funktion $\sin(x)$ hingegen ist punktsymmetrisch am Nullpunkt. Wir nennen $\sin(x)$ ungerade.

A.4.6   Wertetabelle

Mit dem Einheitskreis lassen sich mit bloßem Auge schon einige wichtige Werte von $\sin(x)$ und $\cos(x)$ herleiten. Einige weitere besondere Werte sind im folgenden Einheitskreis aufgelistet. Die Punkte beschreiben jeweils $(\cos(x), \sin(x))$:

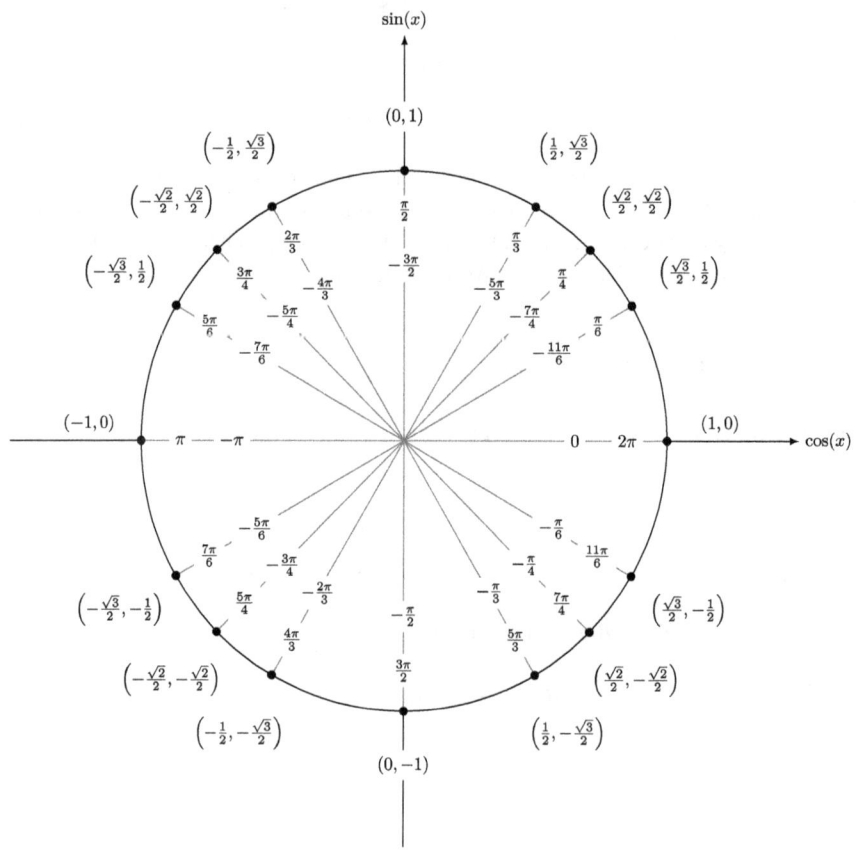

A.5   Weitere Vorkenntnisse

A.5.1   Doppelbrüche

Bei Doppelbrüchen können wir folgenden Trick anwenden: Das Produkt der äußeren Zahlen ergibt den Zähler, das Produkt der inneren Zahlen ergibt den Nenner:

$$\frac{\frac{A}{B}}{\frac{C}{D}} = \frac{A \cdot D}{B \cdot C}.$$

A.5.2 Quadratische Ergänzung

Ein Thema, welches im Gymnasium häufig ausgelassen wird, ist das quadratische Ergänzen eines quadratischen Polynoms. Sei ein Polynom zweiten Grades

$$ax^2 + bx + c$$

gegeben. Dann können wir das Polynom zu

$$a \left(x + \frac{b}{2a} \right)^2 + c - \left(\frac{b}{2a} \right)^2$$

umschreiben. Wir wollen dies überprüfen und klammern aus:

$$a \left(x + \frac{b}{2a} \right)^2 + c - \left(\frac{b}{2a} \right)^2 = a \left((x^2 + 2x\frac{b}{2a} + \left(\frac{b}{2a} \right)^2) \right) + c - \left(\frac{b}{2a} \right)^2$$

$$= ax^2 + bx + \left(\frac{b}{2a} \right)^2 + c - \left(\frac{b}{2a} \right)^2$$

$$= ax^2 + bx + c.$$

Die quadratische Ergänzung ist wichtig für Integrale mit einem quadratischen Polynom im Nenner.

Mathematische Symbole

B

B.1   Mengen

Name	Zeichen	Beispiel
Natürliche Zahlen	$\mathbb{N}$	$\mathbb{N} = \{1, 2, ...\}$ (manchmal auch inklusive 0)
Ganze Zahlen	$\mathbb{Z}$	$\mathbb{Z} = \{..., -2, -1, 0, 1, 2, ...\}$
Rationale Zahlen	$\mathbb{Q}$	$\mathbb{Q} = \{\frac{a}{b} \mid a \in \mathbb{Z},\ b \in \mathbb{Z} \setminus \{0\}\}$
Reelle Zahlen	$\mathbb{R}$	Beispiele sind $\pi, e, \frac{3}{2} \in \mathbb{R}$
Komplexe Zahlen	$\mathbb{C}$	Beispiele sind $i, 3i, 1, \pi, \frac{2i}{5} \in \mathbb{C}$
Element von	$\in$	$x \in \mathbb{R}$ („x ist eine reelle Zahl")
Leere Menge	$\emptyset$	$\emptyset = \{\}$ (alternative Schreibweise)
Differenz Mengen	$\setminus$	$\mathbb{Z} \setminus \mathbb{N}$ (alle Zahlen $x \le 0$)
Schnittmenge	$\cap$	$\{2, 3, 4\} \cap \{1, 3, 4, 5\} = \{3, 4\}$
Vereinigung	$\cup$	$\{2, 3, 4\} \cup \{1, 3, 4, 5\} = \{1, 2, 3, 4, 5\}$
Teilmenge	$\subset$	$\mathbb{R} \subset \mathbb{C}$ (alle reellen Zahlen sind auch komplex)

© Der/die Herausgeber bzw. der/die Autor(en), exklusiv lizenziert an Springer-Verlag GmbH, DE, ein Teil von Springer Nature 2024
H. Krizic, *Tutorium Mathematik für Naturwissenschaften*,
https://doi.org/10.1007/978-3-662-69221-9

B.2   Aussagenlogik

Name	Zeichen	Beispiel
Für alle	$\forall$	$\forall x \in \mathbb{R} : x^2 \geq 0$ (alle Quadrate reeller Zahlen sind positiv)
Es existiert	$\exists$	$\exists x \in \mathbb{R} : x^2 = 2$ (es existiert mindestens eine reelle Zahl, deren Quadrat 2 ist)
Es existiert genau ein	$\exists!$	$\exists! x \in \mathbb{R} : x^3 = 2$ (Es existiert genau eine kubische Wurzel aus 2)
Verneinung	$\neg$	Sei $A =$ „es regnet"; dann ist $\neg A =$ „es regnet nicht"
Und	$\wedge$	$x \in \mathbb{R} \wedge y \in R$ (x und y sind reell)
Oder	$\vee$	$x \in \mathbb{R} \vee y \in \mathbb{R}$ (x ist reell oder y ist reell oder beide sind reell*)
Impliziert	$\Longrightarrow$	$x \in \mathbb{R} \Longrightarrow x \in \mathbb{C}$ (wenn x reell ist, so ist x auch komplex)
Wird impliziert von	$\Longleftarrow$	$x \in \mathbb{C} \Longleftarrow x \in \mathbb{R}$ (Umkehrung der vorherigen Aussage)
Äquivalenz	$\Longleftrightarrow$	$x \in \mathbb{N} \Longleftrightarrow (x \in \mathbb{Z} \wedge x > 0)$

* Das „oder" in der Logik entspricht also nicht dem „Entweder-oder" in der deutschen Sprache (was ausschließen würde, dass beide richtig sind). $A \vee B$ ist also auch wahr, wenn A und B beide wahr sind

Wichtige Graphen

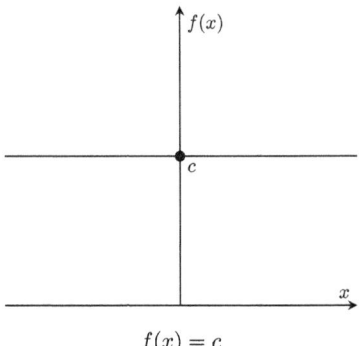

$$f(x) = c$$

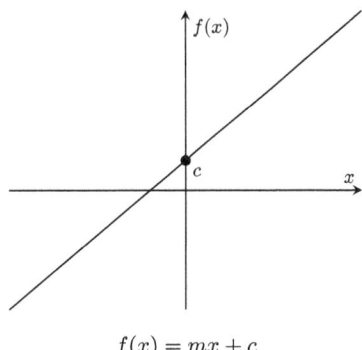

$$f(x) = mx + c$$

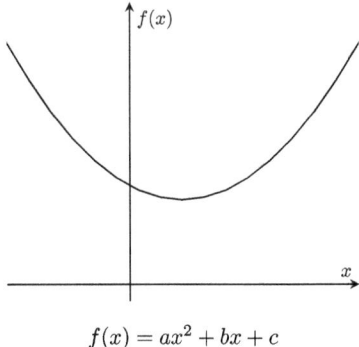

$$f(x) = ax^2 + bx + c$$

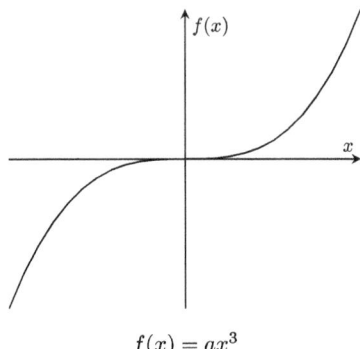

$$f(x) = ax^3$$

H. Krizic, *Tutorium Mathematik für Naturwissenschaften*,
https://doi.org/10.1007/978-3-662-69221-9

257

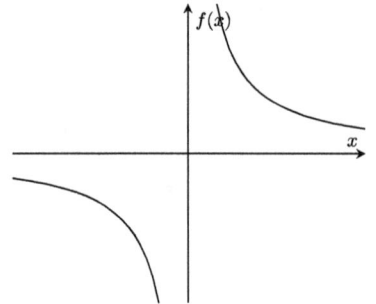

$$f(x) = \frac{1}{x}$$

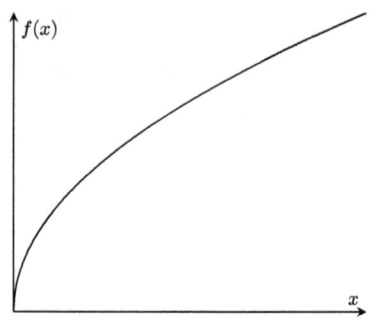

$$f(x) = \sqrt{x}$$

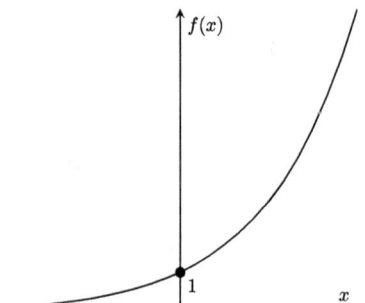

$$f(x) = e^x$$

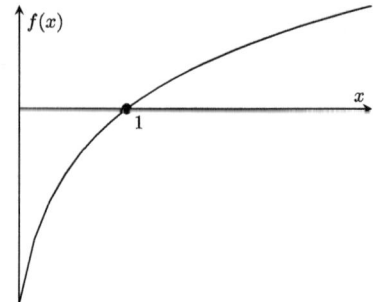

$$f(x) = \log x$$

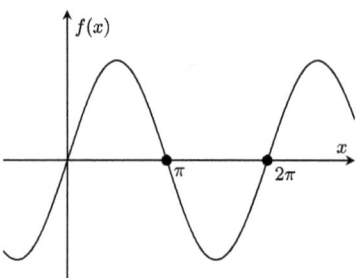

$$f(x) = \sin(x)$$

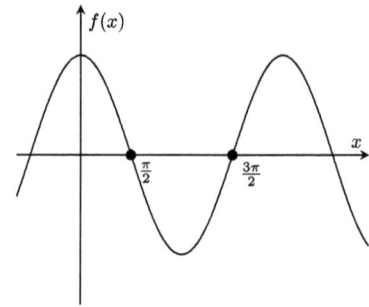

$$f(x) = \cos(x)$$

Wir möchten nun verstehen, wieso die DI-Methode funktioniert und im Prinzip das Gleiche ist wie die bekannte Formel

$$\int f(x) \cdot g(x)\, dx = F(x) \cdot g(x) - \int F(x) \cdot g'(x)\, dx,$$

wobei $F(x)$ die Stammfunktion von $f(x)$ ist. Wir integrieren $f(x)$ und leiten $g(x)$ ab. In der DI-Methode würde das wie folgt aussehen:

	D	I
+	$g(x)$	$f(x)$
−	$g'(x)$	$F(x)$
+		
−		
+		

Wenn wir jetzt die DI-Methode wie im zweiten oder dritten Fall verwenden, so müssen wir zuerst die erste Diagonale hinschreiben und die zweite Zeile als Integral auffassen:

	D	I	
+	$g(x)$	$f(x)$	
−	$g'(x)$	$F(x)$	$\rightarrow \quad F(x) \cdot g(x) - \int F(x) \cdot g'(x)\, dx.$
+			
−			
+			

Das ist genau unsere Formel für die partielle Integration. Bei der herkömmlichen Formel (rechts) müssen wir das zweite Integral jetzt ausrechnen. Das können wir nochmals mit der DI-Methode machen, müssen aber jetzt die Vorzeichen ändern, da ein Minus vor dem Integral steht (nun ist die Stammfunktion von $F(x)$ gekennzeichnet durch $\mathcal{F}$):

	D	I
	$-$	$g'(x)$	$F(x)$
$-\int F(x) \cdot g'(x)\,dx \quad \rightarrow$	$+$	$g''(x)$	$\mathcal{F}(x)$
	$-$		
	$+$		

Die DI-Methode ist aber genau deswegen so einfach, weil wir unsere erste Tabelle auch einfach weiterführen können. Denn wenn wir bei der zweiten Zeile beginnen, erhalten wir genau die Tabelle für das zweite Integral. Wir können den Prozess so oft wiederholen, wie wir möchten. Sobald wir eine 0 in einer Zeile stehen haben, ist das Integral, welches wir berechnen müssen, einfach 0 (bzw. eine Konstante $+C$). Somit müssen wir das Integral nicht mehr aufschreiben und hören einfach auf, indem wir die Diagonalen hinschreiben.

Literatur

[1]   Caspar, A.: Vorlesungsnotizen, ETH Zürich (2022).
[2]   Farkas, E. W.: Vorlesungsnotizen, ETH Zürich (2023).
[3]   Papula, L.: Mathematik für Ingenieure und Naturwissenschaftler Band 1: Ein Lehr- und Arbeitsbuch für das Grundstudium. Springer Vieweg (2018).
[4]   Papula, L.: Mathematik für Ingenieure und Naturwissenschaftler Band 2: Ein Lehr- und Arbeitsbuch für das Grundstudium. Springer Vieweg (2015).
[5]   Michaels, T.C.T.: Analysis 1: Eine praxisorientierte Einführung für Mathematiker und Physiker mit über 900 gerechneten Beispielen. Felix Verlag Editrice (2015).
[6]   Michaels, T.C.T.: Analysis 2: Eine praxisorientierte Einführung für Mathematiker und Physiker mit über 400 gerechneten Beispielen. Felix Verlag Editrice (2015).
[7]   Jänich, K.: Analysis für Physiker und Ingenieure. Springer-Verlag (2001).
[8]   Axler, S.: Linear Algebra Done Right. Springer Cham (2015).
[9]   Strang, G.: Introduction to Linear Algebra, 6th Edition. Wellesley-Cambridge Press (2023).
[10] Caspar, A.: Hungerbühler, N.: Mathematische Modellierung in den Life Sciences. Springer Spektrum (2022).

Printed in the USA
CPSIA information can be obtained
at www.ICGtesting.com
CBHW051952111124
17250CB00007B/154

9 783662 692202